高等学校电子信息学科"十三五"规划教材·计算机类

微机接口技术及应用

——基于 8086 和 Proteus 8 设计与仿真

主　编　王万强
副主编　孔　敏　刘　荣　张巨勇　张俊芳
主　审　樊　冰

西安电子科技大学出版社

内 容 简 介

本书从微机接口技术实验实践教学的角度出发，通过多个基础类实验项目和应用型实训项目，系统介绍了 Intel 8086 微处理器系统及其接口技术的组成原理、硬件结构和软件设计，为读者由浅入深地建立起微机接口系统的基本框架和应用模式。

本书内容突出工程能力与技能的培养，技术与应用并重，特别讲授了专业设计工具软件——Proteus 8 的使用方法。实验实训项目结合工科专业课程的大纲要求，主要包括 8086 最小系统的组成结构，输入、输出接口电路的设计，传感器与测试技术的典型应用，步进电机、直流电机传动控制技术的典型应用，微机接口电路板的焊接、制作，微机系统的联机调试等综合应用。

本书图文并茂，案例丰富，注重实践，可作为高等院校学生学习微机原理与应用技术的实训教材，也可供相关工程技术人员进行参考。

图书在版编目(CIP)数据

微机接口技术及应用：基于 8086 和 Proteus 8 设计与仿真/王万强主编.
—西安：西安电子科技大学出版社，2017.6
“十二五”普通高等教育本科国家级规划教材
ISBN 978-7-5606-4535-3

Ⅰ.①微… Ⅱ.①王… Ⅲ.①微型计算机—接口技术 Ⅳ.①TP364.7

中国版本图书馆 CIP 数据核字(2017)第 126866 号

策　　划　陈 婷
责任编辑　陈 婷　杨 薇
出版发行　西安电子科技大学出版社(西安市太白南路 2 号)
电　　话　(029)88242885　88201467　　邮　　编　710071
网　　址　www.xduph.com　　电子邮箱　xdupfxb001@163.com
经　　销　新华书店
印刷单位　陕西天意印务有限责任公司
版　　次　2017 年 6 月第 1 版　2017 年 6 月第 1 次印刷
开　　本　787 毫米×1092 毫米　1/16　印张　13.5
字　　数　316 千字
印　　数　1～3 000 册
定　　价　26.00 元
ISBN 978-7-5606-4535-3/TP
XDUP 4827001-1

前　言

微机接口技术作为电子技术、自动控制技术和计算机技术的综合平台，在工业自动化和智能制造领域具有广泛的应用，是现代工业控制的主要技术之一。“微机接口技术课程设计”实践环节是高等院校工科类专业的一门核心课程，是培养学生掌握微机系统组成结构、工作原理、接口电路及应用方法的主要教学手段，是培养学生具备微机系统开发应用能力的必要教学模式。

为了响应教育部倡导的“虚拟仿真实验教学”计划，强化高等院校实验实训教学效果，本书设计了基于Proteus仿真和电路板制作的“虚实结合”的微机接口实训项目，通过递进式的实训项目达到培养学生技能的目标。微机系统的应用技术具有很强的实践性，因此实训环节至关重要，只有通过实训进行实际操作，学生才能真正学会、学懂微机接口技术。本书深入浅出，采用了丰富的图表和大量工程应用实例来帮助学生掌握微机系统的基本原理与应用技巧，以提高学生的编程技巧和动手能力，丰富学生的工程实践经验，从而达到微机系统工程训练的目的。

本书共分为7章。第1章介绍微机接口技术综合实训的任务与要求。第2章对微机系统和接口技术的重点内容进行简介。第3章主要讲解如何使用Proteus 8来设计8086的最小系统并进行仿真调试。第4章给出10个微机系统的Proteus典型案例，涵盖了常用的微机系统芯片和电路。第5章主要介绍微机实验系统的使用方法和硬件实验项目的内容。第6章主要讲解电路板焊接技术。第7章针对微机系统的工程应用介绍了6个微机接口技术的综合实训案例。

杭州电子科技大学王万强老师担任本书主编，负责全书的规划和统稿，樊冰担任主审。书中，第1章由张巨勇编写，第2章由张俊芳编写，第3章、第4

章、第7章由王万强编写，第5章由孔敏编写，第6章由刘荣编写。

由于编者水平有限，编写时间仓促，欠妥之处在所难免，敬请读者批评指正。

本书案例的电路原理图(受版面限制，部分图不够清晰)和源代码等教学资源，读者可以发邮件到作者的邮箱索取，作者邮箱地址：wwq@hdu.edu.cn。

作者

2017年2月于杭州

目　　录

第 1 章　微机接口技术综合实训的任务与要求

1.1　综合实训的教学任务

“微机接口技术综合实训”的教学任务是培养学生灵活运用微机系统知识解决复杂工程问题的能力，培养学生的团队合作能力及实际动手能力。实训课程的教学模式主要是以解决实际问题为导向的项目化教学方式，教师和学生各有其任务与要求。教师的任务在于根据课程教学大纲设计出若干个综合性的实训项目，要求项目内容不仅包含微机技术知识点，也包含机电传动与控制、电工电子学等专业必修课程的知识点，最终还要评定学生的实训成绩；学生的任务在于自行组队来完成某个实训项目，通过查阅文献资料，设计、开发、仿真微机控制系统，设计、焊接、制作接口电路板，进行软硬件联机调试，达到实训项目的要求并编写实训报告。

1.2　综合实训的教学内容

微机接口技术综合实训的目标是让学生从无到有地完成一件微机系统的应用作品，能够实现某种特定的功能。一般来说，设计制造一个功能完整的微机系统一般包括四个教学环节。

1. 设计、仿真微机接口电路原理图

微机接口电路设计部分主要是根据电路功能要求设计合理的方案，同时选择能实现该方案的合适元器件，然后基于 Proteus 软件设计微机接口系统的电路原理图并进行仿真、检测与修正，确保所设计的电路符合项目的控制要求。

2. 设计、制作 PCB(Printed Circuit Board，印刷电路板)

PCB 设计、制作部分主要是根据电路原理图产生的电气连接网络表进行 PCB 板的自动布局布线或手动 PCB 板布局布线，再经过电磁兼容分析、噪声分析、可靠性分析等后分析，制成裸板，即 PWB(Printed Wiring Board，印刷线路板)，然后自动或手动地将元器件焊接到裸板上，最终制成所需的电路板。

3. 程序设计

程序设计部分是具备嵌入式微处理器(如 Intel 8086 或 80C51 等)的控制系统所必需的部分。

与其他不包含可编程元器件的模拟电路或数字电路系统不需要编写程序也可以正常工作不同，微处理器在没有控制程序的条件下是无法正常工作的。程序设计环节的内容是设计 8086 微机系统的汇编程序，在 Proteus 软件中结合第一步设计好的电路原理图对程序进行仿真运行，可以通过仿真运行的结果检测程序的正确性。

4. 联机调试

综合实训的最终成果是软、硬件联机调试成功，达到项目的控制要求。联机调试是将学生设计的微机接口电路通过 Dias 实验箱组建成 8086 系统，再与学生制作好的微机接口电路板连接成一个完整的硬件系统，并通过学生编写的程序控制硬件系统，达到某种具体功能。

1.3 综合实训任务书

结合机电一体化、电气控制等专业的特点，综合实训安排了 4 个项目，按照设计难度分为高—较高—中—低四个层次，由学生自行选择要完成的项目。课程的考核成绩根据项目难度和学生的完成情况做综合考评。每个实训项目都有任务书，要求学生按照任务书的要求，分组设计、制作、完成任务书中的内容。课程结束前，每组学生都要参加答辩，教师根据答辩情况和实训报告对学生的项目完成情况做出考核。

1.3.1 基于微机系统的直流电机运动控制

1. 任务要求

基于 8086 最小系统在 Proteus 软件中设计小功率直流电机的控制系统，编制汇编程序实现开关控制直流电机正反转及调节速度的系统仿真。完成直流电机驱动接口电路板的焊接制作。利用 Dias 微机实验箱组建微机硬件电路、连接接口电路板、调试汇编程序，达到控制实际直流电机的目的。

2. 技术要求

(1) 要求用开关控制直流电机的正反转；
(2) 要求直流电机正反转时都能够切换高速或低速运行。

3. 工作内容

(1) 查找资料，完成项目方案设计；
(2) 利用 Proteus 设计项目电路原理图；
(3) 利用 Proteus 编制项目控制程序；
(4) 利用 Proteus 实现项目的整体仿真运行；
(5) 完成接口电路板的装配、焊接与调试；
(6) 组建 Dias 微机实验箱和接口电路板的完整硬件系统；
(7) 联机调试、运行，实现任务的全部要求；
(8) 完成课程设计报告；
(9) 现场答辩，进行考核。

4. 上交的成果

(1) 课程设计报告的电子版与纸质版；
(2) 接口电路板实物。

5. 注意事项

(1) 课程设计以 3～5 人为一组进行，但每人都要参与全部软硬件的设计调试，每人独立上交一份课程设计报告；未上交报告者，按零分处理。

(2) 每组发放一个电路板制作工具箱，课程设计结束后须完好无损地交回，如果有丢失、损坏，按照原价赔偿；故意损坏工具者，按零分处理。

(3) 每组发放配套的电子元器件焊接制作一块接口电路板，如需要重新制作电路板，要按照实际元器件价格购买。

(4) 课程设计过程中，要严格遵守实验室规章制度，不能在实验室中做与课程设计无关的任何杂事；故意损坏实验室设备者，按零分处理。

(5) 焊接工具使用完毕后，要及时拔掉插头以免人员受伤或造成火灾；违反规定者，按零分处理。

(6) 注意保持实验室的环境卫生，每天分组打扫实验室。

1.3.2　基于微机系统的步进电机运动控制

1. 任务要求

基于 8086 最小系统在 Proteus 软件中设计混合式步进电机的控制系统，编制汇编程序实现开关控制步进电机正反转及调节速度的系统仿真。完成步进电机驱动接口电路板的焊接制作。利用 Dias 微机实验箱组建微机硬件电路、连接接口电路板、调试汇编程序，达到控制实际步进电机的目的。

2. 技术要求

(1) 要求用开关控制步进电机的正反转；

(2) 要求步进电机正反转时都能够切换高速或低速运行。

3. 工作内容

(1) 查找资料，完成项目方案设计；

(2) 利用 Proteus 设计项目电路原理图；

(3) 利用 Proteus 编制项目控制程序；

(4) 利用 Proteus 实现项目的整体仿真运行；

(5) 完成接口电路板的装配、焊接与调试；

(6) 组建 Dias 微机实验箱和接口电路板的完整硬件系统；

(7) 联机调试、运行，实现任务的全部要求；

(8) 完成课程设计报告；

(9) 现场答辩，进行考核。

4. 上交的成果

(1) 课程设计报告的电子版与纸质版；

(2) 接口电路板实物。

5. 注意事项

(1) 课程设计以 3～5 人为一组进行，但每人都要参与全部软硬件的设计调试，每人独立上交一份课程设计报告；未上交报告者，按零分处理。

(2) 每组发放一个电路板制作工具箱，课程设计结束后须完好无损地交回，如果有丢失、损坏，按照原价赔偿；故意损坏工具者，按零分处理。

(3) 每组发放配套的电子元器件焊接制作一块接口电路板，如需要重新制作电路板，要按照实际元器件价格购买。

(4) 课程设计过程中，要严格遵守实验室规章制度，不能在实验室中做与课程设计无关的任何杂事；故意损坏实验室设备者，按零分处理。

(5) 焊接工具使用完毕后，要及时拔掉插头以免人员受伤或造成火灾；违反规定者，按零分处理。

(6) 注意保持实验室的环境卫生，每天分组打扫实验室。

1.3.3　基于微机系统的热敏电阻温度计

1. 任务要求

基于 8086 最小系统在 Proteus 软件中设计温度测量的控制系统，编制汇编程序实现利用热敏电阻和数码管测量并显示实际温度值的系统仿真。完成热敏电阻信号采集及电压转换接口电路板的焊接制作。利用 Dias 微机实验箱组建微机硬件电路、连接接口电路板、调试汇编程序，达到实时测量、显示实际温度的目的。

2. 技术要求

(1) 测量温度范围：0～100℃，精确到个位；

(2) 温度显示要稳定并准确，不能闪烁或杂乱跳动。

3. 工作内容

(1) 查找资料，完成项目方案设计；

(2) 利用 Proteus 设计项目电路原理图；

(3) 利用 Proteus 编制项目控制程序；

(4) 利用 Proteus 实现项目的整体仿真运行；

(5) 完成接口电路板的装配、焊接与调试；

(6) 组建 Dias 微机实验箱和接口电路板的完整硬件系统；

(7) 联机调试、运行，实现任务的全部要求；

(8) 完成课程设计报告；

(9) 现场答辩，进行考核。

4. 上交的成果

(1) 课程设计报告的电子版与纸质版；

(2) 接口电路板实物。

5. 注意事项

(1) 课程设计以 3～5 人为一组进行，但每人都要参与全部软硬件的设计调试，每人独立上交一份课程设计报告；未上交报告者，按零分处理。

(2) 每组发放一个电路板制作工具箱，课程设计结束后须完好无损地交回，如果有丢失、损坏，按照原价赔偿；故意损坏工具者，按零分处理。

(3) 每组发放配套的电子元器件焊接制作一块接口电路板，如需要重新制作电路板，要按照实际元器件价格购买。

(4) 课程设计过程中，要严格遵守实验室规章制度，不能在实验室中做与课程设计无关的任何杂事；故意损坏实验室设备者，按零分处理。

(5) 焊接工具使用完毕后，要及时拔掉插头以免人员受伤或造成火灾；违反规定者，按零分处理。

(6) 注意保持实验室的环境卫生，每天分组打扫实验室。

1.3.4　基于微机系统的精密电子秤

1. 任务要求

基于 8086 最小系统在 Proteus 软件中设计应变测试的控制系统，编制汇编程序实现利用应变片和直流电桥精密测量重量并显示实际重量值的系统仿真。完成应变片信号采集及电压转换接口电路板的焊接制作。利用 Dias 微机实验箱组建微机硬件电路、连接接口电路板、调试汇编程序，达到实时测量、显示实际重量的目的。

2. 技术要求

(1) 测量重量范围：10～500 g，精确到个位；

(2) 温度显示要稳定并准确，不能闪烁或杂乱跳动。

3. 工作内容

(1) 查找资料，完成项目方案设计；

(2) 利用 Proteus 设计项目电路原理图；

(3) 利用 Proteus 编制项目控制程序；

(4) 利用 Proteus 实现项目的整体仿真运行；

(5) 完成接口电路板的装配、焊接与调试；

(6) 组建 Dias 微机实验箱和接口电路板的完整硬件系统；

(7) 联机调试、运行，实现任务的全部要求；

(8) 完成课程设计报告；

(9) 现场答辩，进行考核。

4. 上交的成果

(1) 课程设计报告的电子版与纸质版；

(2) 接口电路板实物。

5. 注意事项

(1) 课程设计以 3～5 人为一组进行，但每人都要参与全部软硬件的设计调试，每人独立上交一份课程设计报告；未上交报告者，按零分处理。

(2) 每组发放一个电路板制作工具箱，课程设计结束后须完好无损地交回，如果有丢失、损坏，按照原价赔偿；故意损坏工具者，按零分处理。

(3) 每组发放配套的电子元器件焊接制作一块接口电路板，如需要重新制作电路板，要按照实际元器件价格购买。

(4) 课程设计过程中，要严格遵守实验室规章制度，不能在实验室中做与课程设计无关的任何杂事；故意损坏实验室设备者，按零分处理。

(5) 焊接工具使用完毕后，要及时拔掉插头以免人员受伤或造成火灾；违反规定者，按零分处理。

(6) 注意保持实验室的环境卫生，每天分组打扫实验室。

1.3.5 基于微机系统的自动风扇

1. 任务要求

基于 8086 最小系统在 Proteus 软件中设计一个自动风扇，要求具有温度测量的功能以及控制小功率直流电机自动运行的系统。编制汇编程序实现利用热敏电阻和数码管测量并显示实际温度值，进而控制直流电机的启停、高/低速运行的系统仿真。完成热敏电阻信号采集及电压转换接口电路板、直流电机驱动接口电路板的焊接制作。利用 Dais 微机实验箱组建微机硬件电路、连接接口电路板、调试汇编程序，达到实时测量、显示实际温度、控制小功率直流电机的目的。

2. 技术要求

(1) 测量温度范围：20～80℃，精确到个位；

(2) 温度显示要稳定并准确，不能闪烁或杂乱跳动；

(3) 温度<40℃，电机停止；40℃≤温度<60℃，电机低速运行；温度≥60℃，电机高速运行。

3. 工作内容

(1) 查找资料，完成项目方案设计；

(2) 利用 Proteus 设计项目电路原理图；

(3) 利用 Proteus 编制项目控制程序；

(4) 利用 Proteus 实现项目的整体仿真运行；

(5) 完成接口电路板的装配、焊接与调试；

(6) 组建 Dias 微机实验箱和接口电路板的完整硬件系统；

(7) 联机调试、运行，实现任务的全部要求；

(8) 完成课程设计报告；

(9) 现场答辩，进行考核。

4. 上交的成果

(1) 课程设计报告的电子版与纸质版；

(2) 接口电路板实物。

5. 注意事项

(1) 课程设计以 3～5 人为一组进行，但每人都要参与全部软硬件的设计调试，每人独立上交一份课程设计报告；未上交报告者，按零分处理。

(2) 每组发放一个电路板制作工具箱，课程设计结束后须完好无损地交回，如果有丢失、损坏，按照原价赔偿；故意损坏工具者，按零分处理。

(3) 每组发放配套的电子元器件焊接制作一块接口电路板，如需要重新制作电路板，要按照实际元器件价格购买。

(4) 课程设计过程中，要严格遵守实验室规章制度，不能在实验室中做与课程设计无关的任何杂事；故意损坏实验室设备者，按零分处理。

(5) 焊接工具使用完毕后，要及时拔掉插头以免人员受伤或造成火灾；违反规定者，按零分处理。

(6) 注意保持实验室的环境卫生，每天分组打扫实验室。

1.3.6　基于微机系统的自动调速传动带

1. 任务要求

基于8086最小系统在Proteus软件中设计一个自动传动带，要求具有对重量的测量功能以及控制步进电机自动运行的系统。编制汇编程序实现利用应变片和直流电桥测量并显示实际重量值，进而控制步进电机的启停、高/低速运行的系统仿真。完成应变信号采集及电压转换接口电路板、步进电机驱动接口电路板的焊接制作。利用Dias微机实验箱组建微机硬件电路、连接接口电路板、调试汇编程序，达到实时测量、显示实际重量、控制步进电机的目的。

2. 技术要求

(1) 测量重量范围：10～500 g，精确到个位；

(2) 重量显示要稳定并准确，不能闪烁或杂乱跳动；

(3) 重量<20 g，步进电机停止；20 g≤重量<60 g，步进电机低速运行；60 g≤重量<100 g，步进电机中速运行；重量≥100 g，步进电机高速运行。

3. 工作内容

(1) 查找资料，完成项目方案设计；

(2) 利用Proteus设计项目电路原理图；

(3) 利用Proteus编制项目控制程序；

(4) 利用Proteus实现项目的整体仿真运行；

(5) 完成接口电路板的装配、焊接与调试；

(6) 组建Dias微机实验箱和接口电路板的完整硬件系统；

(7) 联机调试、运行，实现任务的全部要求；

(8) 完成课程设计报告；

(9) 现场答辩，进行考核。

4. 上交的成果

(1) 课程设计报告的电子版与纸质版；

(2) 接口电路板实物。

5. 注意事项

(1) 课程设计以3～5人为一组进行，但每人都要参与全部软硬件的设计调试，每人独立上交一份课程设计报告；未上交报告者，按零分处理；

(2) 每组发放一个电路板制作工具箱，课程设计结束后须完好无损地交回，如果有丢失、损坏，按照原价赔偿；故意损坏工具者，按零分处理；

(3) 每组发放配套的电子元器件焊接制作一块接口电路板，如需要重新制作电路板，要按照实际元器件价格购买；

(4) 课程设计过程中，要严格遵守实验室规章制度，不能在实验室中做与课程设计无关的任何杂事；故意损坏实验室设备者，按零分处理；

(5) 焊接工具使用完毕后，要及时拔掉插头以免人员受伤或造成火灾；违反规定者，按零分处理；

(6) 注意保持实验室的环境卫生，每天分组打扫实验室。

第 2 章　微机接口技术简介

2.1　初步认识微机接口技术

微机是微型计算机的简称，指的是将微处理器(运算器和控制器)集成在一块半导体芯片上，配以存储器、I/O 接口(输入/输出接口)电路及总线等构成的计算机。为解决实际的复杂工程问题，如控制机器人快速、精确地拾取工件并运送到指定工位，只有微机是远远不够的，需要建立一套完整的微型计算机系统才能解决问题。总体而言，微机应用系统包含硬件系统和软件系统两部分，基本组成如图 2.1 所示。

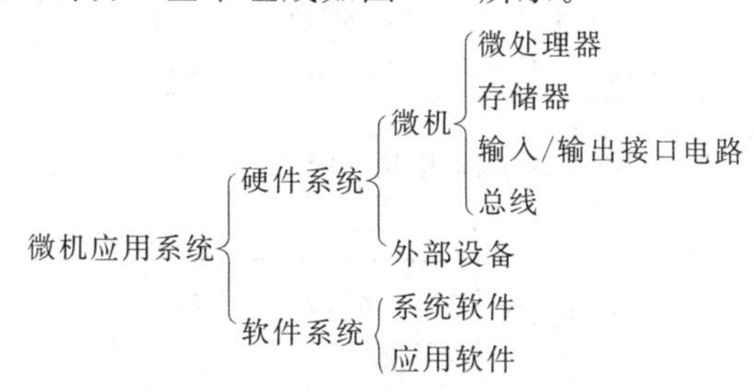

图 2.1　微机系统的基本组成

微处理器和微型计算机自从 20 世纪 70 年代崛起以来，发展极为迅猛：芯片的集成度越来越高；半导体存储器的容量越来越大；控制和计算性能，几乎每两年就提高一个数量级。另外，大量新型接口和专用芯片不断涌现、软件的日益完善和丰富，大大扩展了微型计算机的功能，这为促进微型计算机系统的发展创造了有利条件。

微机通过 I/O 接口和接口电路连接传感器、电动机等外部的输入设备和输出设备构成微机应用系统的硬件系统，再配合软件系统则构建为完整的微机应用系统。图 2.2 给出了微机应用系统的结构框图。

从框图中可以看出，微机应用系统的工作过程可简单描述为：微机应用系统通过传感器等输入设备实时检测系统参数和状态并通过接口电路输入到存储器中，微处理器按照用户编写好的存放在存储器中的应用软件进行计算处理，计算结果经由接口电路传送到电动机等输出设备，最终实现对系统目标的控制结果。需要指出，单独对微机而言，系统的工作过程就是不断地取指令、分析指令、执行指令的过程，其基本工作原理仍然是冯·诺依曼先生提出的“存储程序和程序控制”的设计思想：将编好的程序和原始数据，输入并存储在计算机的内存储器中(即“存储程序”)；计算机按照程序逐条取出指令加以分析，并执行指令规定的操作(即“程序控制”)。图 2.3 给出了微机应用系统的工作流程图，注意区分数据信号流和控制信号流的不同。

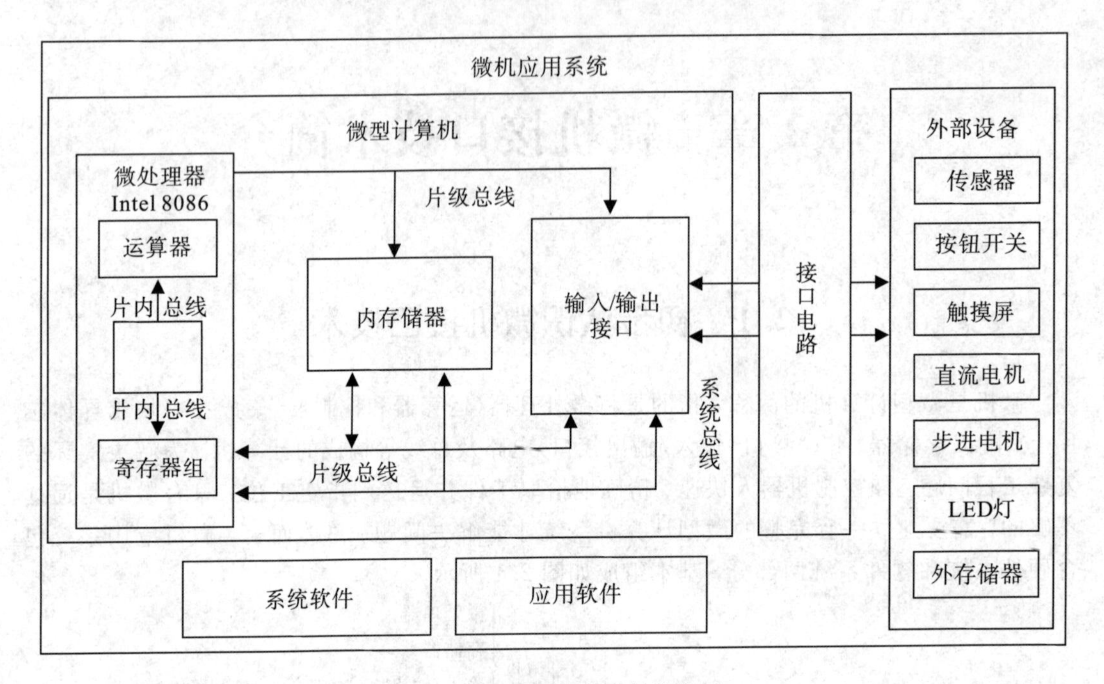

图 2.2　微机应用系统的结构框图

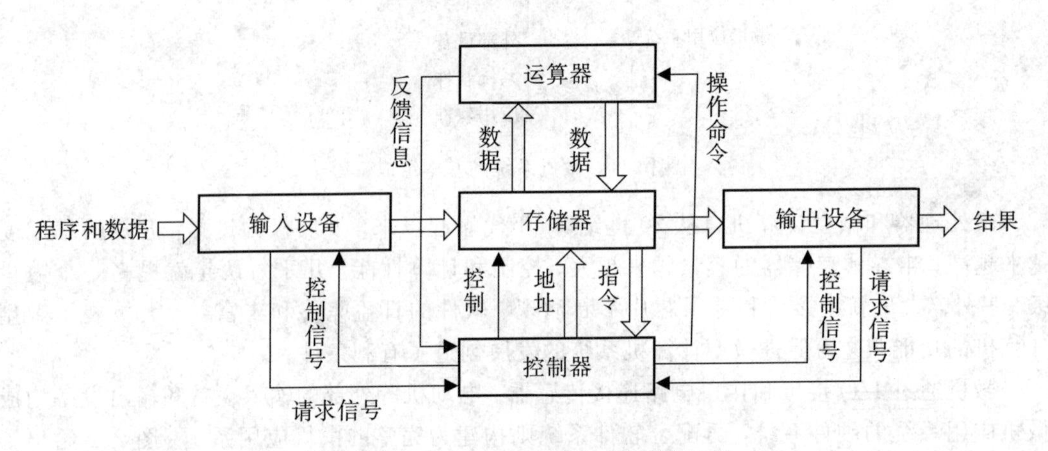

图 2.3　微机应用系统的工作过程框图

2.2　简单了解微处理器

微处理器也称作 CPU(Central Processing Unit，中央处理器)，是指由一片或几片大规模集成电路组成的具有运算器和控制器功能的中央处理机部件，它是微机系统最为重要的核心器件，其性能基本决定了微机系统的性能。微处理器可以同时并行处理的二进制数据的位数叫做“字长”，是微处理器的一个重要性能指标，在其他条件相同的情况下，字长越大的微处理器处理速度越快。

本教材的应用对象 Intel 8086 就是一个典型的曾经广泛应用的 16 位微处理器，具有 16 根数据总线，也就是说它可以同时并行处理一组 16 位的二进制数据信息，可以直接处理2的16次方(65536)之内的数字。如图2.4所示，8086是双列直插式封装结构，共40根引脚，分布在芯片长边两侧，实物图左上角的凹洞表示该位置的引脚标号是01号引脚，逆时针顺序排列其余的引脚。

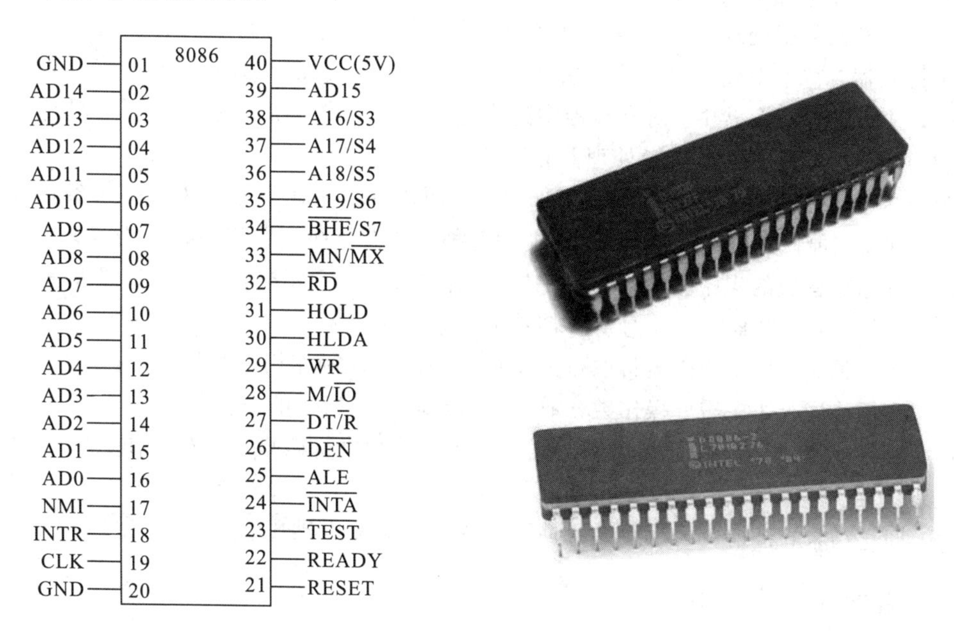

图2.4　Intel 8086引脚与实物图

2.2.1　微处理器的结构与作用

微处理器最基本的功能结构包括：运算器、控制器、寄存器组及片内总线，各部分在微机系统中起到不同的作用。图2.5是微处理器内部结构的示意图。

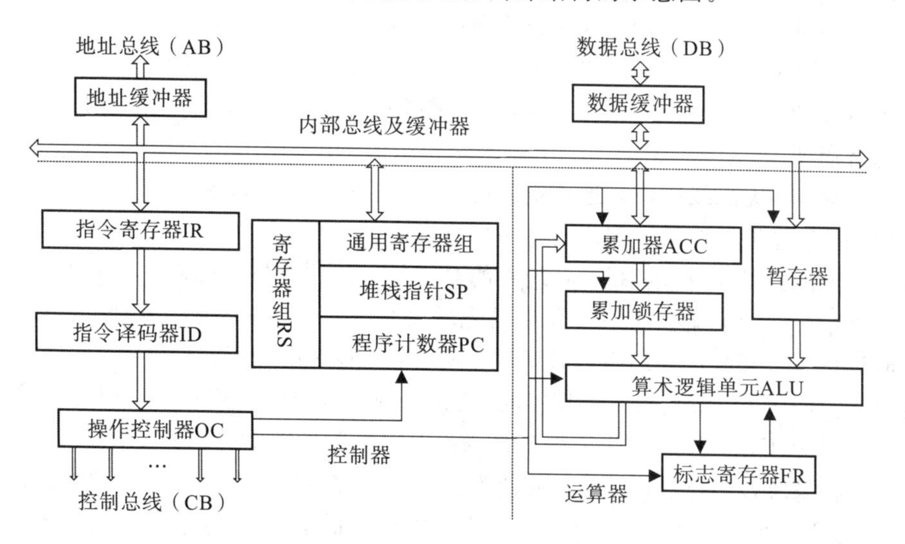

图2.5　微处理器内部结构框图

微处理器各功能结构单元的具体功能如下。

• 运算器：执行运算的部件，在控制信号作用下可完成加、减、乘、除、与、或、非、异或以及移位等运算工作，故又称为算术逻辑单元。

• 寄存器组：功能是加快运算和处理速度、暂存参加运算的数据或运算的中间结果，是微处理器中十分重要的部分。

• 片内总线：微处理器内部各部分之间的数据传输通道，且为双向的。

• 控制器：整个微处理器的控制指挥中心。CPU通过片级总线将微机内存储器中的指令取入，并暂存在寄存器中。对寄存器中的指令进行分析解释后，通过控制逻辑单元产生相应的控制信号，来协调整个微处理器有序地工作。

微处理器的工作过程就是执行程序的过程，而执行程序就是逐步执行一条条指令的过程。微处理器仅能识别机器指令，因此需使用各种编译器将由高级程序设计语言编制的程序转换成机器指令构成的程序。微处理器在执行一条指令时，主要按以下几个步骤去完成。

(1) 取指令：控制器发出信息从存储器取一条指令。

(2) 指令译码：指令译码器将取得的指令翻译成起控制作用的微指令。

(3) 取操作数：如果需要操作数，则从存储器取得该指令的操作数。

(4) 执行运算：CPU按照指令操作码的要求，通过执行微指令，对操作数完成规定的运算处理。

(5) 回送结果：将指令的执行结果回送到内存或某寄存器中。

2.2.2 微处理器的时序

先介绍几个与微处理器时序相关的概念。

• 时钟周期：时钟周期指CPU工作的时间脉冲。由时钟发生电路提供，每个时间脉冲的间隔时间为时钟周期。

• 总线周期：每4个时钟周期完成一次总线操作，即一个操作数的读/写操作，称为总线周期。

• 指令周期：指令周期指完成一条指令的时间，由整数个总线周期构成，指令功能不同，其指令周期长度不等。

• 等待周期：当被操作对象无法在3个时钟周期内完成数据读写操作时，在总线周期中插入等待周期。

• 空闲周期：无总线操作时进入空闲周期，插入的个数与指令有关。

下面，我们详细地对微处理器的时序进行说明。

微处理器的操作是周期性的，在统一的时钟信号控制下按节拍有序地执行操作，一系列操作控制信号在时间上要有一个严格的先后次序，这种次序就是微处理器的时序。这个统一的时钟信号是怎么产生的呢？有两种方法，第一种是由专用时钟电路(如8284)加晶振(晶体振荡器)产生，然后接入微处理器时钟引脚(CLK引脚)；第二种是将晶振直接接至微处理器时钟引脚(CLK引脚)，由微处理器内部时钟电路处理生成。

一旦微机系统接通电源，时序电路便连续不断地发出幅度和周期不变的方波时钟信号(占空比约为33%，即1/3周期为高电平，2/3周期为低电平)，每个时钟信号的周期称为时钟周期，记作T周期或T状态，单位为秒。时钟周期是微机工作的最小时间单元，其长短取决于系统的主频率。

Intel 8086有3种型号：8086型、8086-1型和8086-2型，时钟频率介于4.77～

10 MHz之间，8086 型的工作频率为 5 MHz，8086－1 型的工作频率为 10 MHz，8086－2 型的工作频率为 8 MHz。以 8086 型为例，它的时钟周期为 200 ns(0.0002 ms)。微机系统完成任何操作所需时间都是时钟周期的整数倍，比如执行一条 8086 的 NOP 指令(No Operation，空指令)，需要占用 3 个时钟周期，即 600 ns；如果要延时 1 ms，要连续执行 1666 个 NOP 指令才能近似得到。

总线周期是微处理器进行一次数据传输所需的时间，一个基本的总线周期由 4 个 T 状态组成，分别称为 T_1、T_2、T_3、T_4状态，需要时还要加入数量不定的等待周期(T_W)。若在完成一个总线周期后不发生任何总线操作，则填入空闲周期(T_i)；若存储器或 I/O 接口在数据传送中不能以足够快的速度做出响应，则在 T_3与 T_4间插入一个或若干个 T_W。图 2.6 所示为一个典型的总线周期时序图。

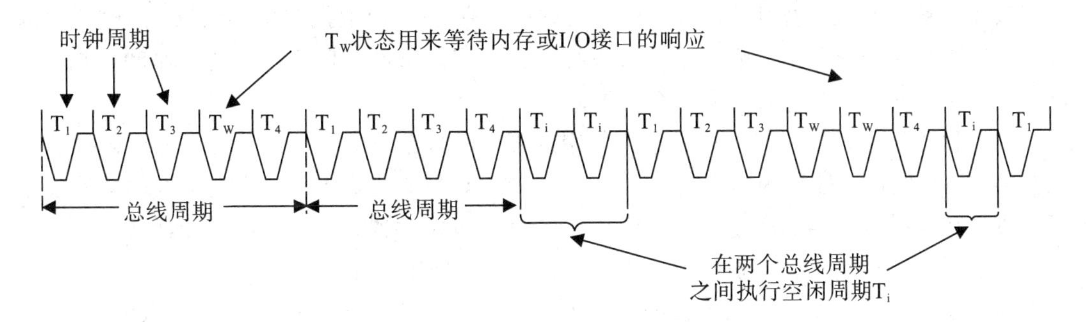

图 2.6　典型的总线周期时序图

每个 T 状态，微处理器执行的动作是不同的。

• T_1状态：微处理器向数据/地址复用的总线上输出地址信息，指示寻址的存储单元或 I/O 设备的端口地址，此时地址锁存。

• T_2状态：地址信息消失，AD15～AD0 进入高阻状态，为传送数据做好准备。

• T_3状态：CPU 通过 AD15～AD0 传送数据，这些数据可能由微处理器发出，也可能来自存储器或 I/O 接口。

• T_4状态：微处理器从总线上读入数据到内部寄存器或将总线上的数据写入存储器或 I/O 接口，总线周期结束。

一条指令从其代码被从内存单元中取出到其所规定的操作执行完毕，所用的时间，称为相应指令的指令周期。由于指令的类型、功能不同，因此，不同指令所要完成的操作也不同，相应地，其所需的时间也不相同。也就是说，指令周期的长度因指令的不同而不同。

指令所执行的操作，可以分为内部操作和外部操作。不同的指令其内、外部操作是不相同的，但这些操作可以分解为一个个总线操作。即总线操作的不同组合，构成了不同指令的不同操作，而总线操作的类型是有限的，如果能够明确不同种类总线操作的时序关系，且可以根据不同指令的功能，把它们分解为不同总线操作的组合，那么，任何指令的时序关系，就都可以知道了。

Intel 8086 的总线操作，就是 8086 CPU 利用总线(AB、DB、CB)与内存及 I/O 端口进行信息交换的过程，与这些过程相对应的总线上的信号变化的相对时间关系，就是相应总线操作的时序。我们把向存储器或 I/O 端口写入一个字节或若干个字节所需的时间，称为存储器写或 I/O 写总线周期；从存储器或 I/O 端口读出一个字节或若干个字节所需的时间称为存储器读或I/O读总线周期。

2.3　存储器的功能与使用方法

存储器是指存储单元的集合，用以存放微机系统的程序和数据，是"存储程序"计算机体系的重要组成部分。存储器分为内存储器(简称内存或主存)和外存储器(简称外存或辅存)。

内存储器集成在微机片内，与微处理器通过片内引脚直接连接，因此CPU可以直接访问内存储器。内存储器一般由半导体器件构成，容量较小、存取速度较快，用于存放正在运行的程序和数据。半导体存储器可分为三大类：随机存储器RAM(Random Access Memory)、只读存储器ROM(Read Only Memory)和特殊存储器。随机存储器RAM可以进行写入或读出数据的操作，用来临时存放程序、输入/输出数据和中间结果，断电后数据消失；只读存储器ROM一般用来存放系统自检程序、配置信息等固定的程序和数据，只能读出而不能写入，断电后数据不会消失。

外存储器用来存放相对来说不经常使用的程序和数据，在需要时与内存进行成批的信息交换。外存储器一般作为输入/输出设备，通过I/O接口电路与微机相连，因此微处理器不能直接访问外存储器。外存储器的特点是存储容量大、价格较低，但存取速度较慢。

微机系统需要访问存储器中的数据时，首先需要确定信息在存储器中的物理位置，然后再通过总线访问该物理位置对应的内存单元以得到所需数据。在Intel 8086微机系统中，存储器以字节为内存单元存储数据，即存储器的每个基本单元存放8位二进制数，并且每个存储单元有唯一的地址编号。这就好比，在高校里每位同学的床位是一个二进制位，8名同学组成一个寝室，是最基本的住宿单元，宿舍楼就好比存储器，里面有若干个寝室。内存单元的数量是由微机系统地址线的根数决定的，由于8086有20根地址线，因此8086的内存单元的地址编号从00000H，00001H，00002H，…，0000FH，00010H，00011H，…，一直到FFFFFH，也就是说8086能够访问的存储空间容量是2^{20}=1 MB=1024 KB=1 048 576 B，约1百万个内存单元。

但是在Intel 8086系统中，有些内存区域的作用是固定的，用户不能随便使用，如下面三种内存区域。

• 中断矢量区：00000H～003FFH共1 K字节，用以存放256种中断类型的中断矢量，每个中断矢量占用4个字节，共256×4 B=1024 B=1 KB。

• 显示缓冲区：B0000H～B0F9FH约4000(25×80×2)字节，是单色显示器的显示缓冲区，存放文本方式下所显示字符的ASCII码及属性码；B8000H～BBF3FH约16K字节，是彩色显示器的显示缓冲区，存放图形方式下屏幕显示像素的代码。

• 启动区：FFFF0H～FFFFFH共16个单元，用以存放一条无条件转移指令的代码，转移到系统的初始化部分。

Intel 8086的1 MB存储器实际使用时分成了两个512 KB的存储体，分别叫奇体和偶体。奇体单元的地址是奇数，偶体单元的地址是偶数，可以参考图2.7。虽然在物理结构上分为奇体和偶体两部分，但是在逻辑结构上，存储单元还是按照地址顺序排列的。8086存储器的结构和总线连接如图2.7所示。

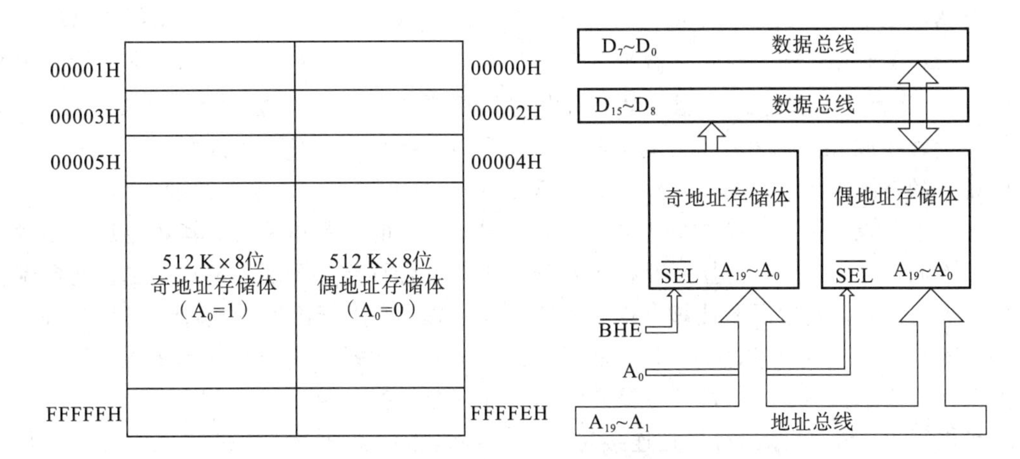

图 2.7　8086 的存储器结构与总线连接示意图

2.4　I/O 接口及其辅助电路

2.4.1　I/O 接口的基本原理

微机系统的 I/O 接口与外部设备的连接方式示意图如图 2.8 所示，各类外部设备通过各自的接口电路连到微机系统的总线上。设计微机系统时，工程师要根据系统的要求和客户的需要，选用不同类型的外设，设置相应的接口电路，通过系统总线的连接组建成一个整体，构成不同用途、不同规模的应用系统。

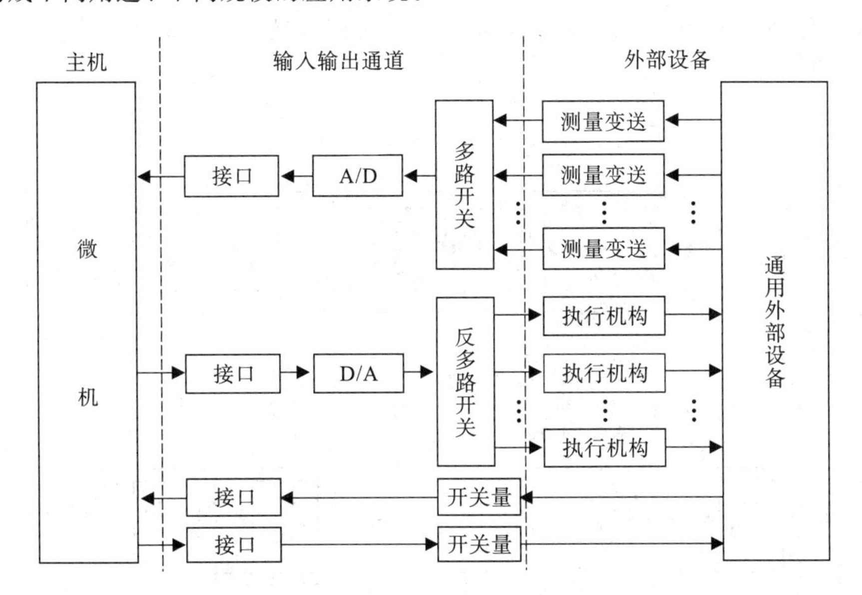

图 2.8　微机系统的 I/O 接口组成结构示意图

微机系统的接口电路基本功能是"转换"与"通讯"，转换指的是将外部输入/输出设备的信号与微机本身能够接收的信号进行双向转换并进行适当的信号处理，如电平转换、信号放大等；通讯指的是将转换过的信号利用接口电路双向传送，如信号的缓冲、锁存等。

接口电路基本上包括电平匹配与信号放大电路、模/数转换电路和数/模转换电路等模块。

在微机系统中，为了收集和测量各种参数采用了各种输入设备，如图2.8中的测量变送部分(检测元件及变送器)，其主要功能是将被检测的非电量参数转换成电量。例如热电偶把温度转换成mV信号；压力变送器可以把压力转换变为电信号，这些信号经变送器转换成统一的标准电平信号(0～5 V、0～10 V或4～20 mA)后，再送入微机。

输出设备也是微机系统中的重要部件，如图2.8中的执行机构等，其功能是根据微机输出的控制信号，改变系统控制目标的动作，使其符合预定的要求。例如，在温度控制系统中，微机根据温度的误差计算出相应的控制量，输出给执行机构(调节阀)来控制进入加热炉的燃料量以实现预期的温度值。常用的执行机构有电动、液动和气动等控制形式，也有的采用伺服电机、步进电机及可控硅元件等进行控制。

可以看出，输入/输出接口是连接微机与外部设备的必要通道，是实现微机系统与外部设备之间的双向数据传输和操作控制的重要部分。

微机与外部设备通过I/O接口交换的数据有三种基本类型：开关量、模拟量和数字量。

• 开关量：某些数据信息只用1位二进制数即可表示，如开关的“开”和“关”用“1”和“0”表示，这样的数据信息称为开关量。可用开关量表示其状态的外部设备还有：继电器的线圈与触点，电动机的运行与停止，LED灯的亮与灭等等。

• 数字量：在计算机中以二进制表示的数据，以字节为单位，如10H＝00010000B对应十进制的16，1000H＝0001000000000000B对应十进制的4096。

• 模拟量：物理上的温度、压力、流量等，都是时间上连续变化的信息，这些信息经过传感器转换为电量，并经过放大得到电压或电流就是模拟量。模拟量无法直接输入到微机中，只有经过A/D转换(模/数转换)变换成数字量之后才能输入到微机中；同样，微机中的数字量也必须经过D/A转换(数/模转换)变换为模拟量(电压或电流)后才能控制电动机、加热器等外部设备。

基本的模拟量处理过程如图2.9所示。

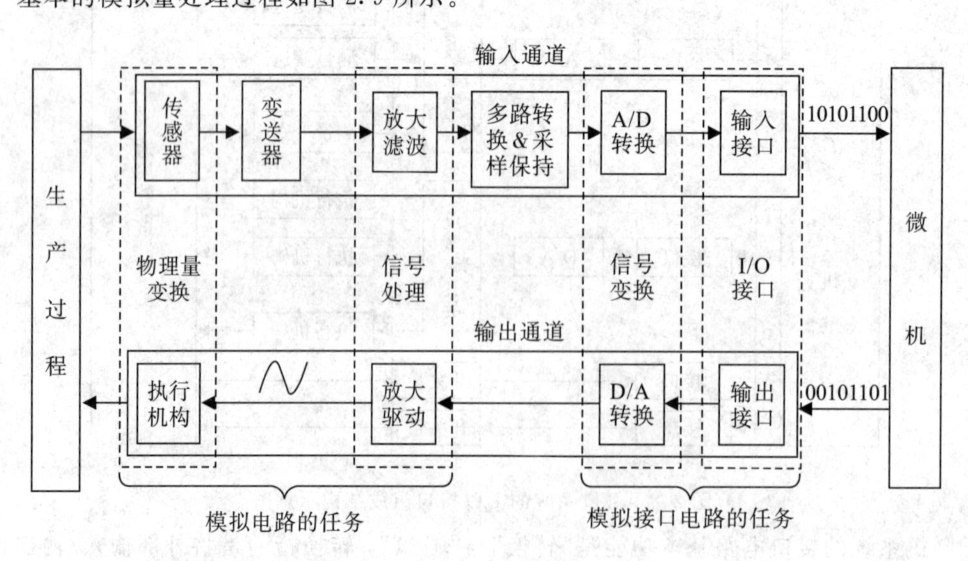

图2.9　模拟量处理过程

2.4.2 I/O接口电路的必要性

微机为什么一定需要I/O接口电路？为什么不能像图2.7中连接内存储器那样直接与外部设备利用引脚连接呢？这是因为以下几点原因。

(1) 速度不匹配：CPU的速度很高，而外设的速度要低得多。

(2) 信号电平不匹配：CPU所使用的信号都是TTL电平，而外设大多是复杂的机电设备，往往不能使用TTL电平，而是CMOS电平、RS232电平等。

(3) 信号格式不匹配：CPU系统总线上传送的通常是8位、16位或32位的并行数据，而外设使用的信息格式各不相同，有模拟量、开关量、串行方式信息等。

(4) 时序不匹配：各种外设都有自己的定时和逻辑控制，与CPU的时序不一致。

例如，Intel 8086-1的主频为10 MHz，1个时钟周期仅为100 ns，一个最基本的总线周期为400 ns。而外部设备的工作速度比CPU的速度慢得多，如触摸屏传送信息的速度是毫秒级；工业控制设备中的炉温控制采样周期是秒级。为保证微处理器的工作效率并适应各种外部设备的速度配合要求，应在微处理器和外部设备间增设一个I/O接口电路，满足两个不同速度系统的异步通信联络。

微处理器是按并行处理设计的高速处理器件，即只能读入和输出并行数据。然而，实际上外部I/O设备采用的数据格式却不仅仅是并行的，在许多情况下是串行的。例如，距离较长时设备之间的通信基本采用串行通信以降低成本、提高通信质量；光电脉冲编码器输出的反馈信号是串行的脉冲列；步进电动机要求提供串行脉冲等等。微机系统需要将外部设备送来的串行数据转换成并行数据才能进行处理，同样微处理器送往外部设备的并行数据也要转换成串行数据才能控制外部设备的执行，并且要以同双方相匹配的速率和电平实现信息的传送。这些功能在微机控制下主要由相应的接口芯片来完成。

微机系统与外部设备通信时，一般不能将各种外设的数据线、地址线直接连接到微处理器的数据总线和地址总线上。这里主要存在两个问题：

(1) 微处理器总线的负载能力的问题。

过多的信号线直接接到微处理器总线上，必将超过微处理器总线的负载能力，采用接口电路可以分担微处理器总线的负载，使微处理器总线不至于超负荷运行，造成工作不可靠。

(2) 外设的选择问题。

微处理器和所有外设交换信息都是通过双向数据总线进行的，如果所有外设的数据线都直接接到微处理器的数据总线上，数据总线上的信号将是混乱的，无法区分是送往哪一个外设的数据还是来自哪一个外设的数据。只有通过接口电路的外设选择器件才能协调各种外设与微处理器间的互通问题。

综上所述，I/O接口电路是专门为解决CPU与外设之间的不匹配、不能协调工作而设置的，它处在总线和外设之间，具有非常重要的作用。

2.4.3 I/O端口的概念

微机与外设通信时，传送的数据信息、状态信息和控制信息分别进入接口电路中不同的寄存器，通常将这些寄存器和它们的控制逻辑统称为I/O端口(Port)，CPU可对端口中的信息直接进行读写。I/O 接口与外设之间的端口连接形式如图 2.10 所示。

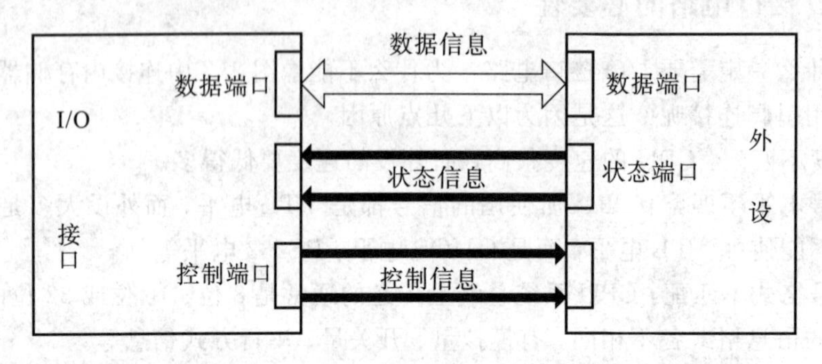

图 2.10 I/O 端口示意图

1. 数据端口

为了解决主机高速与外设低速的矛盾，避免因速度不一致而丢失数据，接口中一般都设置数据缓冲寄存器(简称数据缓存器)，称之为“数据口”。数据缓存器又分为输入缓存器和输出缓存器两种，前者暂存外设送来的数据，以待 CPU 将它取走；后者暂存 CPU 送往外设的数据。有了数据缓存器，就可以使高速工作的 CPU 与慢速工作的外设协调工作。由于数据缓存器直接连在系统数据总线上，因此它应具有三态特性。数据端口的长度一般为 1～2 个字节。

2. 状态端口

接口电路在执行 CPU 命令之前、执行命令过程中和执行命令之后，外部设备及接口电路都会有一些情况发生，这些“情况”就是所谓“状态”，包括正常工作状态和故障状态。如“忙”、“闲”，“准备就绪”、“未准备就绪”，“满”、“空”，以及“溢出错”、“格式错”、“校验错”等状态。接口中一般都设置状态寄存器，称之为“状态口”。这些状态信号以状态代码的形式被存放在接口电路的状态寄存器中，以便向 CPU 报告。CPU 从“状态口”读取这些状态信息，就可以“知道”正在发生或已经发生了哪些情况，以供 CPU 做出判断与处理。最常用的状态位有准备就绪位(Ready)、忙碌位(Busy)和错误位(Error)。

3. 控制端口

CPU 对被控对象即外部设备的控制命令是以命令代码的形式先发送到接口中的命令寄存器，称之为“命令口”，也称为控制端口。再由接口电路对命令代码进行识别和分析，分解成若干个控制信号，传送到 I/O 设备，使其产生相应的具体操作。可见，CPU 并不是直接把命令送到被控对象，而是通过接口电路来进行控制的。

在微机系统中，CPU 通过接口和外设交换数据时，把状态信息和命令信息当做数据来传送，并且将状态信息作为输入数据，控制信息作为输出数据，于是三种信息都可以通过数据总线来传送了。这三种信息被送入三种不同端口的寄存器，因而能实施不同的功能。

2.4.4 I/O 接口访问外设的方式

在微机系统中一般有多种外设，也可以有多台同一种外设，而一个 CPU 在同一时间里只能与一台外设交换信息，这就要在接口中设置 I/O 端口地址译码电路对外设进行寻址。

CPU 对外设的访问实质上是对 I/O 接口电路中相应端口的访问，因此和存储器一样，也需要由译码电路来形成 I/O 端口地址。I/O 接口访问外设有两种寻址方式：与存储器统一编址方式和 I/O 端口独立编址方式。两种编址方式如图 2.11 所示。

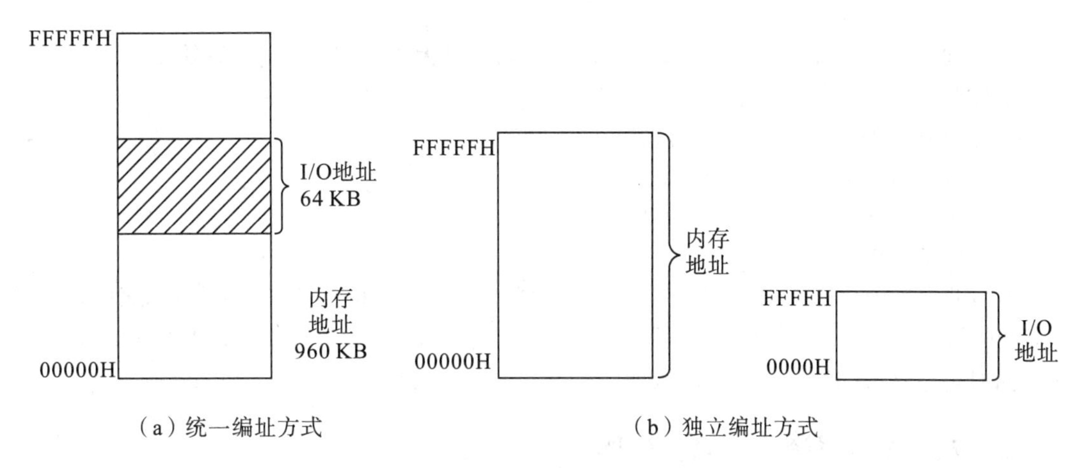

图 2.11　两种编址方式对比图

1) 统一编址方式

如图 2.11(a)所示，统一编址方式实际上就是从存储器空间划出一部分地址空间给 I/O外设，把每一个 I/O 端口看作一个存储单元，并作为存储单元的一部分统一编址。访问存储器的所有指令均可用来访问 I/O 端口，不用设置专门的 I/O 指令。

统一编址方式的优点是简化了指令系统的设计，不必包含 I/O 操作指令；能用功能强的存储器指令，如移位、比较等，操作方便灵活；I/O 地址空间可调。

统一编址方式的缺点是 I/O 端口占用存储器的地址空间；译码电路复杂；指令较长，延长了输入输出的操作时间。

2) 独立编址方式

如图 2.11(b)所示，独立编址方式就是指 I/O 外设端口地址空间与存储器地址空间是各自分开的，对 I/O 端口的地址单独编址，不占用存储器的地址空间。独立编址方式采用专门的 I/O 指令对端口进行操作，输入和输出端口可用相同的地址。

独立编址方式的优点：将 I/O 指令和访存指令区分开，使程序清晰，可读性好；I/O 指令较短，执行速度快，也不占用内存空间；I/O 译码电路较简单。

独立编址方式的缺点：CPU 指令系统必须有专门的 IN 和 OUT 指令，没有访问存储器指令的功能强。CPU 必须提供区分存储器和 I/O 读写的控制信号。

Intel 8086 采用独立编址方式。其中访问存储器空间用到 20 根地址线(A0～A19)，全译码后得到 00000H～FFFFFFH 共 1 MB 地址空间；而 I/O 端口只利用 16 根地址线(A0～A15)，可译码得到 0000H～FFFFH 共 64 KB 个 I/O 端口地址，每个端口传送一个字节的数据。由于端口与存储器是各自独立的，所以用户可扩展存储器到最大容量，而不必为 I/O 端口留出地址空间。给 I/O 外设端口完成编址后，还需要通过指令寻址访问外设端口。8086 有 IN 和 OUT 两条专用的 I/O 指令，同时设计有直接寻址和间接寻址两种寻址方式。

(1) 直接寻址：只用于寻址 00H～FFH 前 256 个端口，操作数 n 表示端口号。

```
IN  AL,n         ;字节输入
IN  AX,n         ;字输入
OUT  n,AL        ;字节输出
OUT  n,AX        ;字输出
```

(2) 间接寻址：可用于寻址全部64 K个端口，对大于FFH的端口只能采用间接寻址方式，DX寄存器的值就是端口号。

```
IN  AL,DX        ;字节输入
IN  AX,DX        ;字输入
OUT  DX,AL       ;字节输出
OUT  DX,AX       ;字输出
```

I/O指令的直接寻址是指仅用低8位地址线A0～A7译码产生的I/O端口地址，仅可访问256个I/O端口；用DX寄存器间接寻址，则由A0～A15地址线译码产生I/O端口地址，此时可寻址64 K个I/O端口地址。

2.4.5　I/O接口电路的功能与组成

I/O接口是微机与外界的连接电路，一般必须具备有如下功能：

• 执行CPU命令的功能；
• 返回外设状态的功能；
• 数据缓冲功能；
• 信号转换功能；
• 设备选择功能；
• 数据宽度与数据格式转换的功能。

上述功能并非要求每种接口都具备，对不同用途的微机系统，其接口功能不同，接口电路的复杂程度大不一样。但前三种功能是接口电路中的核心部分，是一般接口都需要的。

为了实现上述功能，就需要硬件电路予以支撑；还要有相应的程序予以驱动。所以，一个能够实际运行的接口，应由硬件电路和软件编程两部分组成。

1. 硬件电路

从使用角度来看，接口的硬件电路包括以下三部分。

(1) 基本逻辑电路。

基本逻辑电路包括命令寄存器、状态寄存器和数据缓冲寄存器。它们担负着接收执行命令、返回状态和传送数据的基本任务，是接口电路的核心。目前，可编程大规模集成接口芯片中都包含了这些基本电路。

(2) 端口地址译码电路。

端口地址译码电路由译码器或能实现译码功能的其他芯片，如GAL(PAL)器件、普通IC逻辑芯片构成。它的作用是进行设备选择，是接口中不可缺少的部分。这部分电路不包含在集成接口芯片中，要由用户自行设计。

(3) 供选电路。

供选电路是根据接口不同任务和功能要求而添加的功能模块电路，设计者可按照需要

加以选择。在设计接口时，当涉及数据传输方式时，要考虑中断控制或DMA控制器的选用；当涉及速度控制和发声时，要考虑定时/计数器的选用；当涉及数据宽度转换时，要考虑到移位寄存器的选用等等。

以上这些硬件电路不是孤立的，而是按照设计要求有机地结合在一起，使其相互联系并相互作用，实现接口的功能。至于接口芯片中的控制逻辑电路，是用于对接口芯片内部各电路之间的协调以及对外部的联络控制，而与用户的应用无直接关系。图2.12给出了一般I/O接口的组成结构示意图。

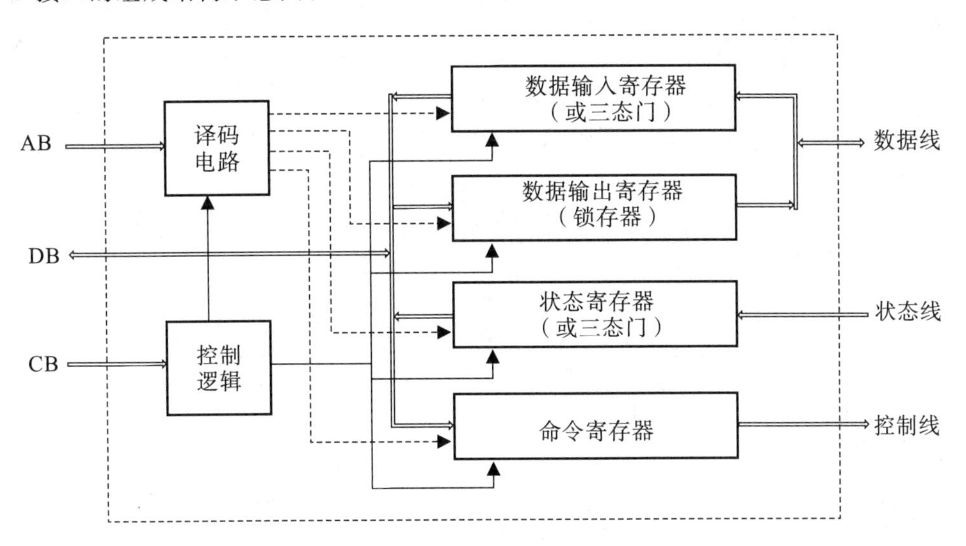

图2.12　I/O接口硬件结构图

Intel 8086将I/O设备的端口地址代码送到接口中的地址译码电路，并经译码电路，把地址代码翻译成I/O设备的选择信号。一般是把8086地址总线中的高位地址用于接口芯片选择，低位地址进行芯片内部寄存器的选择，以选定需要与自己交换信息的设备端口，只有被选中的设备才能与CPU进行数据交换或通信。没有选中的设备，就不能与8086交换数据。

2. 软件编程

接口电路由于被控对象的多样性而无一定模式，但从实现接口的功能来看，一个完整的设备接口程序大约包括如下一些程序段。

1）初始化程序段

对可编程接口芯片（或控制芯片）都需要通过其方式命令或初始化命令设置工作方式及初始条件，这是接口程序中的基本部分。

2）传送方式处理程序段

只要有数据传送，就有传送方式的处理。查询方式有检测外设或接口状态的程序段；中断方式有中断向量修改、对中断源的屏蔽/开放以及中断结束等的处理程序段，且程序一定是主程序和中断服务程序分开编写。DMA方式有相关的DMA传送操作，如通道的开放屏蔽等处理的程序段。

3）主控程序段

主控程序段是完成接口任务的程序段，如数据采集的程序段，包括发转换启动信号、查转换结束信号、读数据以及存数据等内容。又如步进电机控制程序段，包括运行方式、方向、速度以及启/停控制等。

4）程序终止与退出程序段

该程序段包括程序结束退出前对接口电路中硬件的保护程序段。如对一些芯片的引脚设置为高或低电平，或将其设置为输入/输出状态等。

5）辅助程序段

该程序段包括人机对话、菜单设计等内容。人机对话程序段能增加人机交互作用；菜单设计，使操作方便。

第 3 章　使用 Proteus 8 设计微机系统

3.1　Proteus 软件简介

微机接口系统的设计与开发离不开 EDA(Electronic Design Automation)技术。EDA 技术是指以计算机为工作平台，融合应用电子技术、计算机技术、智能化技术等最新成果而研制成的电子 CAD 通用软件包，主要用于辅助进行 IC 设计、电子电路设计及 PCB 设计和系统级设计三方面的工作。

Proteus 软件是英国 Labcenter Electronics 公司研发的闻名世界的 EDA 工具软件，该软件功能强大，不仅可以进行模拟电路、数字电路、模/数混合电路的设计与仿真，PCB 设计、脚本编程，还可以进行微处理器控制电路设计和实时仿真。Proteus 软件是目前唯一将电路仿真软件、PCB 设计软件和虚拟模型仿真软件三合一的设计平台，真正实现了从概念到产品的完整设计。Proteus 独一无二的仿真功能，广泛应用于全球众多电子企业的生产和研发之中，它的用户遍布全球 50 多个国家，至今已有诸多国际知名企业和 300 多所国内高校使用 Proteus 进行科研、教学、设计和研发。

Proteus 的体系结构主要有三大部分，即 Schematic Capture(电路图绘制)、PCB Layout (PCB 布线)和 Gerber(光绘格式文件)，如图 3.1 所示。

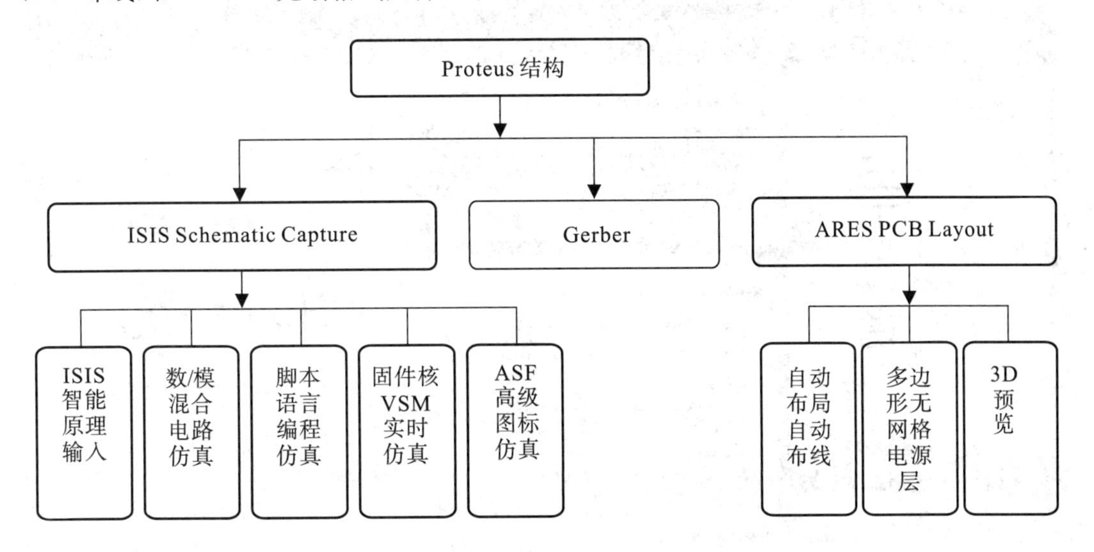

图 3.1　Proteus 8 的功能结构图

从图 3.1 中可以看出，Proteus 具有 ISIS(Intelligent Schematic Input System，智能原理图输入系统)和 ARES(Advanced Routing and Editing Software，高级布线编辑软件)两

大应用程序。应用程序 ISIS 中主要进行原理图设计和原理图的调试，而 ARES 中则进行 PCB 设计、3D 模型预览和生成制板文件(Gerber 文件及 ODB++文件)。

Proteus 中的 VSM(Virtual System Modeling，虚拟系统模型)是一个基于 PROSPICE 的混合模型仿真器，主要由 SPICE3F5 模拟仿真器内核和快速事件驱动数字仿真器(Fast Event - driver Digital Simulator)组成。在 ISIS Schematic Capture 平台中，利用具有动画演示功能的器件或具有仿真模型的器件，当电路连接完成无错误后，单击运行按钮可以实现声、光等动态逼真的仿真。为了实现交互式仿真，Proteus 提供了上万种具有 SPICE 模型的元器件、3 种探针、14 种可编程的激励源、13 种虚拟仪器等。Proteus VSM 能够对目前多种型号的微处理器如 8086、8051/52、ARM7、AVR、PIC10、PIC12、PIC16、PIC18、PIC24、dsPIC33、HC11、BasicStamp、MSP430、Micro、MAXIM(美信)系列、Cortex - 3、TMS320C28X 等系列进行实时仿真、协同仿真、调试与测试，随着版本的提高，Proteus VSM 对嵌入式微处理器的支持还将继续增加。

3.2 Proteus 软件的简单操作

单击“任务栏”→“开始”→“Proteus 8 Professional”→“Proteus 8 Professional”，或者双击桌面上的“Proteus 8 Professional”图标可以启动 Proteus 8 软件。启动后进入到 Proteus 软件的主界面。如图 3.2 所示，Proteus 8.3 的主界面主要包括：主菜单栏、主工具栏、Home Page 三大部分。

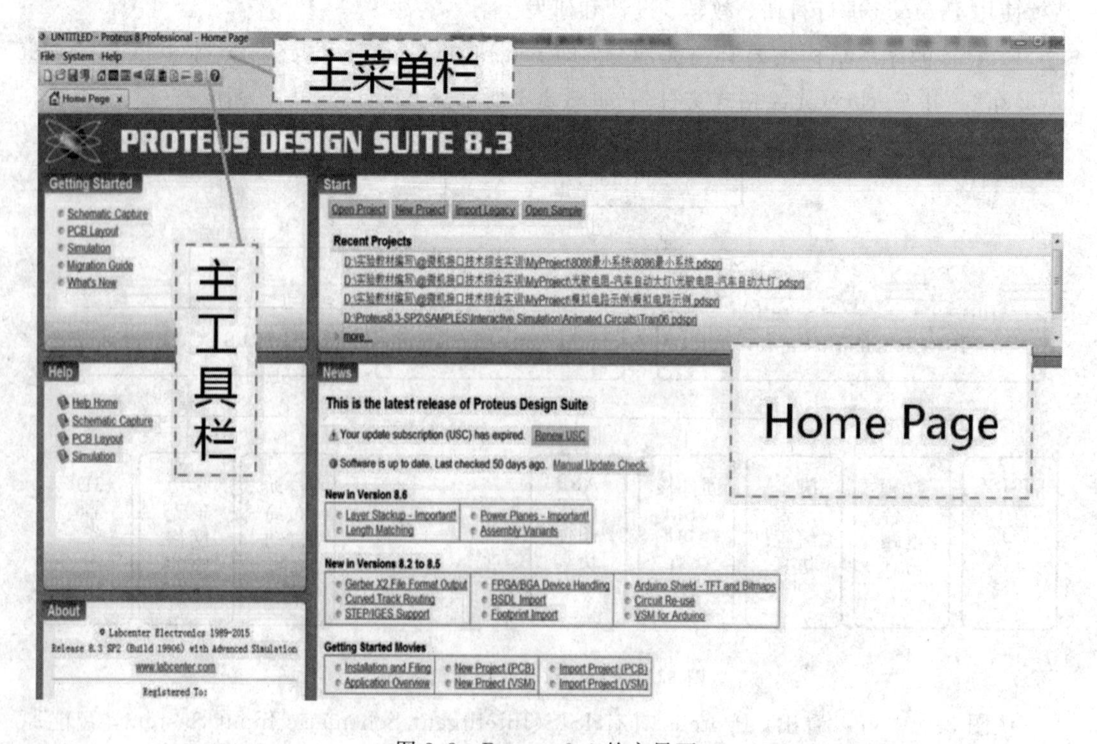

图 3.2 Proteus 8.3 的主界面

3.2.1　主菜单栏

主菜单栏包括 File 菜单、System 菜单和 Help 菜单。File 菜单的主要功能是新建项目、打开项目、保存项目、关闭项目等和项目有关的操作，具体功能如图 3.3 所示。

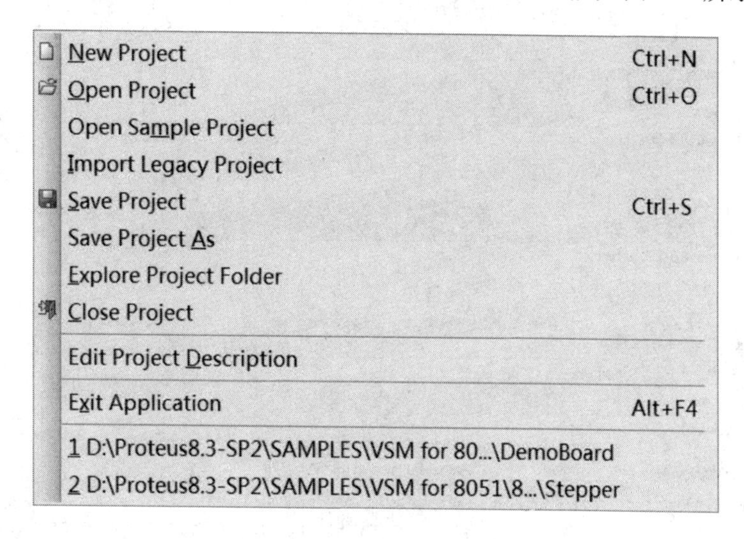

图 3.3　File 菜单栏

其中“Import Legacy Project”指的是导入以前版本的示例，本教材使用的是 Proteus 8.3 版本软件，Proteus 8.0 之后的版本与以前的版本有了很大的区别，所以利用本菜单可以打开低版本 Proteus 编辑的实例。

System 菜单的主要功能是进行系统参数设置、更新管理和语言版本更新，其主要功能如图 3.4 所示。

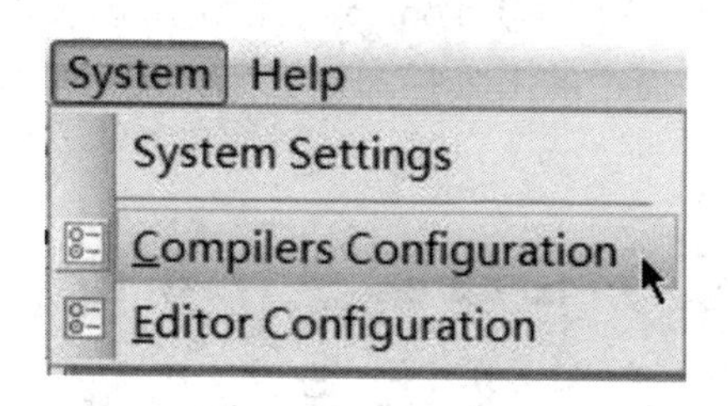

图 3.4　System 菜单栏

单击“System Settings”命令弹出系统参数设置对话框，主要包括了 Global Settings(全局设置)、Simulator Settings(仿真器设置)、PCB Design Settings(PCB CAD/CAM 文件输出路径设置)和 Crash Reporting(崩溃报告设置)四个方面的内容，如图 3.5 所示。

“Initial Folder For Projects”是设置项目初始化路径，可以在“我的文档”、“上一次打开的文件路径”或“默认文件路径”三种模式中进行选定。

“Library Locale”是选择元器件符号的表示方法，有 3 种模式：Generic(通用)、European(欧洲)和 North American(北美)。软件默认为通用模式，如果元器件有欧洲模式和北美模式，则在元器件库中同时显示。欧洲模式和北美模式只是元器件的外形显示不同，功能都是相同的。

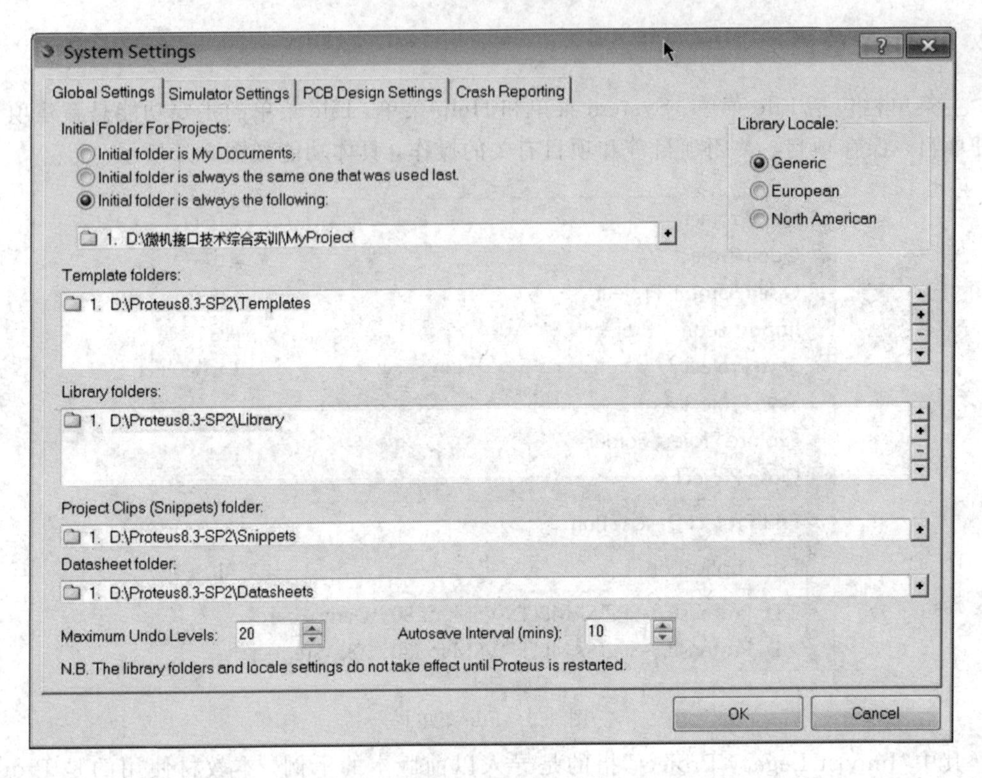

图 3.5　System Settings 窗口

3.2.2　主工具栏

主工具栏是显示位图式按钮的控制条，位图式按钮用来执行命令功能，主要包括项目工具栏（Project Toolbar 或者 File I/O Tool bar）和应用模块工具栏（Application Module Toolbar），为了与软件其他界面中的工具栏加以区别，我们统称该工具栏为主工具栏，如图 3.6 所示。

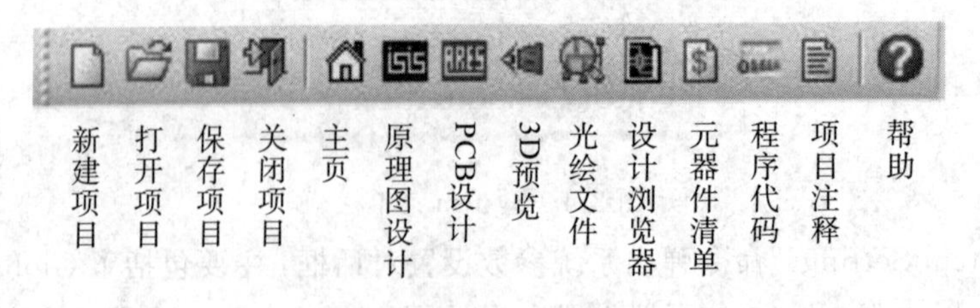

图 3.6　主工具栏

3.2.3　主页

主页（Home Page）是 Proteus 8 应用的新的模块，其主要功能是提供快速的超链接帮助信息和系统快捷操作面板，主要包括：Getting started 面板、Help 面板、About 面板、Start 面板和 News 面板等 5 个面板。

Getting Started 面板主要提供系统功能的帮助信息，主要有：Schematic Capture（ISIS 教程）、PCB Layout（ARES 教程）、Simulation（Proteus VSM 教程）、Migration Guid

(Proteus 8 新增功能说明)以及 Proteus7. X 版本的新增超链接说明。

Help 面板提供了系统功能的详细参考手册，主要有 Help Home(Proteus 8 框架帮助信息)、Schematic Capture(ISIS 使用说明)、PCB Layout(ARES 使用说明)和 Simulation (Proteus VSM 帮助信息)。

About 面板主要显示 Proteus 版本信息、用户信息、操作系统信息和官方网址等信息。

Start 面板主要提供快速创建项目、打开项目、导入项目、打开项目实例等功能，并显示最近的项目名称及路径。

News 面板主要提供自动更新、手动更新以及新版版本特性、快速入门视频和信息显示等功能，单击相应的命令或者超链接进行相应的操作。在 Proteus 的官方网站也提供了很多学习视频。当系统启动后将自动检测版本更新，如果有更高版本则会在 News 面板中显示，并且在 News 面板的底部显示相关状态信息。在 News 面板中还提供了大量的视频超链接，为学习 Proteus 提供了一个很好的平台。

3.3　利用 Proteus 建立 8086 最小系统

下面以一个基本案例——8086 最小系统为大家介绍如何利用 Proteus 8 建立系统的原理图。Intel 8086 有两种工作模式：最小模式和最大模式，区别主要在于存储器和 I/O 接口设备规模的不同。

8086 最小模式也称为单处理器模式，是指系统中只有一片 8086 微处理器，所连接的存储器容量不大，芯片不多，I/O 设备也不多，系统的控制总线可以直接由 CPU 的控制线供给，使得系统中的总线控制电路减到最少。图 3.7 是一个典型的 8086 最小系统原理图，包括 8086 微处理器、时钟发生器 8284、地址锁存器 8282、数据缓冲器 8286，还有存储器和 I/O接口芯片。最小系统原理图中，除 8086 无可替代之外，其他的芯片可以选择不同的型号。

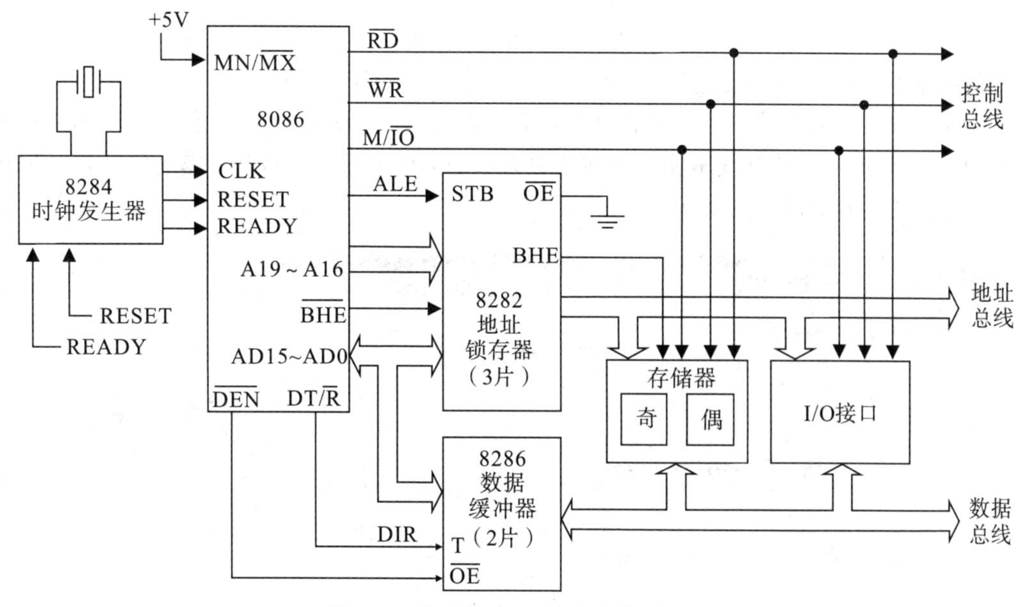

图 3.7　典型的 8086 最小系统原理图

8086 与存储器(或 I/O 端口)进行交换时，8086 首先要送出地址信号，然后再发出控制信号及传送数据。因此需要加入地址锁存器，先锁存地址，使在读写总线周期内地址稳定。

数据缓冲器相当于一个总线开关，用来控制 8086 的数据总线选择从存储单元或 I/O 端口发送或接收数据，匹配通信时序。

I/O 外设需要一个门电路译码电路或译码器译码电路，作用是使 8086 在众多外设中正确选中当前希望访问的外设。

存储器的译码电路，与 I/O 外设译码电路原理一样，利用地址线生成 ROM 和 RAM 单元的片选信号。8086 上电复位后地址为 FFFF0H，首先从 ROM 里读出程序，该程序是无条件跳转指令，能够使 8086 跳转到 RAM 的地址读出程序。

最大系统是相对于最小系统而言的，可以有多个微处理器，其中一个是主处理器 8086，其他的处理器称为协处理器，承担某方面的专门工作，适用于中、大型规模的微机系统。

3.3.1　新建一个项目

选择主菜单栏“File”→“New Project”或单击主工具栏上的新建项目图标，弹出创建新项目向导对话框，如图 3.8 所示。

图 3.8　新建项目向导

在向导中，可以修改新建项目的名称以及保存路径，注意 Proteus 项目文件的文件后缀为 *.pdsprj。读者新建一个自主设计的项目一般选择“New Project”项，而“FromDevelopment board”项是指从开发板实例上快速创建项目，可根据需要选择。修改好项目名称和保存路径后的内容如图 3.9 所示。

图 3.9　新建项目向导-1

单击“Next”按钮进入原理图设置图纸尺寸界面，如图3.10所示。

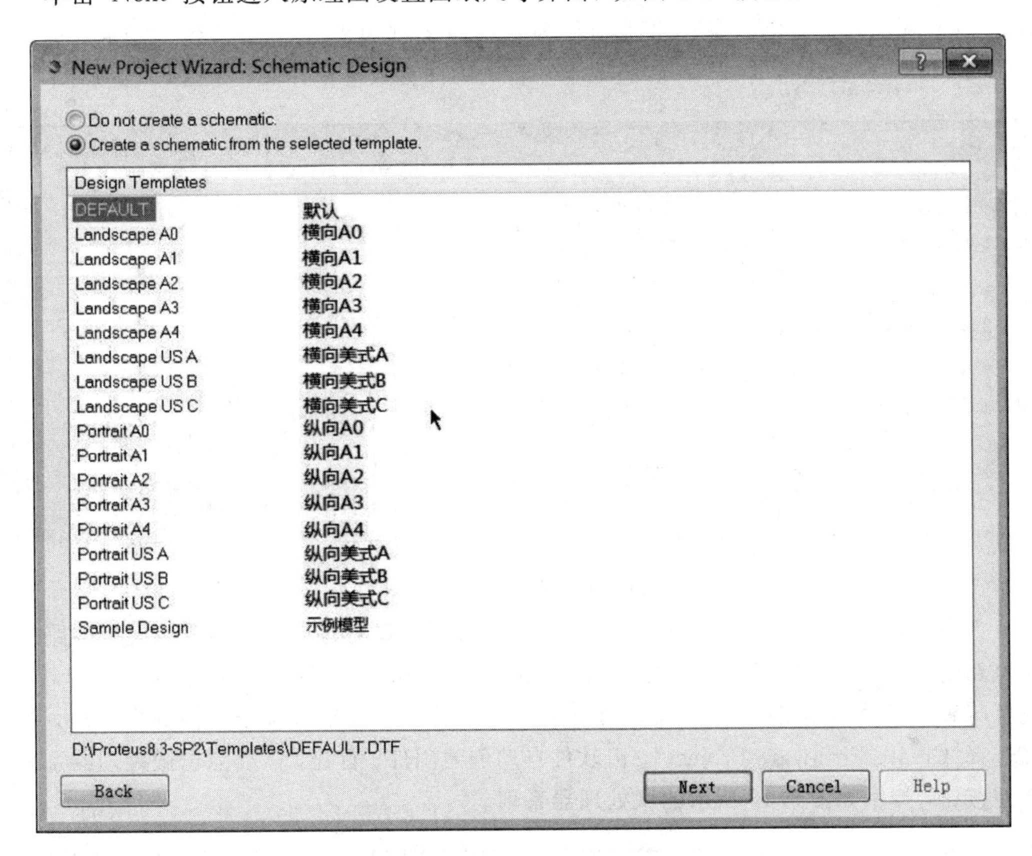

图3.10　新建项目向导-2

这里选择“Landscape A3”(横向 A3 图纸)，单击“Next”进入下一步 PCB 参数设置界面，如图3.11所示。

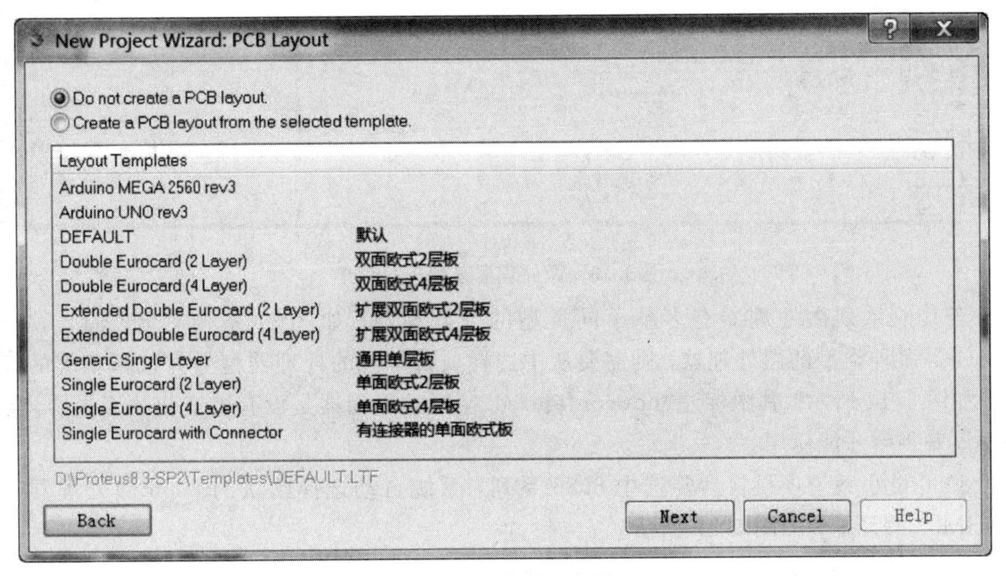

图3.11　新建项目向导-3

选中“Create a PCB layout from the selected template”，然后可以按照项目的实际需要设置 PCB 板的样式。8086 最小系统项目现在不需要创建 PCB 板，选择“Do not create a PCB layout”(不创建)，单击 Next 进入下一步的固件参数选择界面，如图 3.12 所示。

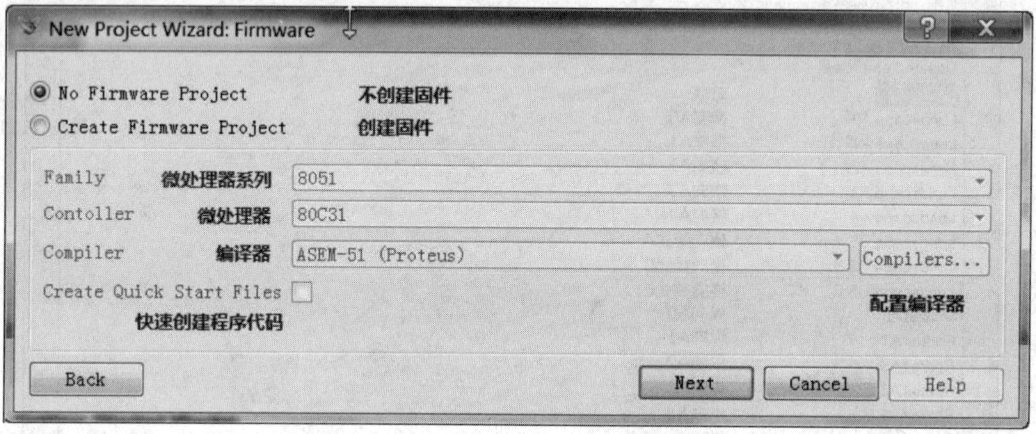

New Project Wizard: Firmware
No Firmware Project 不创建固件
Create Firmware Project 创建固件
Family 微处理器系列 8051
Contoller 微处理器 80C31
Compiler 编译器 ASEM-51 (Proteus) Compilers...
Create Quick Start Files 快速创建程序代码 配置编译器
Back Next Cancel Help

图 3.12 新建项目向导-4

如果选择“No Firmware Project”，项目将不会创建微处理器，设计普通模拟电路或数字电路时可以选择不创建固件。当然，设计者也可以随时在 ISIS 中手动添加微处理器，这就意味着在此处不创建固件也是可以的。一般情况下，在确定系统中有微处理器时，此处应选择“Create Firmware Project”，由软件自动创建固件。首先，需要点击微处理器系列的下拉按钮，弹出如图 3.13 所示的微处理器系列。

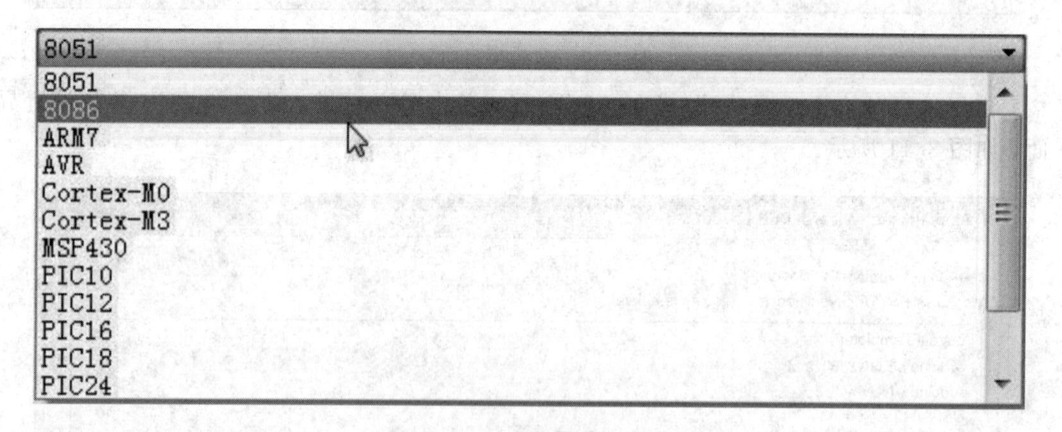

图 3.13 微处理器系列下拉菜单

若其他系列微处理器有多款不同类型的微处理器，如 8051 系列有 80C51、80C52、80C31 等多种类型的微处理器，则需要从中选择项目所需的处理器型号并选择相应的编译器，如图 3.14 所示。其中标注“not configured”字样的编译器是没有被安装的编译器，需要下载、安装后才能使用。

8086 最小系统项目自然要选中 8086 系列，系统自动选择默认的 8086 微处理器以及 MASM32 编译器，如图 3.15 所示。

Family
8051
Contoller
80C51
Compiler
ASEM-51 (Proteus)
Create Quick Start Files
ASEM-51 (Proteus)
IAR for 8051 (Assembler) (not configured)
IAR for 8051 (C) (not configured)
Keil for 8051 (not configured)
SDCC for 8051 (not configured)

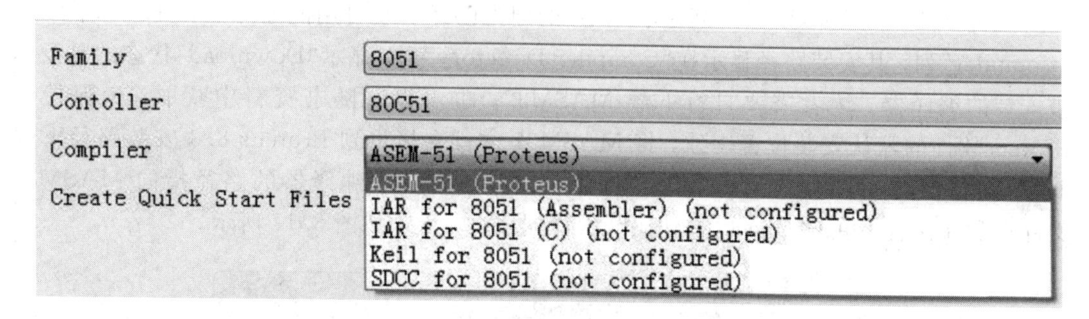

图 3.14 8051 系列固件参数设置

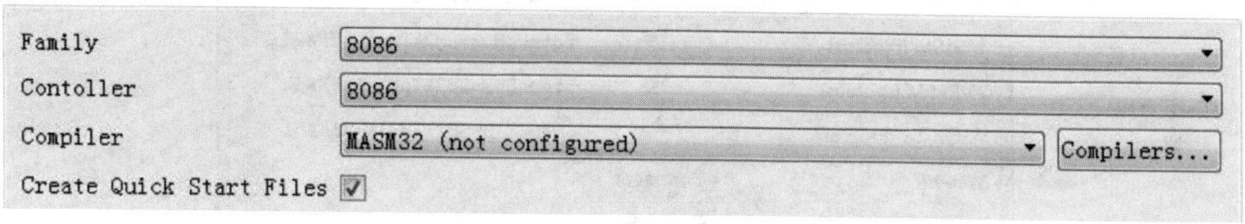

Family
8086
Contoller
8086
Compiler
MASM32 (not configured)
Compilers...
Create Quick Start Files

图 3.15 8086 固件参数设置

3.3.2 安装 8086 编译器

可以看到，Proteus 8.3 软件中默认没有安装 MASM32 编译器，无法对 8086 进行汇编程序的编写与仿真。在固件参数设置窗口单击“Compilers...”按钮，弹出 Proteus VSM 支持的编译器，如图 3.16 所示。

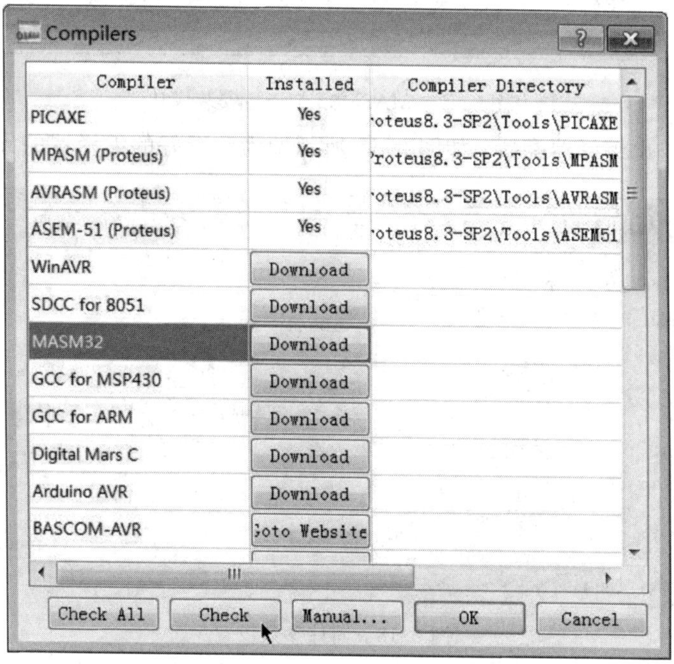

Compilers
Compiler
Installed
Compiler Directory
PICAXE
Yes
oteus8.3-SP2\Tools\PICAXE
MPASM (Proteus)
Yes
Proteus8.3-SP2\Tools\MPASM
AVRASM (Proteus)
Yes
oteus8.3-SP2\Tools\AVRASM
ASEM-51 (Proteus)
Yes
oteus8.3-SP2\Tools\ASEM51
WinAVR
Download
SDCC for 8051
Download
MASM32
Download
GCC for MSP430
Download
GCC for ARM
Download
Digital Mars C
Download
Arduino AVR
Download
BASCOM-AVR
Goto Website
Check All
Check
Manual...
OK
Cancel

图 3.16 Proteus 默认支持的编译器

在图 3.16 中“Installed”一列显示“Yes”的即为已经安装可用的编译器，其名称显示在“Compiler”列，其安装路径显示在“Compiler Directory”列。显示“Download”状态的是没有被安装的编译器。读者需要自行下载 MASM32，也可以在随书资料中获取。为保持与 Proteus软件的默认安装位置一致，将 MASM32 文件夹拷贝到 Proteus 8.3 安装路径下的 Tools 子目录内，并单击“Manual...”按钮，选择 MASM32 编译器的路径指向 MASM32 文件夹所在位置，单击“Check”按钮确认编译器成功安装，如图 3.17 所示。

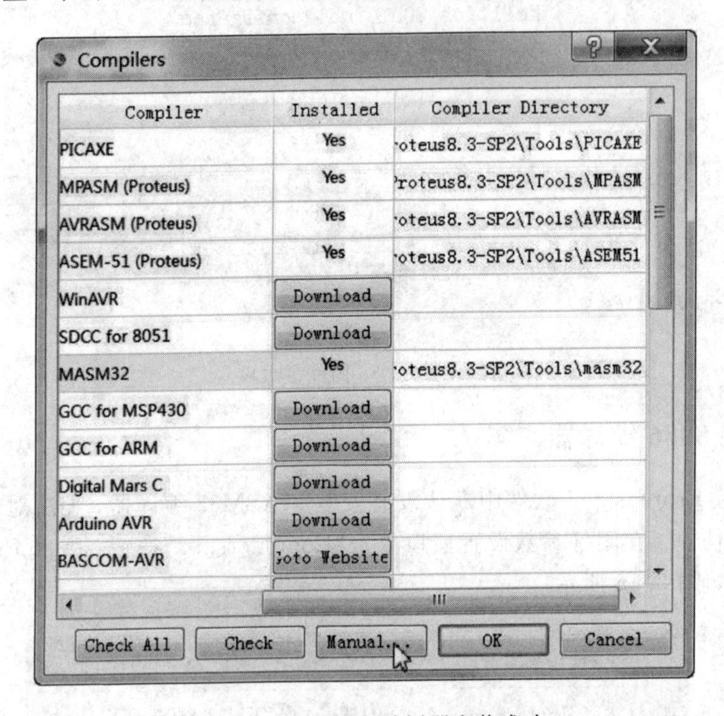

图 3.17　MASM32 编译器安装成功

单击“OK”退出编译器配置，如图 3.18 所示即为配置好的编译器的界面。

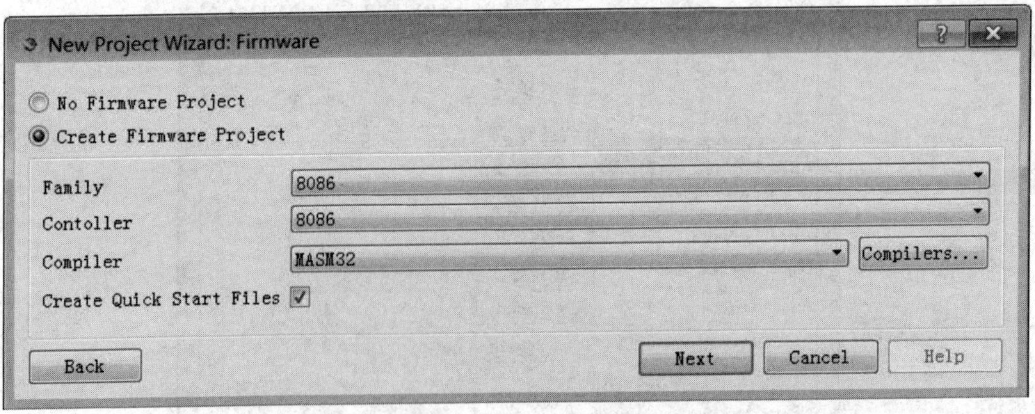

图 3.18　固件参数设置

选中“Create Quick Start Files”(快速创建代码)可以由 Proteus 为用户自动生成配置好的部分代码。如果不选中快速创建代码选项，微处理器的代码编辑区将会是空白，需要手动建立代码文件和内容。

在图 3.18 中单击"Next"按钮，弹出项目的概要，如图 3.19 所示。

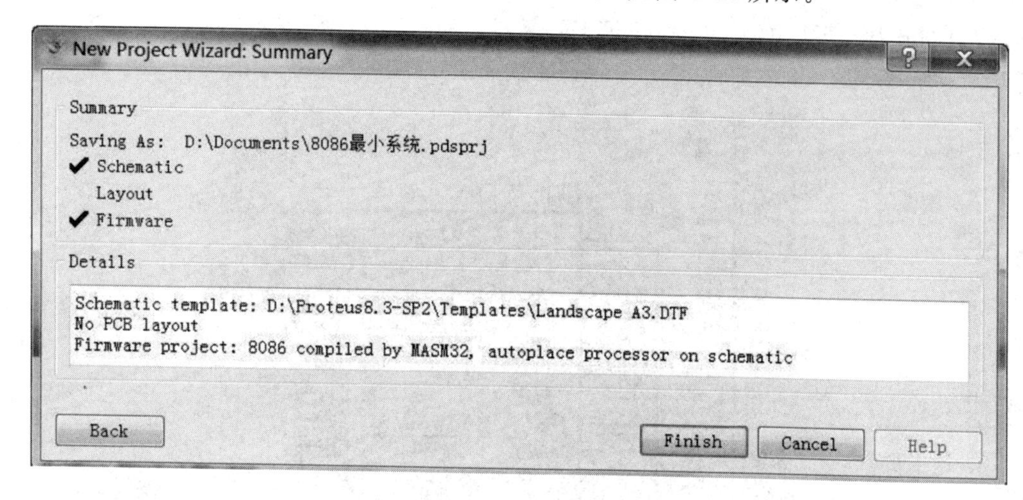

图 3.19　新建项目概要

3.3.3　完成新项目的创建

单击"Finish"按钮，完成一个 8086 新项目的创建，如图 3.20 所示。其中原理图编辑区就是设计原理图的工作平台，所有的电路设计都在此区域内完成。原理图编辑区默认有直线式的交叉栅格，其功能是帮助对齐元器件，选择菜单栏中的"View"→"Grid"命令可实现直线式网格、点状栅格和无栅格之间的切换，也可直接利用快捷键 G 实现切换。栅格之间的距离可以通过菜单栏"View"→"Snap"命令改变。

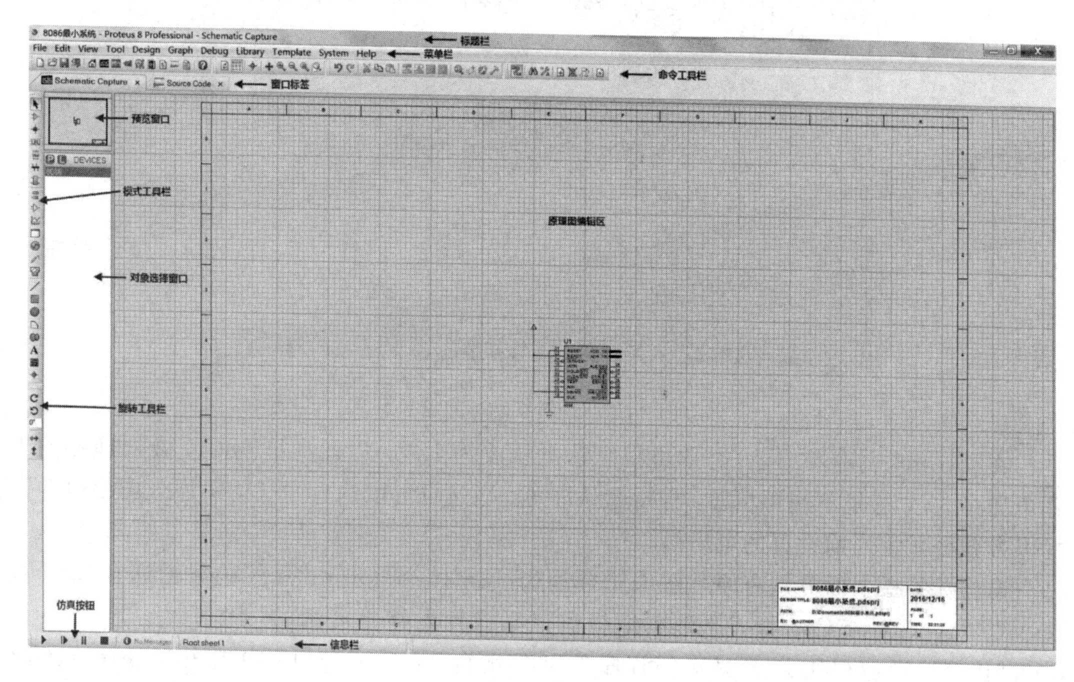

图 3.20　新建项目的初始原理图界面

可以看到，对象选择窗口中已经自动加入了一个 8086 微处理器，并且在原理图编辑窗口已经按照最小模式的连接方式绘制好了 8086 的电源引线，即 22 脚(READY)和 33 脚(MN/$\overline{\text{MX}}$)连接+5V 电源，21 脚(RESET)接地，如图 3.21 所示。

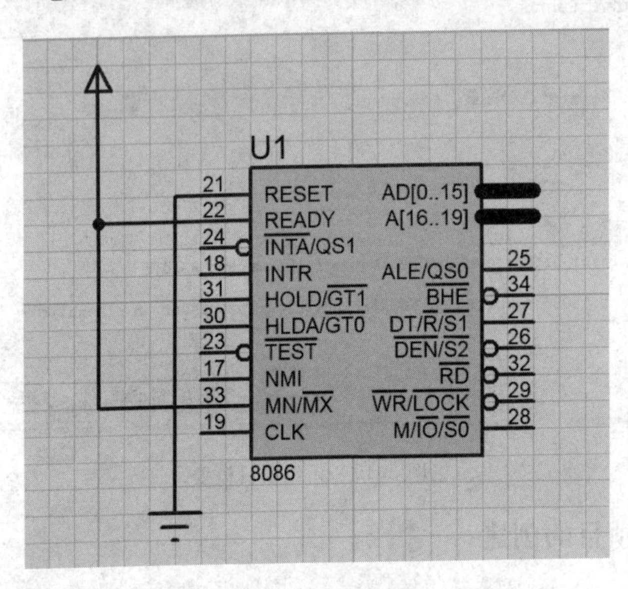

图 3.21　8086 的原理图模型

Proteus 中的电源默认为+5V DC，如果项目需要提供不同的电源，只需在电源图标上双击，即可弹出编辑终端标签窗口，如图 3.22 所示。

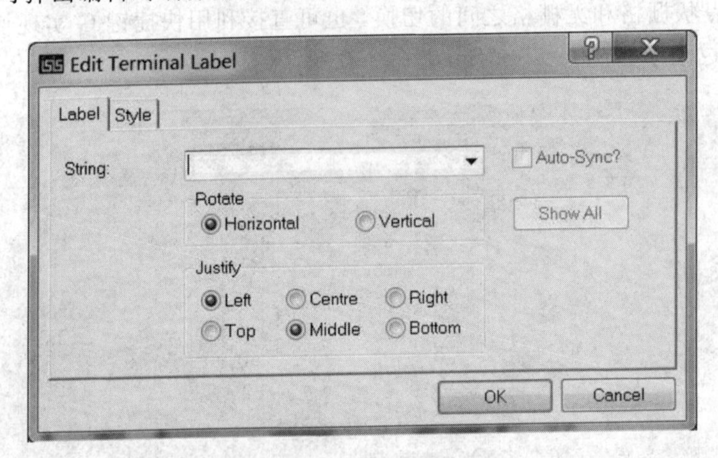

图 3.22　编辑终端标签窗口

在“String”中输入“+12V”即可将默认电压改为 12V，以此类推。8086 微处理器的工作电压是 5V，这里不用再填写，保持默认即可。当然也可以输入“+5V”，原理图中电源图标上方就会显示当前设置的电压值。

窗口标签栏上面分别有原理图编辑标签“Schematic Capture”和代码编辑标签“Source Code”。“Schematic Capture”原理图编辑窗口是设计电路原理图的工作平台，而“Source Code”代码编辑窗口则是编写代码程序的工作平台。如在图 3.18 中选中“Create Quick Start Files”，系统的初始代码编辑窗口的内容如图 3.23 所示。

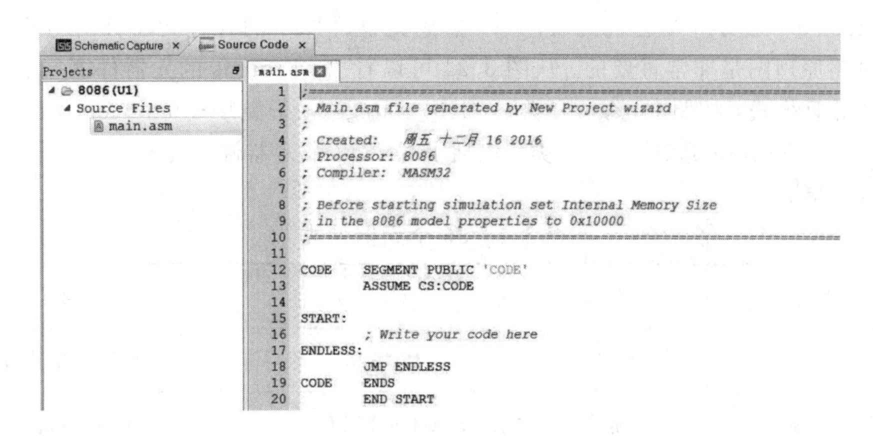

图 3.23　快速创建代码

可以看出，Proteus 已经为 8086 建立了一个“main.asm”文件，并在其中编写了必需的内容，设计人员只要在“Write your code here”区域编写汇编程序即可，节省了很多时间，也避免了仿真出现不必要的错误。同时 Proteus 在注释部分(以分号开始的内容)给出了该程序的一些信息和 8086 仿真时其内存设置的注意事项。

3.3.4　查找并添加元器件

在 8086 系统中，地址线和数据线是分时复用的，也就是说 8086 的 16 根地址/数据复用线 AD15～AD0 以及 4 根地址/状态复用线 A19～A16 在 1 个总线周期的不同时刻分别传送地址信息或数据，所以必须要有锁存器将地址信息先保存起来，否则地址信息将会丢失。接下来，为 8086 最小系统添加两个锁存器。

单击对象选择窗口左上角的P图标，弹出“选取元器件”窗口，如图 3.24 所示。

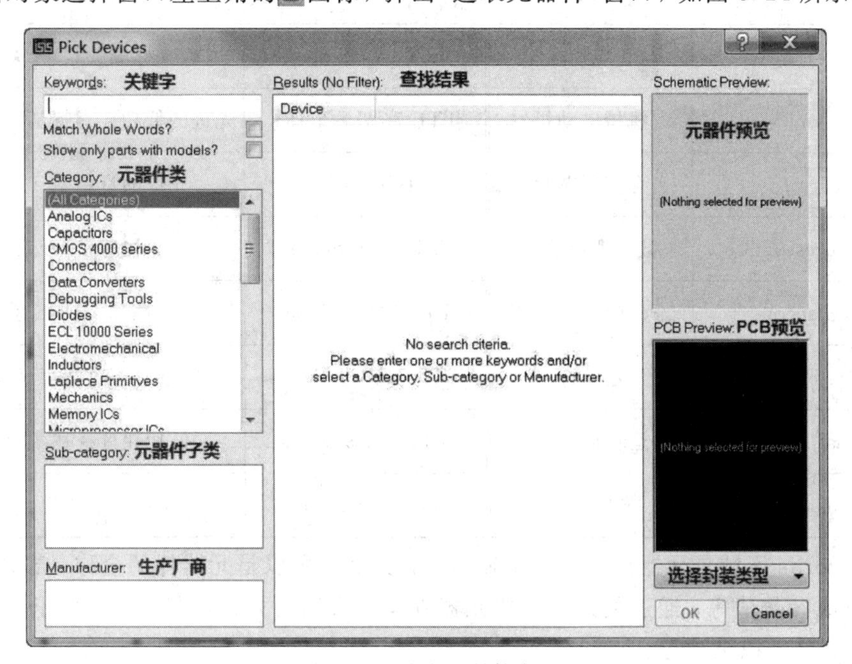

图 3.24　选取元器件窗口

Proteus 8.3 提供了丰富的元器件库，熟悉元器件库中的各种元器件的名称和位置对于绘制电路原理图是非常重要的。从图 3.24 可以看出，Proteus 的元器件库采取了从大到小的分层管理模式，按照 Category(类)→Sub - category(子类)→Manufacturer(生产厂商)的顺序分布。Capture 提供了 36 个类，包括了 34 858 个元器件，表 3.1 给出了这 36 个类的名称与功能。

表 3.1　36 个元器件类

Category	功　能	Category	功　能
Analog ICs	模拟集成器件	PICAXE	PICAXE 单片机
Capacitors	电容	PLDs and FPGAs	可编程器件
CMOS 4000 Series	CMOS 4000 系列	Resistors	电阻类
Connectors	接头	Simulator Primitives	仿真源
Data Converters	数据转换器	Speaking and Sounders	扬声器和音响
Debugging Tools	调试工具	Switches and relays	开关和继电器
Diodes	二极管	Switches Devices	开关器件
ECL 10000 Series	ECL 10000 系列	Thermionic Valves	热离子真空管
Electromechanical	电机	Transducers	传感器
Inductors	电感	Transistor	晶体管
Laplace Primitives	拉普拉斯模型	TTL 74 Series	标准 TTL74 系列
Mechanics	机械电动机	TTL 74ALS Series	先进的低功耗肖特基 TTL74 系列
Memory ICs	存储器芯片	TTL 74AS	先进的肖特基 TTL 系列
Microprocessor ICs	微处理器芯片	TTL 74F Series	快速 TTL 系列
Miscellaneous	混杂器件	TTL 74HC Series	高速 CMOS 系列
Modeling Primitives	建模源	TTL 74HCT Series	与 TTL 兼容的高度 CMOS 系列
Operational Amplifiers	运算放大器	TTL 74LS Series	低功耗肖特基 TTL 系列
Optoeletronics	光电器件	TTL 74S Series	肖特基 TTL 系列

Keywords 区域是元器件的关键字输入区。关键字可以是元器件的全称、部分名称、描述性字符或参数值等，通过关键字查找元器件是最常用的方法，表 3.2 给出了一些常用元器件的关键字，以供参考。

表 3.2　常用元器件的关键字

关键字	元器件	关键字	元器件	关键字	元器件
And	与门	Or	或门	Not	非门
NPN	NPN 三极管	PNP	PNP 三极管	Diode	二极管
CAP	电容	Capacitor	充电电容	Cap - var	可调电容
Cap - elce	极性电容	Inductor	电感	RES	电阻
POT -	可调电阻	TRAN -	变压器	7seg	7 段数码管
Source	电源类	Switch	开关	clock	时钟信号
opamp	放大器	Socket	插座	Connectors	连接器
Crystal	晶振	SCR	晶闸管	Latches	锁存器
Fuse	保险丝	Relay	继电器	Buffer	缓冲器
Button	按钮	Respack	排电阻	Cell	干电池
led	发光二极管	LCDS	液晶显示器	Lamp	灯泡
buzzer	蜂鸣器	Sounder	喇叭	dclock	数字方波
AERIAL	天线	PIC10/12/16/18	PIC 微控制器	Disply	显示器
Motor	直流电机	Moto - pwmservo	PWM 电机	Motor - servo	伺服电机
bridge	电桥	AVR	AVR 微控制器	Matrix	点阵

在 Keywords 区域输入地址锁存器的名字 8282，查找后的结果如图 3.25 所示。

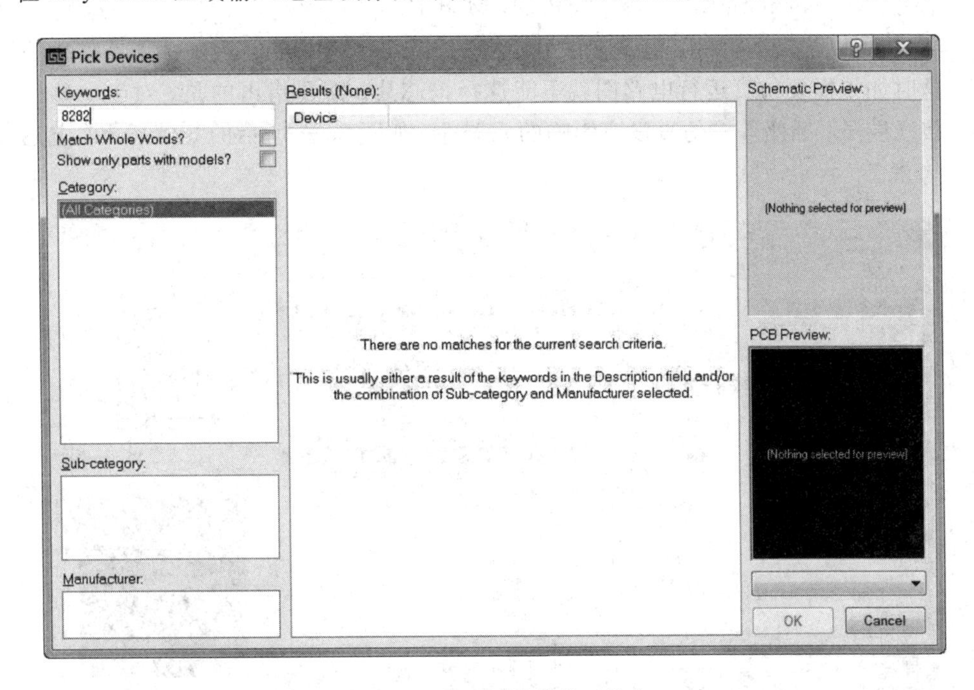

图 3.25　查找不到元器件时的窗口

从图 3.25 可以看到，Proteus 8.3 并不支持 8282 芯片，所以我们要利用其他具有同样功能的锁存器来替代 8282 芯片，比如 74273 芯片就是一种比较常见的锁存器。

查找 74273 有几种方法，最简单的一种就是在关键字区域输入芯片的名称 74273，会弹出如图 3.26 所示的窗口。

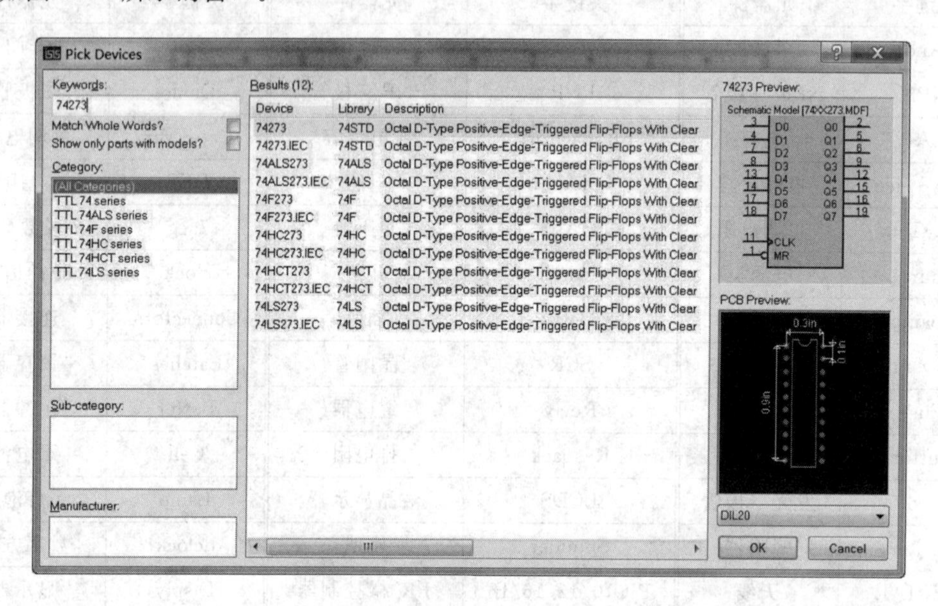

图 3.26　查找 74273 芯片

从图 3.26 可知，在 Proteus 中一共查找到了 12 个符合 74273 关键字的结果，分别属于 6 个类。需要注意的是，在选择芯片之前，要查看窗口右上角的元器件预览图，如果预览图上面显示“Schematic Model”、“SPICE Model”或“VSM Model”，表示这些芯片在 Proteus中是可以仿真运行的。但是如果显示“No Simulator Model”则表示该器件无法进行仿真，这时如果需要仿真运行电路图就不能选择该芯片。需要指出的是，对于一些诸如连接器、接线端子、插座等对仿真没有影响的元器件，如图 3.27 所示的 5 针插头，上述要求不需要考虑。

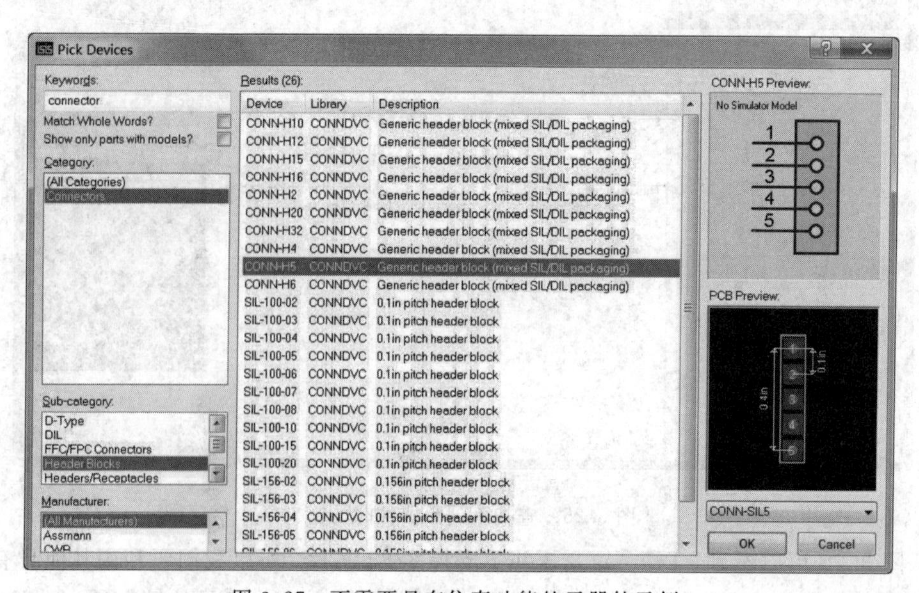

图 3.27　不需要具有仿真功能的元器件示例

选中图 3.26 中第一行的 74273，单击“OK”按钮，原理图编辑区将显示出一个元器件的粉色轮廓，操作鼠标将该元器件移动到某处后单击左键，该元器件就被放置在原理图上了，如图 3.28 所示。同时在原理图的对象选择窗口也加入了 74273 芯片名称。

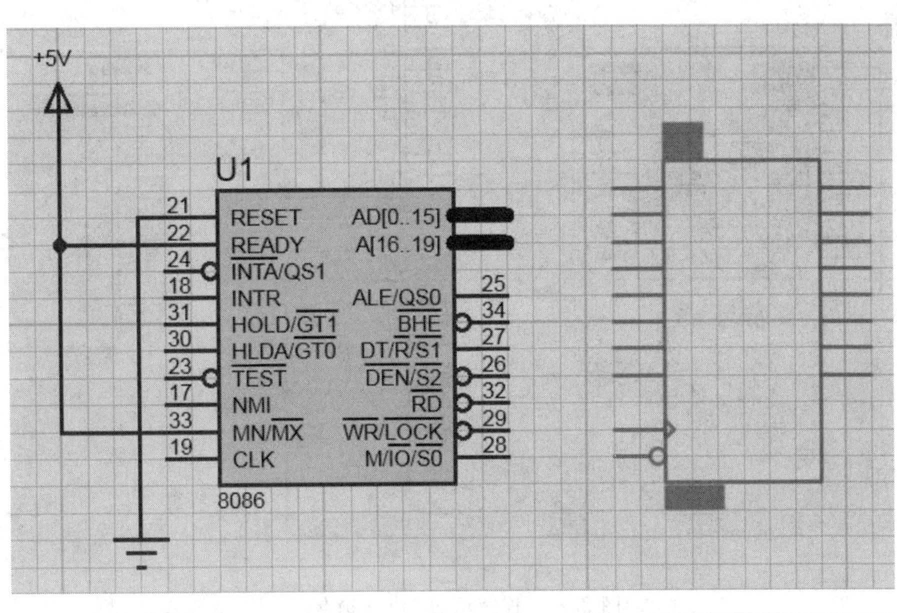

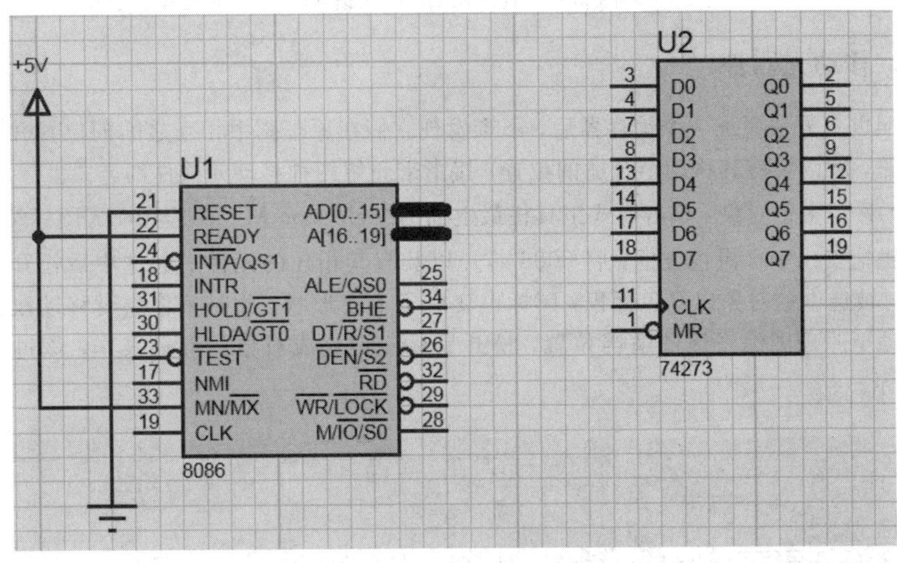

图 3.28　添加一个 74273 锁存器

此时，鼠标样式还是一支笔的形状，连续移动鼠标到合适的位置，单击左键，可以快速地添加该元器件。因为 8086 有 20 根地址线，而 74273 芯片的数据引脚是 8 根，所以构建一个完整的 8086 最小系统需要 3 片 74273，如图 3.29 所示。

从图 3.29 可知，8086 是原理图中的第一个元器件，编号为 U1。新加入元器件的编号由系统按照先后顺序自动分配，分别显示为 U2、U3、U4，当前被选中的元器件以红色阴影来标识。

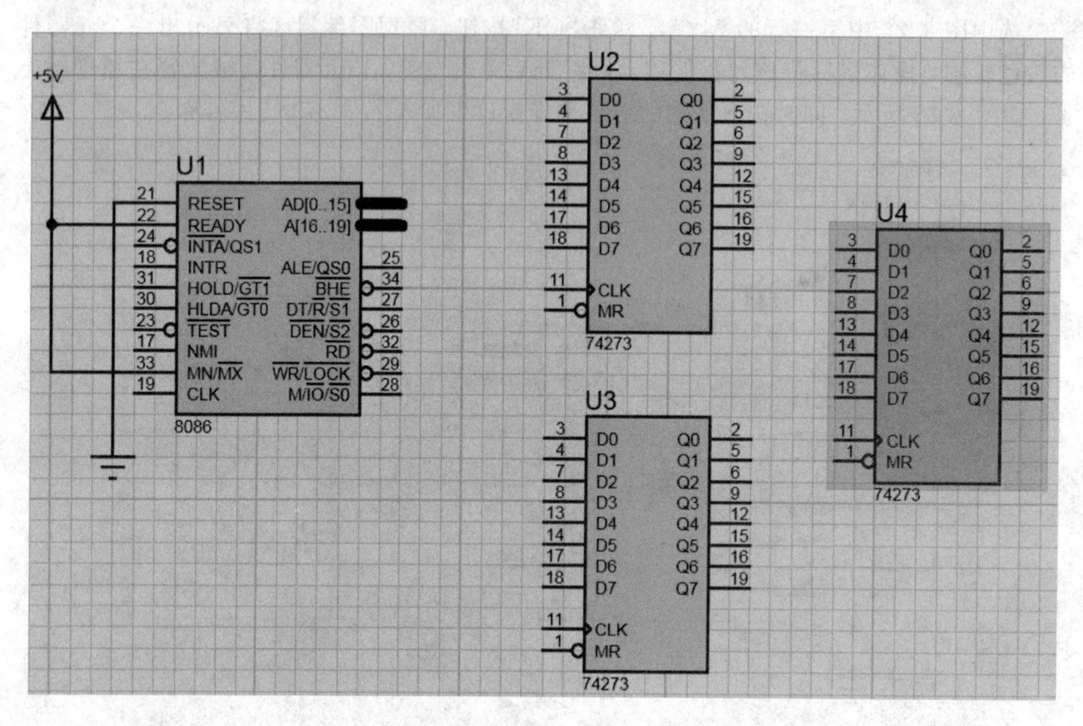

图 3.29 连续添加 74273 锁存器

3.3.5 移动元器件

按照以上方法添加 3 个锁存器后，不难发现它们在原理图中相互之间的位置并不适合连接电路，所以要将其移动至合适的位置。接下来介绍两种移动元器件的方式。

(1) 移动多个对象：单击模式工具栏最上面的“Selection Mode”选择模式图标，按住鼠标左键拖曳出一个黑色方框，将 8086 芯片以及与其相连的元件一起选中后松开鼠标左键，此时被选中的对象以红色标识，图标也变成了十字形状，此时按住左键移动鼠标将该对象移动至原理图编辑区的适当位置，松开鼠标左键完成对象的移动操作。该过程如图 3.30 所示。

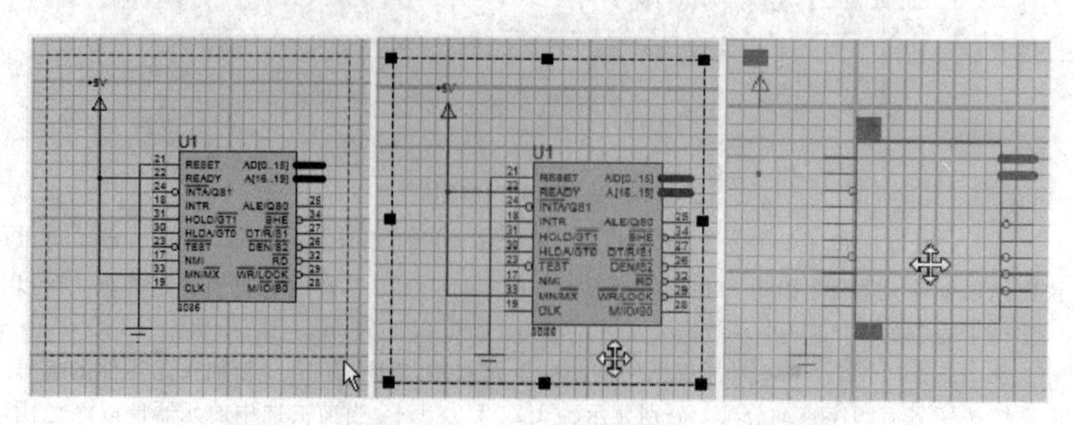

图 3.30 移动多个对象示例

取消选择模式，只需在原理图编辑窗口的空白处单击鼠标左键即可，也可单击鼠标右键在快捷菜单中选择“清除选择”命令。

(2) 移动单个对象：单击模式工具栏最上面的“Selection Mode”选择模式图标，单击U2以选中这个74273芯片，然后按住鼠标左键移动该对象至合适位置后松开，即可完成移动单个元器件的操作，如图3.31所示。

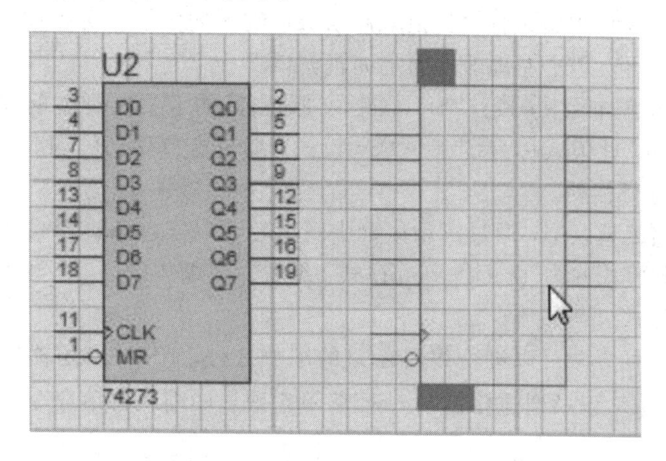

图 3.31　移动单个对象示例

按照上述方法，将8086和3个74273移动到图3.32所示的位置。Proteus中的栅格有助于整齐、有序地放置元器件。

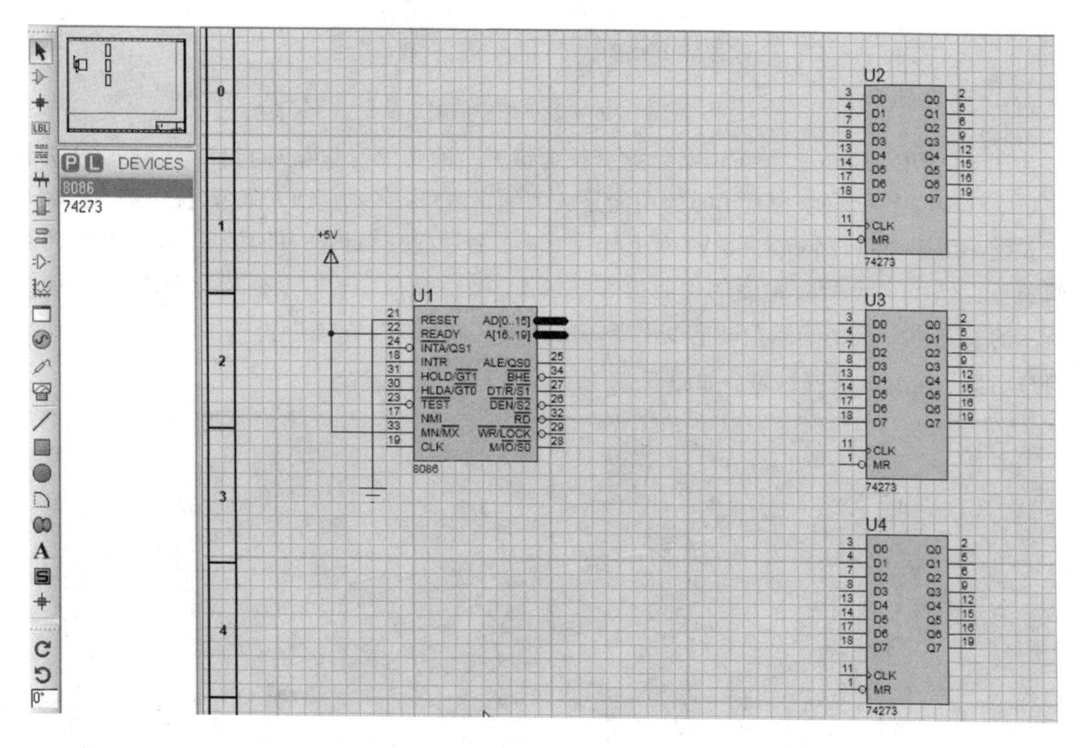

图 3.32　移动对象后的布局图

3.3.6 编辑窗口的缩放与预览

在移动元器件或绘制原理图时，经常需要对绘图区域进行缩放或移动。在 Schematic Capture 编辑窗口没有常规的滚动条，可以通过以下几种方法移动编辑窗口。

(1) 从图 3.32 可以看到，预览窗口中有一个绿色细实线的方框，这是当前可见的编辑窗口区域；在预览窗口单击鼠标左键后，移动绿色细实线方框就可以在原理图编辑区内任意移动编辑窗口，再次单击左键即可固定编辑窗口。

(2) 在原理图编辑区中，按住“Shift”键，向编辑区的上下左右边框移动鼠标可以实现编辑区的相应移动，此模式称为 Shift - Pan 模式。编辑窗口移动的同时，预览窗口中的绿色方框也相应地进行移动。

(3) 在原理图编辑区中，通过滚动鼠标中间滚轮可以实现编辑窗口以鼠标指针为中心的放大或缩小，此模式称为 Track - Pan 模式。编辑窗口缩放的同时，预览窗口中的绿色方框也相应地进行缩放。

除了上面第 3 种方法可以进行编辑窗口的缩放之外，Proteus 还提供了专用的缩放命令工具栏，以及通过单击“View”菜单栏弹出的缩放菜单命令，如图 3.33 所示。

Center At Cursor	F5
Zoom In	F6
Zoom Out	F7
Zoom To View Entire Sheet	F8
Zoom To Area	

图 3.33 View 菜单栏中的缩放命令

图 3.33 中，Center At Cursor 命令（快捷键 F5）的功能是以鼠标指针为中心切换编辑窗口。Zoom In 命令（快捷键 F6）的功能是放大编辑窗口，Zoom Out 命令（快捷键 F7）的功能是缩小编辑窗口，Zoom To View Entire Sheet 命令（快捷键 F8）的功能是切换到整个编辑窗口。Zoom To Area 命令的功能是区域缩放，激活该命令后，鼠标指针变成图 3.34 中所示的形状，按住鼠标左键拖曳出所需的编辑区域，释放左键后再单击左键，则在编辑窗口中显示全部所选择区域，如图 3.34 所示。

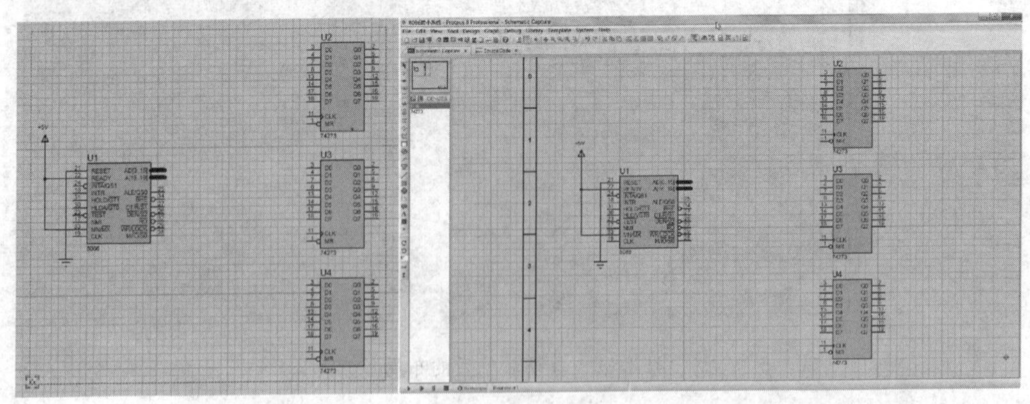

图 3.34 Zoom To Area 命令示例

3.3.7　元器件的旋转与镜像

Proteus 为绘制原理图提供了旋转与镜像的命令，位于窗口左侧模式工具栏下方。旋转与镜像工具栏及其功能如图 3.35 所示。

在选择与放置元器件时，利用数字键盘上面的“＋”、“－”快捷键可以方便地旋转元器件。也可以在对象上单击鼠标右键，在弹出的菜单栏(如图 3.36 所示)中选择旋转或镜像命令，操作更加便捷。

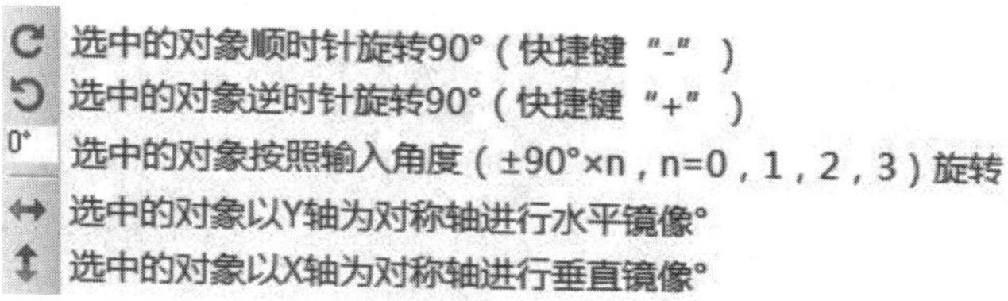

选中的对象顺时针旋转90°（快捷键 "-"）
选中的对象逆时针旋转90°（快捷键 "+"）
0° 选中的对象按照输入角度（±90°×n，n=0，1，2，3）旋转
选中的对象以Y轴为对称轴进行水平镜像°
选中的对象以X轴为对称轴进行垂直镜像°

图 3.35　旋转与镜像工具栏

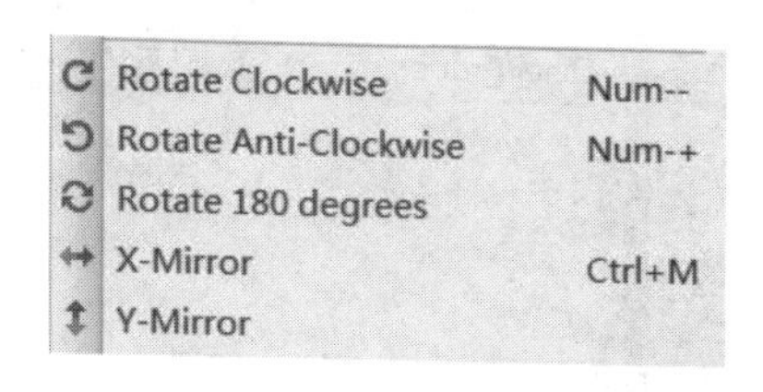

图 3.36　右键弹出的旋转与镜像菜单栏

3.3.8　添加反相器

8086 在一个基本总线周期的 T_1 状态会在 ALE 引脚上输出一个正脉冲，作为锁存器的地址锁存信号，锁存器在 ALE 电平信号的下降沿对地址线上的信息进行锁存操作。我们选择的锁存器 74273 的 CLK 引脚是上升沿有效工作模式，因此为了与 8086 的 ALE 引脚信号相匹配，需要加入一个非门，或者加入反相器(同数字电路中与非门功能类似)进行电平转换。按照 3.3.5 小节的说明，利用选取元器件窗口查找到 7404，如图 3.37 所示；在原理图中添加一片反相器 7404 并放置到合适位置，双击 7404 芯片弹出编辑参数窗口，如图 3.38 所示。

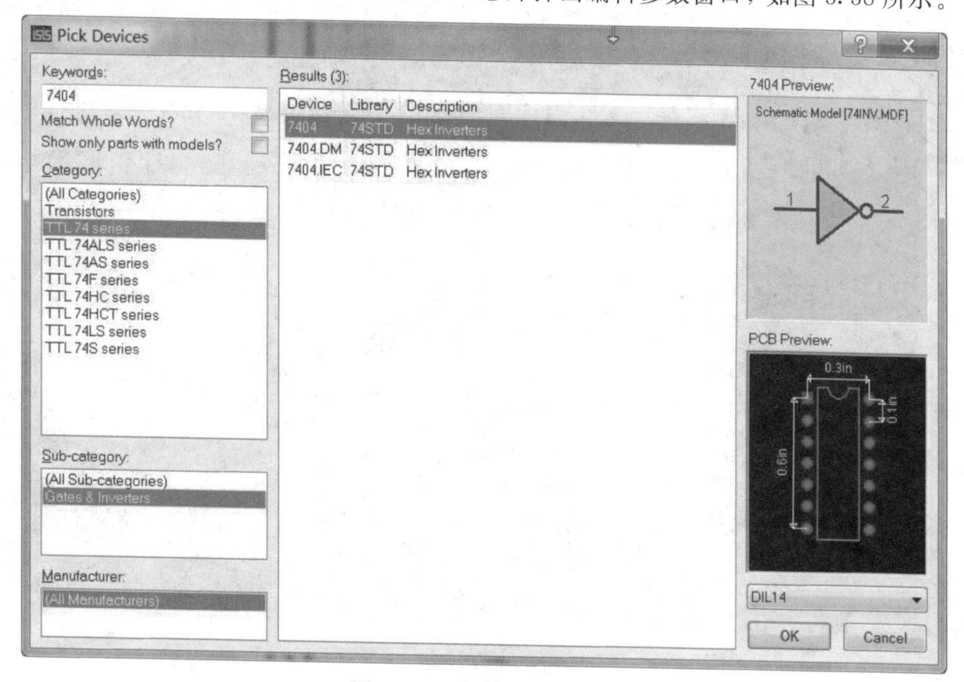

图 3.37　选取反相器 7404

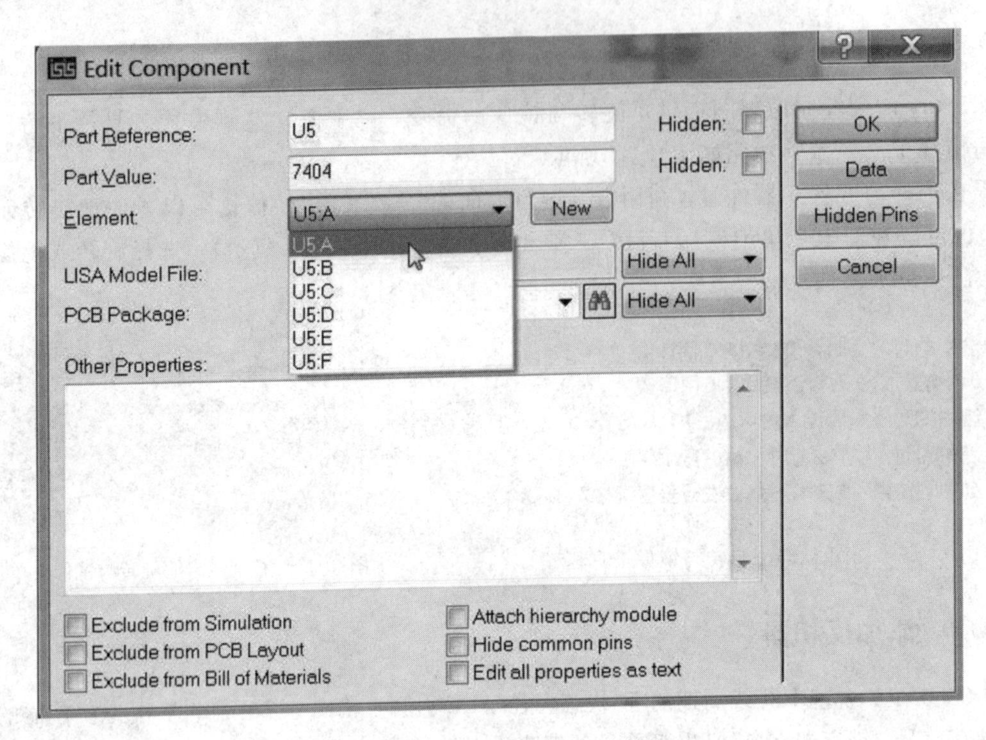

图 3.38　反相器 7404 的编辑参数窗口

从图 3.38 可以看出，一片 7404 由 6 个部分组成，每一个部分都是一个非门，分别命名为 U5:A～U5:F，它们虽然在原理图中表示为不同的元器件，但是只要其编号相同，就表示它们是同一个元器件。添加好 7404 的原理图如图 3.39 所示。

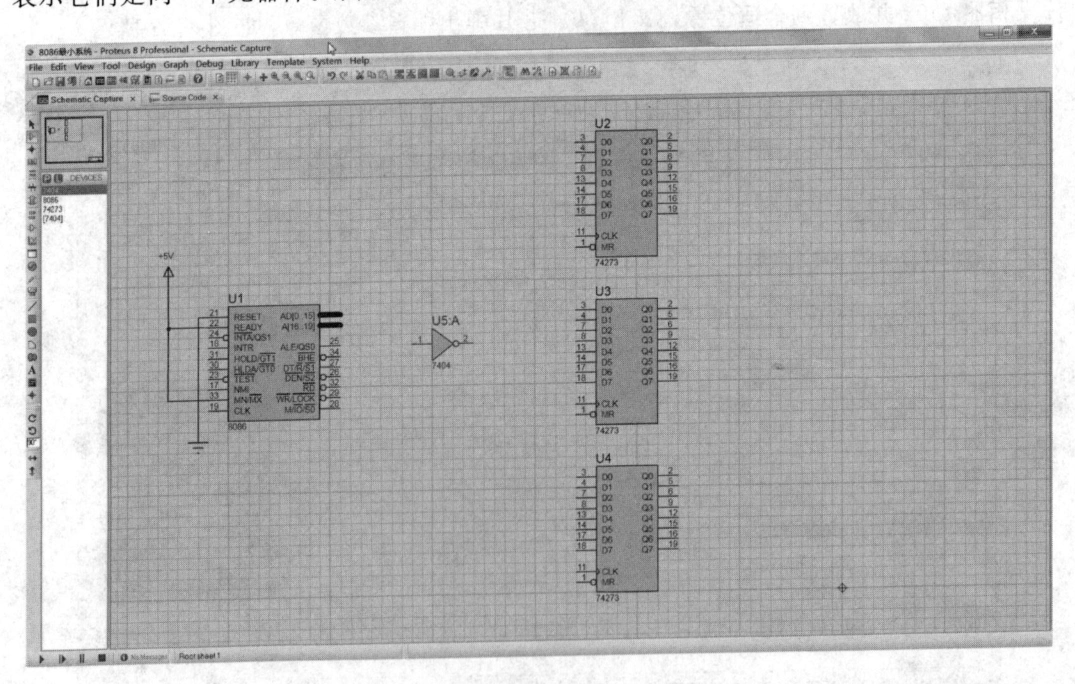

图 3.39　添加一片 7404

3.3.9　连接导线

如图 3.40 所示，将鼠标移动到 8086 的 ALE 引脚上，光标自动变成绿色铅笔，表示 Proteus 已经自动捕捉到了电气连接点；单击鼠标左键开始连接导线，此时光标变为无色铅笔样式；移动到 7404 芯片的 1 脚电气连接点上时光标又变成绿色铅笔样式；单击左键完成一根导线的连接。在连线过程中双击鼠标左键则终止连线并放置接点，单击鼠标右键则取消走线。

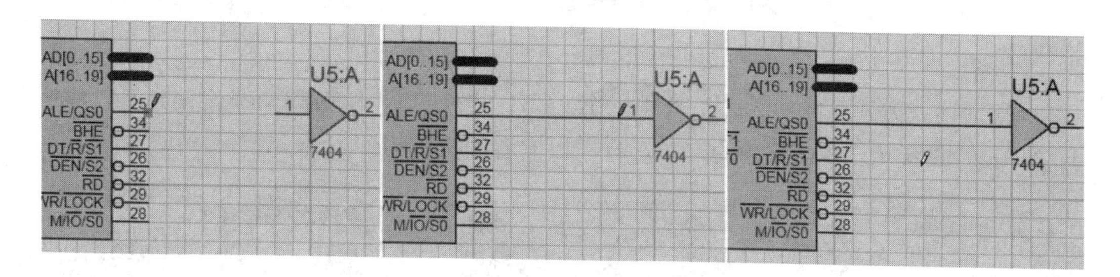

图 3.40　自动连接导线的过程

按照上述方法，自动连接 7404 芯片的 2 脚与 U2 的 CLK 引脚，如图 3.41 左图所示，但是该自动走线距离 U2、U3 芯片太近，不利于后续连线。这时，在连线上双击鼠标右键即可快速删除该导线。如图 3.41 右图所示，可以在希望改变走线方向的位置单击鼠标左键，放置一个×形状的锚点实现手动改变走线方向，连线绘制完成后锚点符号将自动消失。

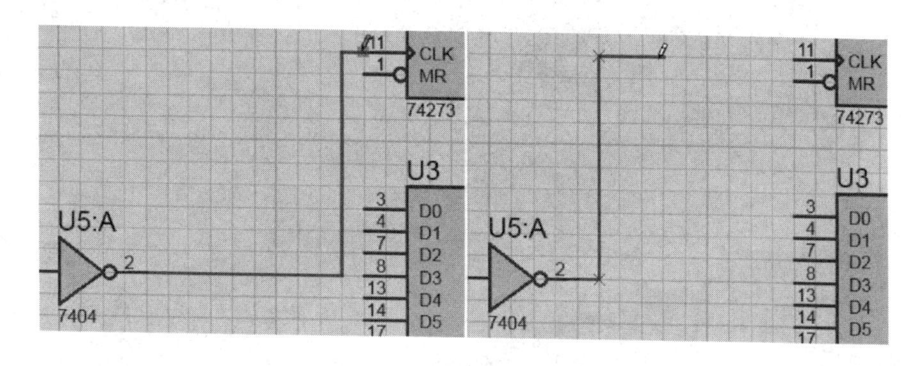

图 3.41　手动改变走线方向

Proteus 默认自动连线功能有效，工具栏上面的按钮处于按下状态。在自动连线状态下，导线的走线方式是按照直角转弯方式连接两个电气连接点，设计者只要选中起点和终点，Proteus 会自动完成连线。如需要导线沿着任意角度走线，可以单击工具栏上的按钮使之处于弹起状态，也可以利用快捷键 W 切换到手动连线功能。最便捷的方式是在自动走线时按住 Ctrl 键即可轻松实现手动连线。图 3.42 是自动连线与手动连线的对比示意图。

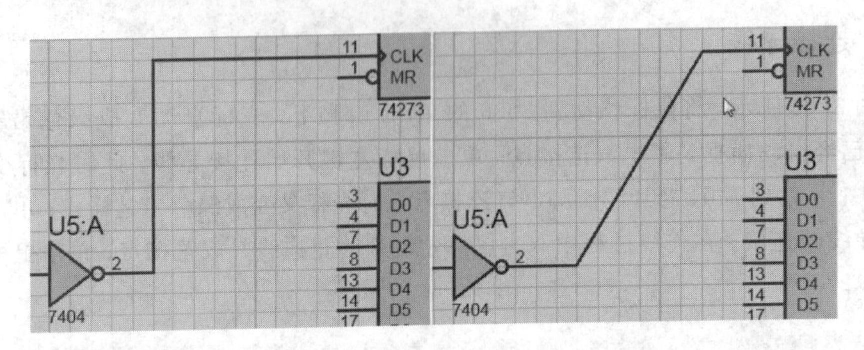

图 3.42　自动连线与手动连线对比示意图

以自动连线方式，将 U2、U3、U4 三个 74273 芯片的 CLK 引脚全部连接到 7404 的 2 脚，如图 3.43 所示。多条导线的交叉点自动以实心圆点标识。

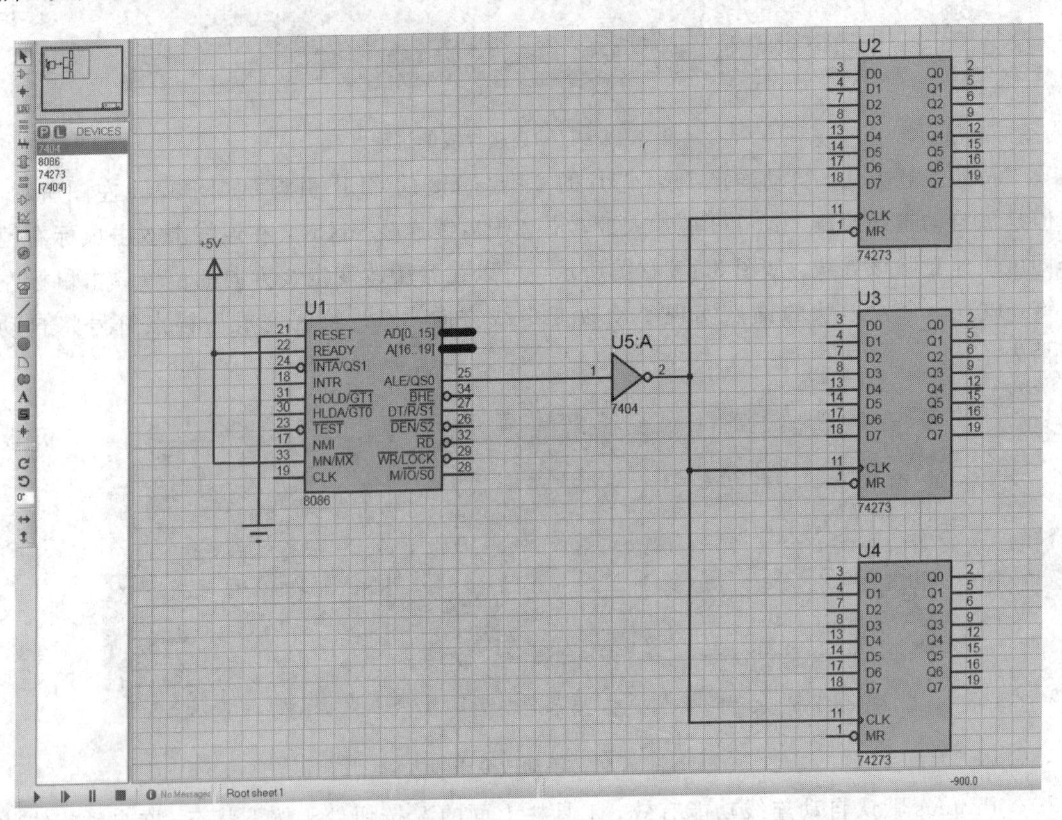

图 3.43　自动连线 3 个锁存器的控制引脚

74273 的复位引脚在地址锁存时要保持高电平无效状态(芯片引脚前的小圆圈表示低电平有效)，因此要将全部 3 个 MR 引脚连接至 5V 电源。单击模式工具栏中的 Terminals Mode(终端模式)按钮，在对象选择器中显示 8 种基本终端，如图 3.44 所示。选中其中一种终端的同时在预览窗口也将显示该终端的图形，可以通过旋转工具栏对图形按照制图需要进行处理，然后放置在原理图中。

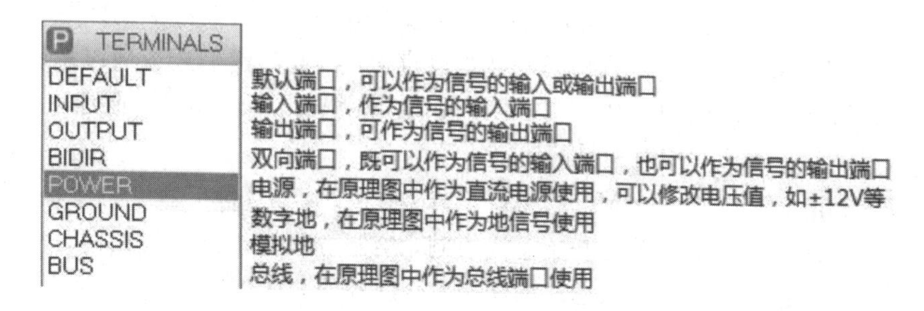

图 3.44　终端模式及其功能

选择电源 POWER，默认朝上放置，在原理图中单击，放置一个 5V 电源，然后按照连接导线的方法将 74273 的 3 个复位引脚全部连接至电源接点，如图 3.45 所示。

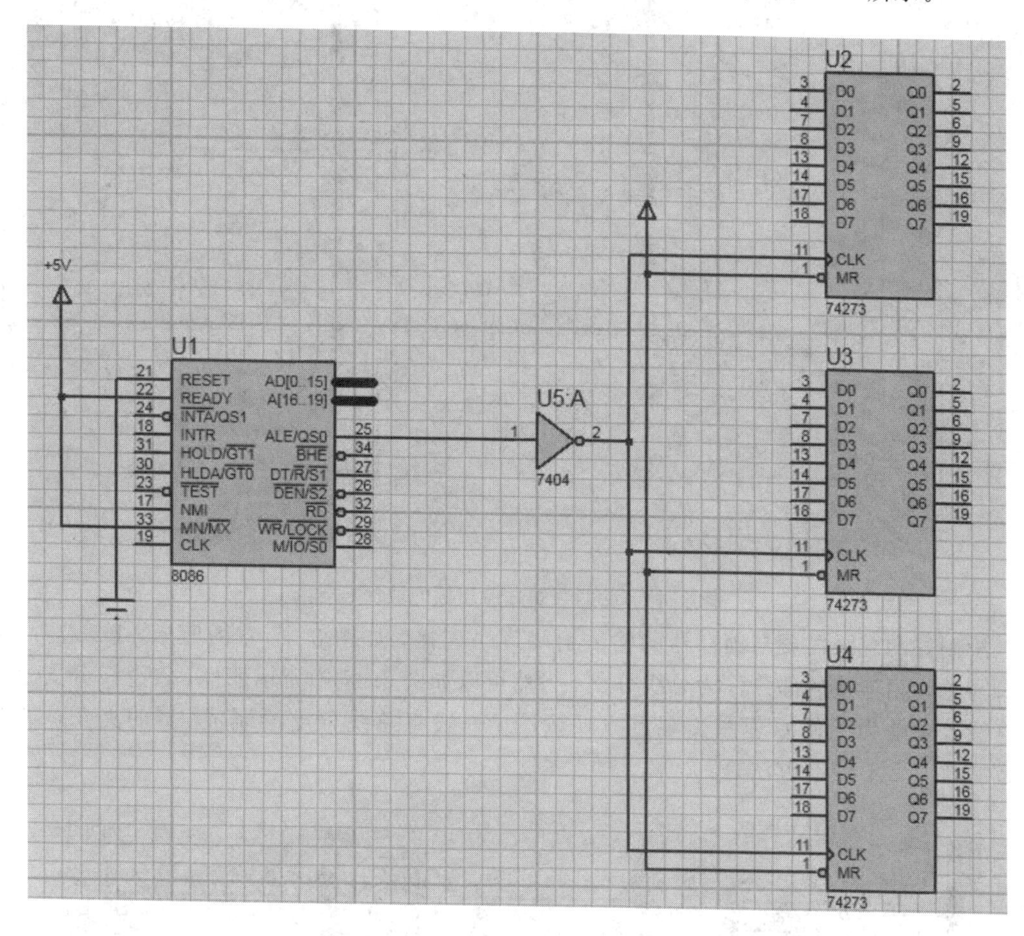

图 3.45　连接好锁存器的控制引脚

3.3.10　连接总线

微机系统中总少不了总线。总线是多根导线的一种简化形式，常用在微处理器电路或者集成电路中，总线一般包括数据总线、地址总线和控制总线。

Intel 8086 的地址/数据复用引脚 AD[0..15]包括 AD0、AD1、…、AD15 共 16 个引

脚，功能相同，需要将它们全部连接到锁存器的输入引脚上。如果每个 AD[0..15]引脚都单独用导线连接，原理图将会像蜘蛛网一样难以辨识，因此将它们成组地以总线的方式进行连接，大大简化了原理图的绘制，同时也方便工程师识图。在 Proteus 原理图中，总线以蓝色粗实线标识，与普通导线有明显的区别。

单击模式工具栏中的 Buses Mode(总线模式)按钮，在 8086 芯片的地址/数据复用引脚 AD[0..15]的电气连接点单击开始总线绘制，绘制方法与绘制导线相同，在选好的终点位置双击鼠标左键即可完成这条总线的绘制。绘制好的总线如图 3.46 所示。

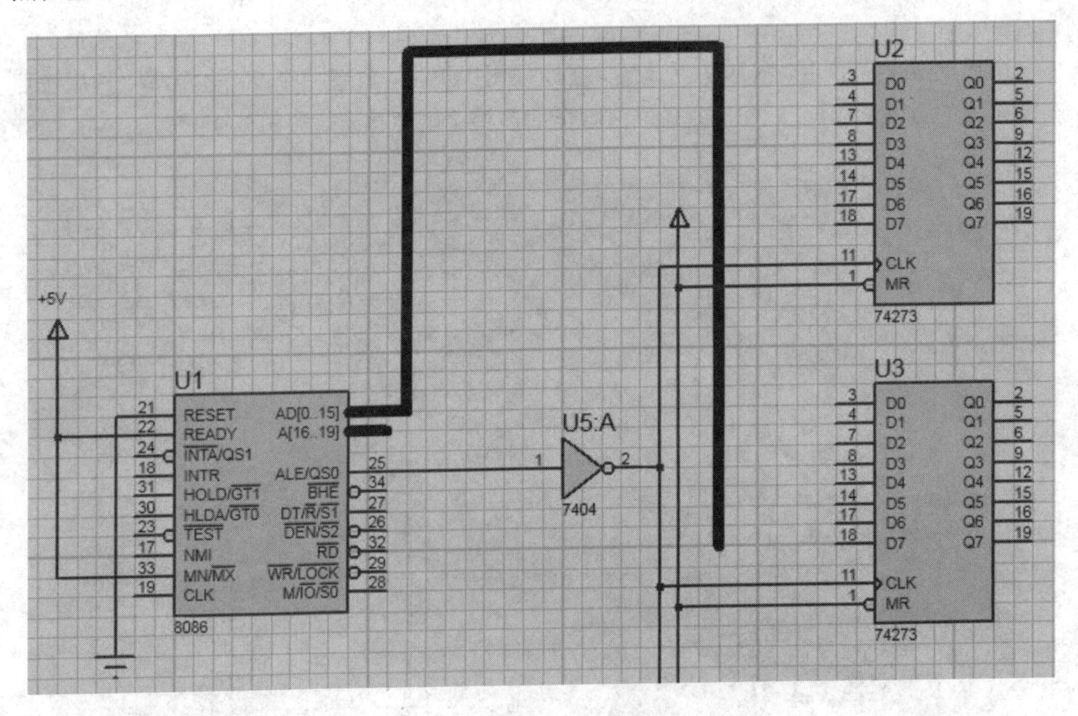

图 3.46　绘制与锁存器连接的地址总线

绘制好的总线需要与锁存器的输入引脚逐一连接，如图 3.47 左图所示，U2 芯片 D0 引脚与总线相连接的部分称为总线分支。当然可以如图 3.47 中所示那样，将总线分支绘制成直线。但是为了使原理图美观且方便读图，一般将总线分支绘制成 45°的夹角，如图 3.47 右图所示。绘制方法是：

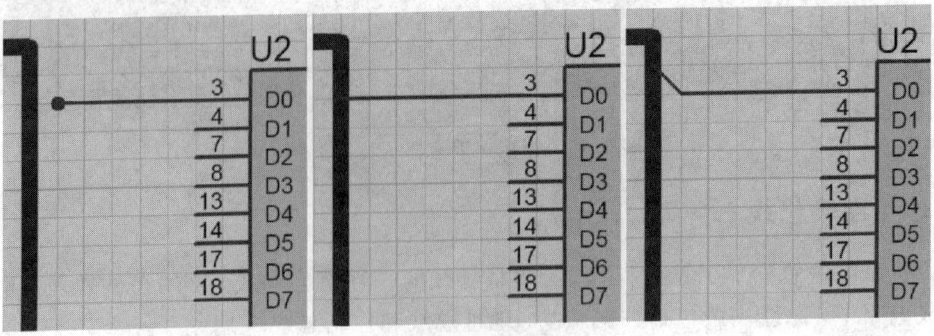

图 3.47　绘制总线分支

从D0引脚开始绘制导线，在快到总线的地方单击鼠标左键，然后按住"Ctrl"键并以45°角斜向上移动鼠标，在与总线的交点处单击确认即可完成一条总线分支的绘制。

还有15根总线分支需要重复上述连线工作，Proteus提供了更为快捷的重复连线的方法。首先绘制好第一条总线分支，然后只需将鼠标移动到下一个需要重复连线的起点处(U2芯片的4脚)，当光标变成绿色铅笔样式时双击，即可快速地完成第二条总线分支的绘制；同样，快速地完成全部U2、U3的总线分支，如图3.48所示。

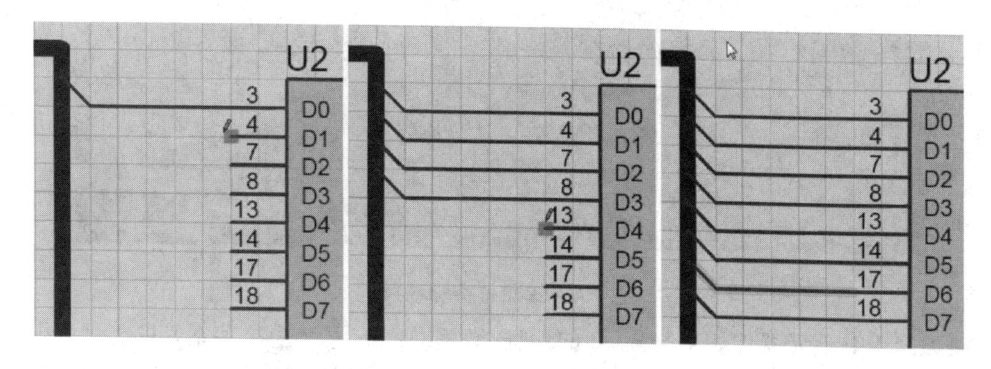

图3.48　重复绘制总线分支

总线与总线分支的电气连接完成后，还要对总线与总线分支进行标注命名。总线的命名格式是：总线名称[起始值..终值]，其中起始值和终值都是正数，且终值一般大于起始值。例如，刚刚绘制好的总线就可以直接用8086的引脚来命名：AD[0..15]，表示定义了一个16位总线，其16个分支分别是AD0、AD1、…、AD15，即该总线的16个网络标号。Proteus中规定具有相同网络标号(或标签名)的导线具有相连的电气参数。总线分支的网络标号必须与总线的网络标号同名。

单击模式菜单栏中Terminals Mode(终端模式)按钮，选择Bus(总线终端)，在预览窗口显示总线端口的图形，在原理图编辑区单击左键，光标变成粉色的总线端口图标，移动鼠标至适当位置后再单击左键，在原理图中放置一个总线端口；然后将总线与总线端口以总线连接。上述过程如图3.49所示。

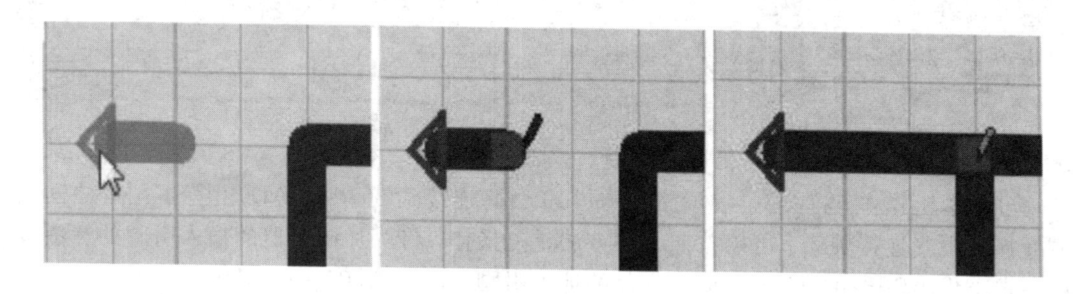

图3.49　绘制总线终端

在绘制好的总线端口上双击左键，弹出编辑终端标签窗口，在String文本框中输入总线名称AD[0..15]，单击OK按钮完成总线标签设置，如图3.50所示。

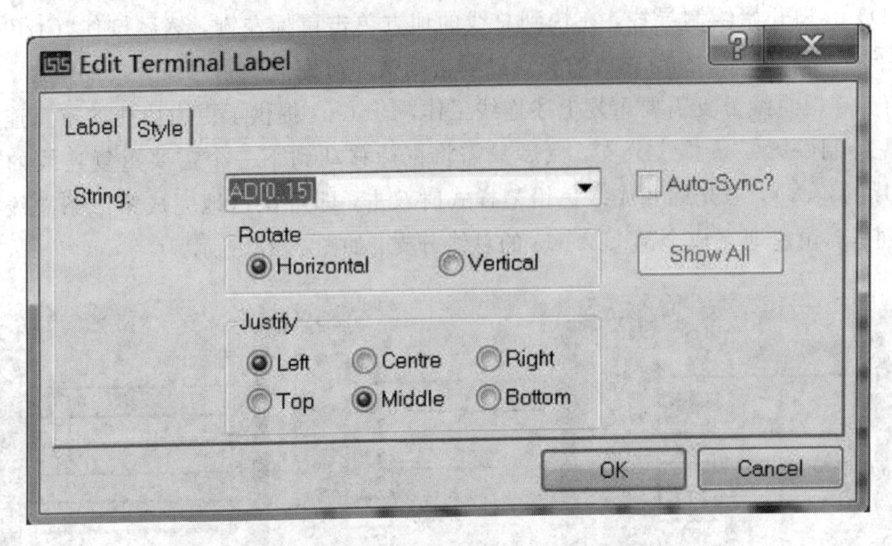

图3.50　编辑终端标签窗口

原理图中其他元器件如果与8086的地址/数据总线有电气连接关系，只要将它们的总线端口名称同样设置为AD[0..15]就可以了，Proteus自动认定两者直接通过总线互连。

锁存器的16个输入引脚虽然已经通过AD[0..15]总线与8086的引脚互连，但是还要为每一根引脚设置标签，以明确两者的引脚对应关系。

单击模式工具栏上面的标签模式LBL按钮，进入编辑导线标签模式；将鼠标移动到U2的3脚总线分支上，光标变成了带有×号下标的白色铅笔样式；单击左键弹出导线标签编辑属性窗口，输入AD0，单击OK按钮完成对该条导线的命名，如图3.51所示。

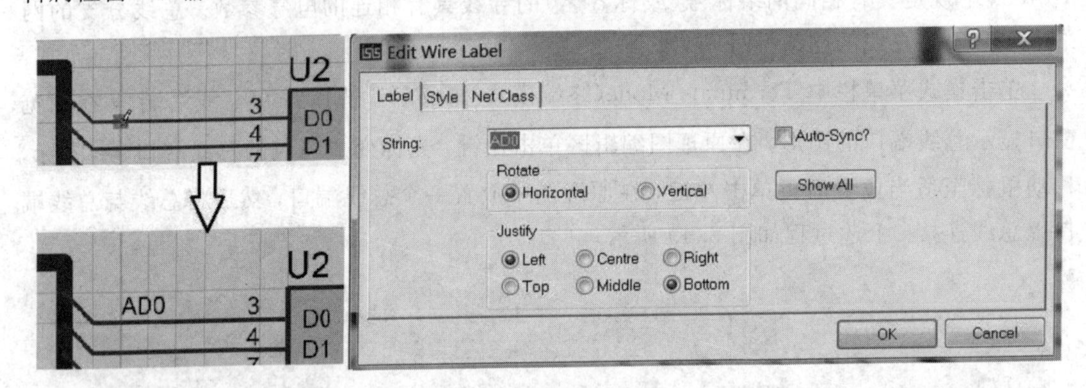

图3.51　编辑导线标签

经过以上操作，将U2(74273芯片)的D0引脚连接到8086的AD0引脚，两者之间具有直接的电气连接关系。可以按照上述方法重复操作，将两片锁存器的输入引脚的标签按顺序定义为AD0～AD15，分别与8086的地址引脚AD0～AD15一一对应。

对于这种有规律地定义导线标签或设置属性的操作，可以利用PAT(Property Assignment Tool，属性分配工具)快速地实现。首先，单击工具栏上的PAT按钮，或选择菜单Tool→Property Assignment Tool命令(快捷键A)，弹出PAT对话框，如图3.52所示。

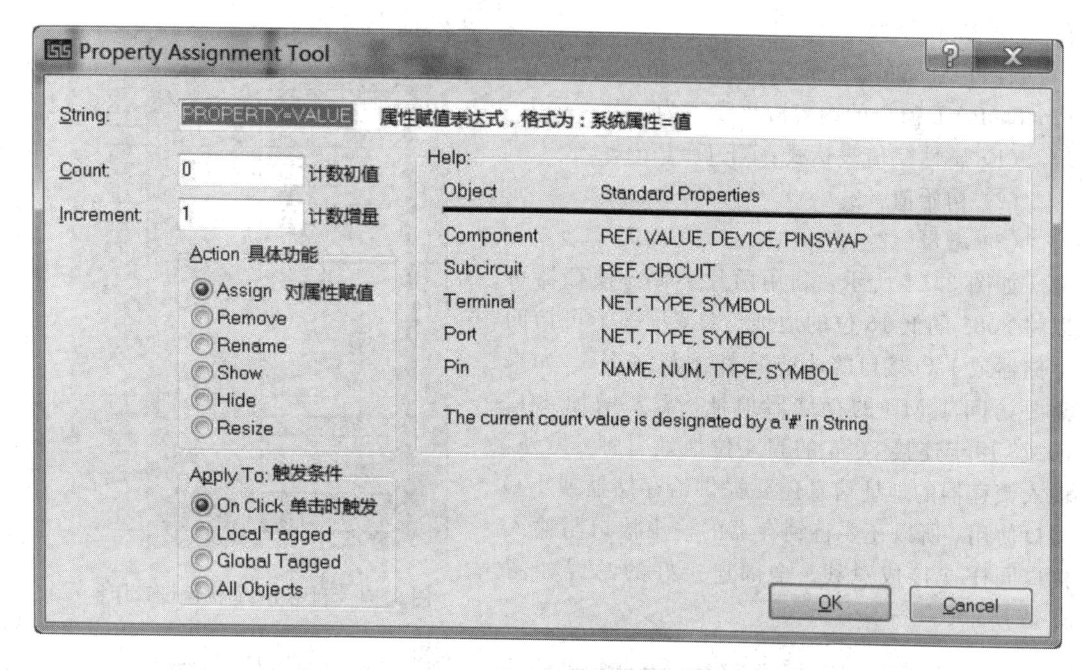

图 3.52　PAT 对话框

PAT 的功能很强大，这里只介绍利用该工具快速设置标签的方法。要对 16 个导线标签进行连续赋值，即按照增量为 1 从初值 AD0 开始一直增长到 AD15，可按照图 3.53 编辑 PAT 窗口。注意属性赋值表达式的格式为 NET＝AD#，不能写错。

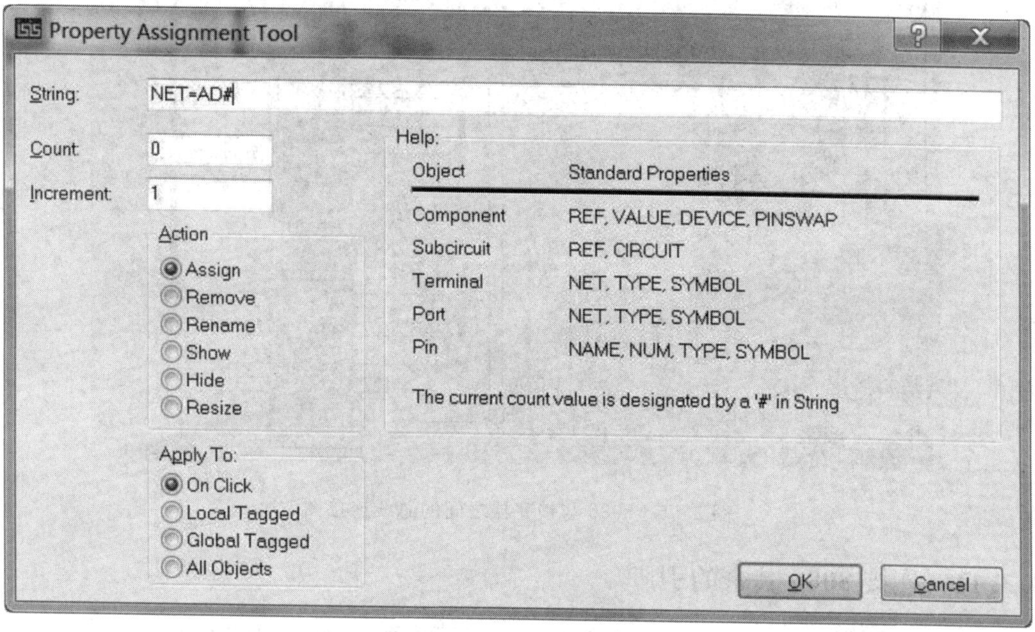

图 3.53　编辑 PAT 窗口

单击“OK”，光标移动到锁存器总线分支需要放置标签位置处时变成了带有绿色短横线的手形，连续在需要设置标签的总线分支处单击鼠标左键，可以快速地为标签赋值，如

图 3.54 所示。

假如要设置 4 个标签，Port2、Port4、Port6、Port8，PAT 窗口的内容应该设置为

(1) 属性赋值表达式：NET＝Port＃。

(2) 初始值＝2。

(3) 增量＝2。

如图 3.54 所示，利用两片 74273 锁存器可以将 8086 的低 16 位的地址信息锁存住，可访问存储器或 I/O 接口的地址最大可达 64 KB。如果需要访问 1 MB 的存储器地址，需要增加 1 片 74273 用于连接 8086 的高 4 位地址引脚。另外，输入锁存器的地址信息还要提供给存储器或 I/O 接口使用，所以还要将锁存器的输出接口与输入接口同样连接成总线。全部连接好的总线如图 3.55 所示。

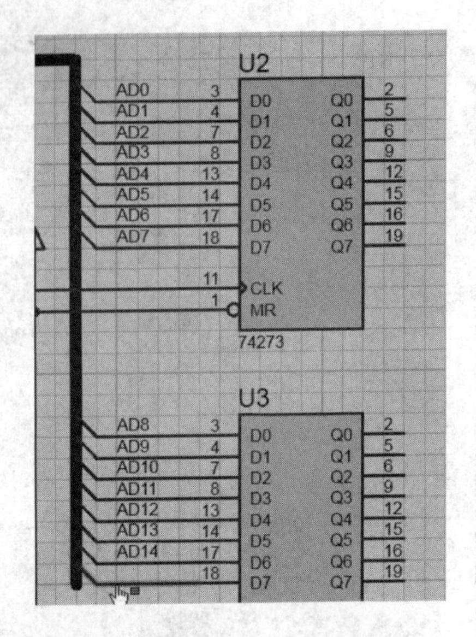

图 3.54　利用 PAT 快速设置标签

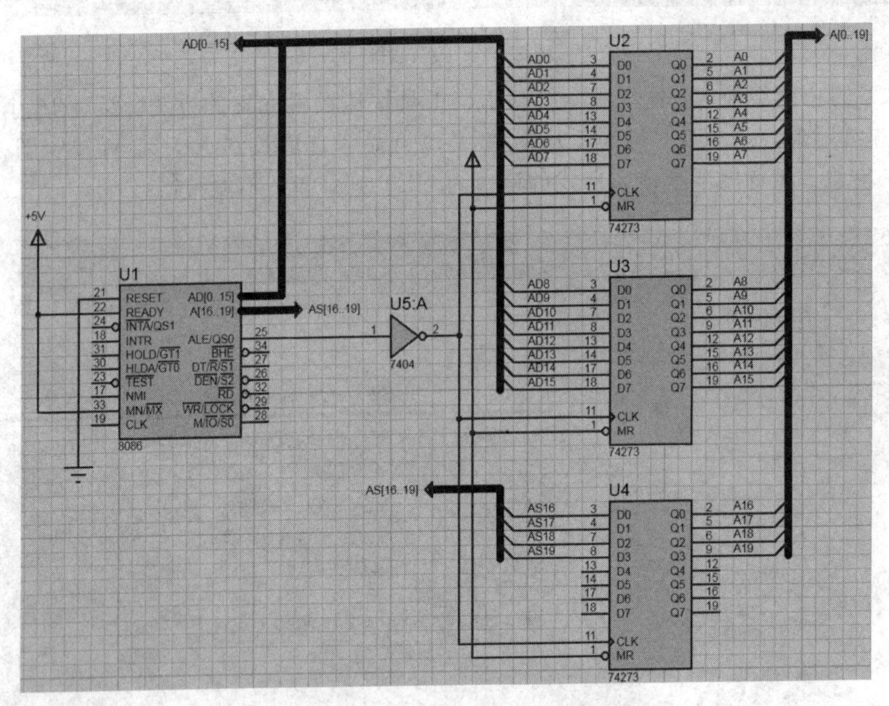

图 3.55　8086 与锁存器之间的总线连接图

3.3.11　连接 8086 其余的引脚

继续连接好 8086 最小系统所需的其他引脚。$\overline{RD}$和$\overline{WR}$两个引脚分别是 8086 的读、写信号控制引脚，M/$\overline{IO}$引脚是区分访问存储器还是 I/O 外设的关键引脚。这三个引脚一起作用，决定了 8086 和存储器或外设之间的操作类型，因此必须连接。三个引脚的功能以及不同操作类型时的引脚状态如表 3.3 所示。

表 3.3　读写操作的引脚状态

M/$\overline{\text{IO}}$	$\overline{\text{RD}}$	$\overline{\text{WR}}$	操作类型
0	0	1	读 I/O
0	1	0	写 I/O
1	0	1	读存储器
1	1	0	写存储器

连接 8086 其余引脚的绘制过程如下：

(1) 单击模式工具栏中的 Terminals Mode(终端模式)按钮，选择 DEFAULT 默认端口，利用旋转工具栏将端口向右放置；

(2) 单击左键出现粉色的默认端口，移动鼠标到适当位置后再次单击左键以放置端口；

(3) 连接好端口与 8086 引脚间的导线；

(4) 在端口上双击，编辑其标签名称。

注：在引脚名称上加上划线的方法是在需要加上划线的名称前、后各加一个英文的“$”符号，如 RD 表示的是$\overline{\text{RD}}$、M/IO 表示的是 M/$\overline{\text{IO}}$、DEN/$S2$ 表示的是$\overline{\text{DEN}}$/$\overline{\text{S2}}$。

$\overline{\text{BHE}}$引脚与 A0 引脚配合使用，来寻址存储器的奇、偶地址，因为是与地址有关的引脚，也需要送入锁存器进行地址保存，因此将该引脚连接到 U4 的 D4 引脚后再输出。

为了防止产生电气信号干扰，芯片没用到的多余引脚不可以悬空，一般连接到高电平或接地处理，因此 U4 锁存器的 D5～D7 引脚全部连接到 5V 电源上。

最终，8086 最小系统的基本结构原理图如图 3.56 所示。其中 AD[0..15]表示低 16 位的地址/数据总线，AS[16..19]表示高 4 位的地址/状态总线，A[0..15]表示锁存器输出的低 16 位地址总线。

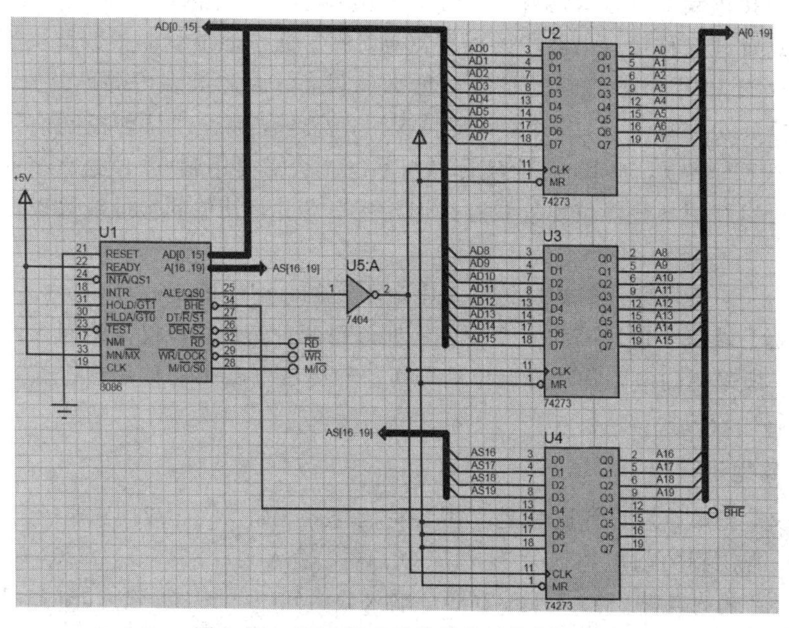

图 3.56　8086 最小系统基本结构原理图

3.3.12 I/O 接口译码电路

1. 译码电路的组成

如 2.4 节所述，在微机系统中 8086 与众多外设之间的信息传送实际上是通过总线访问目标外设内部的端口(寄存器)来实现的，其中的关键是如何让 8086 正确地寻找到目标外设的端口(寄存器)。I/O 接口地址译码电路的功能正是把来自 8086 地址总线上的地址代码翻译成所需要访问的外设端口(寄存器)的地址，即所谓的端口地址译码。

需要注意的是，微机系统 I/O 地址译码电路不仅仅与地址信号有关，而且与 8086 的控制信号有关。因此，I/O 端口地址译码电路的作用是把地址和控制信号进行逻辑组合，从而产生对接口芯片的选择信号，因此译码电路的输入端除了地址信号线之外，还要引入一些控制信号。

I/O 接口译码电路把输入的地址线和控制线经过逻辑组合后，所产生的输出信号线就是 1 根外设接口芯片的选通信号线，一般低电平有效(即若译码电路的输出线为低电平，则表示译码有效；若输出线为高电平，则译码无效)。当 I/O 地址译码有效时，选中目标接口芯片；该芯片内部的数据线打开，并与系统总线相连，从而打通了它的接口电路与系统总线的通路。而其他接口芯片的选中线无效，这些芯片内部呈高阻抗，与系统总线隔离开来，从而关闭了它们的接口电路与系统总线的通路。微机就是这样利用译码电路来选择与之交换信息的接口电路的。

2. 地址译码的方法

I/O 地址译码的方法灵活多样，可按地址和控制信号的不同组合去进行译码。一般原则是把地址线分为两部分：一部分是高位地址线与 CPU 的控制信号进行组合，经译码电路产生 I/O 接口芯片的片选 CS 信号，实现系统中的片间寻址；另一部分是低位地址线不参加译码，直接连到 I/O 接口芯片，进行 I/O 接口芯片的片内端口寻址，即寄存器寻址。所以，低位地址线又称接口电路中的寄存器寻址线。低位地址线的根数取决于接口中寄存器的个数。8086 利用 16 根低位地址线寻址 I/O 设备，因此最多可寻址的寄存器(以字节 Byte 为单位)个数为 216＝64 K 个。在此情况下，高 4 位地址线就与控制信号共同产生接口芯片的片选 CS 信号。通常，一个实际微机系统不会需要用到 64 K 这么多的接口芯片端口，因此就可以利用某些低位地址线直接连接接口芯片，其他的地址线可以作为片选信号的译码信号。

一般情况下，接口芯片的端口地址是固定不变的，称作固定式译码。在固定式译码电路中，又分单个端口地址译码和多个端口地址译码两种情况。若仅需访问接口芯片的一个端口地址，一般采用门电路构成译码电路即可。若接口电路中需使用多个端口地址，则采用译码器译码比较方便。

3. 门电路地址译码

顾名思义，门电路地址译码就是利用各种门电路，如与门、或门、非门等电路组合形成译码电路。常用到的门电路芯片有 74LS00(四 2 输入与非门)、74LS20(双 4 输入与非门)、74LS30(8 输入与非门)、74LS32(四 2 输入或门)、74LS04(6 输入非门)等。

例如，微机系统有一个外设，其 I/O 端口地址是 3ADH，要求设计一个门电路译码电路对该端口进行读、写操作。

首先，确定与端口相对应的 8086 地址线的值，如表 3.4 所示。

表 3.4　译码电路输入地址线的值

地址线	A11	A10	A9	A8	A7	A6	A5	A4	A3	A2	A1	A0
二进制值	0	0	1	1	1	0	1	0	1	1	0	1
十六进制值	3				A				D			

从表 3.4 可知，需要用到 10 根地址线来完成端口的地址译码。另外，还需要读写操作控制信号 $\overline{RD}$和$\overline{WR}$及 I/O 选通信号 M/$\overline{IO}$。译码电路共计有 13 根输入信号线。

其次，按照上面的分析要求，采用门电路设计出端口译码电路，如图 3.57 所示。

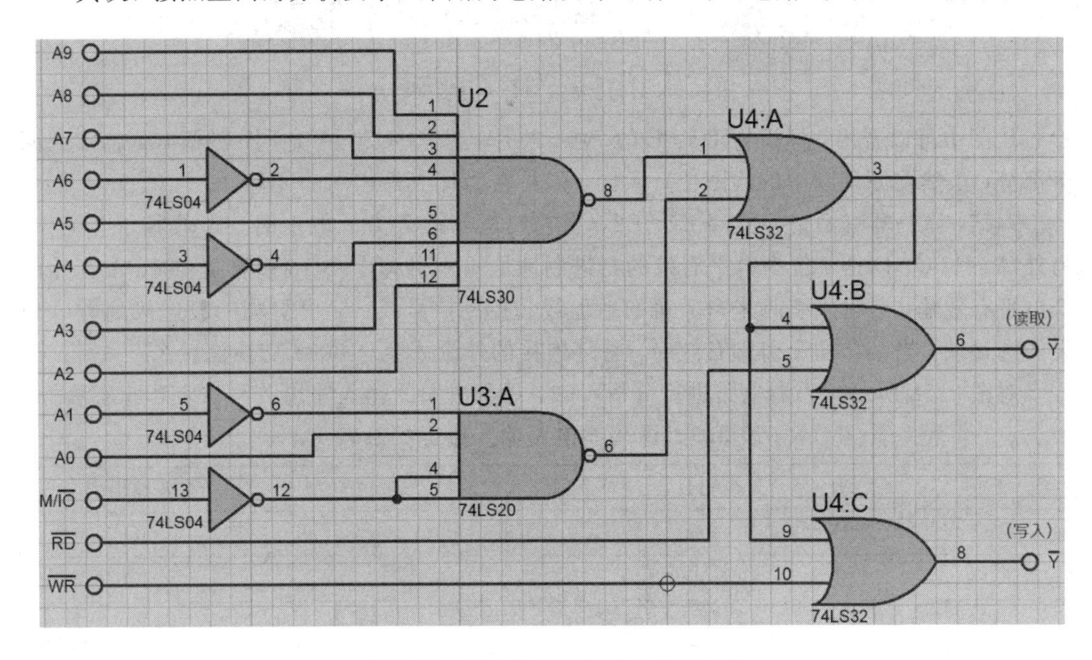

图 3.57　门电路端口译码电路图示例

4. 译码器地址译码

译码是编码的逆过程，在编码时，每一种二进制代码都被赋予了特定的含义，即都表示了一个确定的信号或者对象。把代码状态的特定含义“翻译”出来的过程叫作译码，实现译码操作的电路称为译码器。或者说，译码器是可以将输入二进制代码的状态翻译成输出信号，以表示其原来含义的电路。

从实际应用角度看，译码器是一个多输入、多输出的组合逻辑电路，作用是对给定的具有特定含义的二进制代码进行“翻译”，变成相应的状态，使电路输出通道中相应的一路有信号输出。译码器的型号很多，常用的有 74LS138(3－8 译码器)、74LS154(4－16 译码器)和 74LS139(双 2－4 译码器)等。

我们设计的 Intel 8086 最小系统采用一片 74154 译码芯片(功能与 74LS154 相同，Proteus库元件中没有 74LS154)以及部分高位地址线和控制信号 M/$\overline{IO}$构成 I/O 译码电路，具体电路如图 3.58 所示。

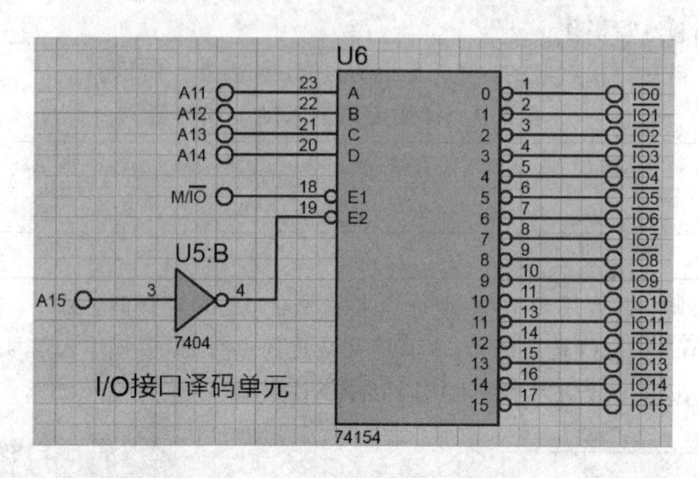

图 3.58　译码器端口译码电路图示例

从图中可以看出，标识为 U5：B 的 7404 芯片其实与 U5：A 是同一个 7404 芯片的两个部分，虽然在原理图中的绘图位置不同，但是在物理上是相同的元件。

74154 译码器有两个使能端 E1、E2，当它们全部输入为低电平时，译码器才会工作。另外 A、B、C、D 是 4 位高电平有效的二进制地址输入引脚，0～15 引脚提供 16 个互斥的低电平有效输出。输入引脚来自微机的地址线和控制信号线，输出引脚一般连接到 I/O 外设的选通端。当某个输出引脚有效时，与之连接的外设才会与 8086 交换信息。

对图 3.58 所示译码器电路进行分析可知，译码电路的输入输出关系如表 3.5 所示。

表 3.5　译码器电路输入输出关系表

M/$\overline{IO}$	A15	A14	A13	A12	A11	有效输出引脚
0	1	0	0	0	0	IO0
0	1	0	0	0	1	IO1
0	1	0	0	1	0	IO2
0	1	0	0	1	1	IO3
0	1	0	1	0	0	IO4
0	1	0	1	0	1	IO5
0	1	0	1	1	0	IO6
0	1	0	1	1	1	IO7
0	1	1	0	0	0	IO8
0	1	1	0	0	1	IO9
0	1	1	0	1	0	IO10
0	1	1	0	1	1	IO11
0	1	1	1	0	0	IO12
0	1	1	1	0	1	IO13
0	1	1	1	1	0	IO14
0	1	1	1	1	1	IO15

按照该译码电路的设计方案，只有在$M/\overline{IO}$控制信号为低电平的时候，74154译码器才会进行译码，否则不能连接I/O外设。A15～A11这5根高位地址线决定了16个I/O外设的接口地址，从表3.5可知，IO0的地址是8000H，IO1的地址是8800H，IO2的地址是9000H，…，IO15的地址是F800H。当8086的地址线上输出8000H时，将会选通与IO0引脚相连的外设，以此类推。

与译码器某个输出引脚相连外设的端口(寄存器)可以有多个，端口地址与和该外设连接的8086低位地址线有关。比如与IO0相连的外设有4个端口，端口地址选择引脚与8086的A1、A0相连，则该外设的4个端口地址分别是：8000H、8001H、8002H和8003H。再如，与IO1相连的外设也有4个端口，但是其端口地址选择引脚与8086的A2、A1相连，则该外设的4个端口地址分别是：8800H、8802H、8804H和8806H。

3.3.13 简单I/O接口电路

8086与外设之间只需要进行信息的缓冲与锁存，不需要更复杂的功能时，可以只使用锁存器、缓冲器和数据收发器等接口芯片，构成简单I/O接口电路。

顾名思义，锁存器就是把当前的状态锁存起来。其作用是将输入信号暂时寄存，等待处理。锁存信号的必要性一方面是因为微机系统的操作都是按照时序进行的，通常不可能信号一到即刻处理；另一方面，也可防止输入信号的各个位到达时间不一致造成竞争。

缓冲寄存器又称缓冲器，它分输入缓冲器和输出缓冲器两种。前者的作用是将外设送来的数据暂时存放，以便处理器将它取走；后者的作用是暂时存放处理器送往外设的数据。数据缓冲器对高速工作的CPU与慢速工作的外设起协调和缓冲作用，实现数据传送的同步。由于缓冲器接在数据总线上，故必须具有三态输出功能。

常用的锁存器有74LS273(带清除功能的三态输出8D触发器)、74LS373(三态输出8D锁存器)等；常用的缓冲器有74LS244(三态8位缓冲器)、74LS245(双向三态8位缓冲器)等。

接下来分析在8086最小系统中加入一个简单I/O接口电路的示例，其功能是利用一个开关手动控制一个LED。简单I/O接口电路的原理图如图3.59所示。

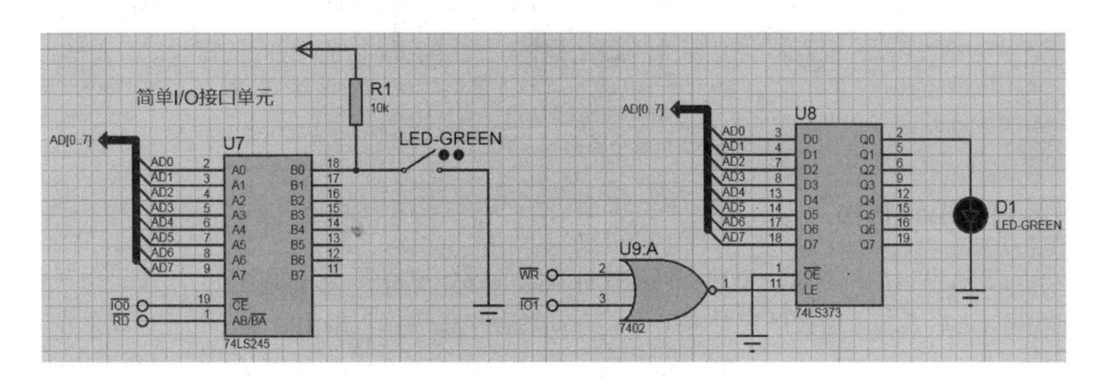

图3.59 简单I/O接口电路原理图

从原理图 3.59 可以看出，缓冲器 U7 74LS245 的片选引脚 $\overline{\mathrm{CE}}$ 与译码器 U6 的 $\overline{\mathrm{IO0}}$ 引脚相连，因此其地址是 8000H；其方向控制引脚 AB/$\overline{\mathrm{BA}}$ 连接 8086 的读信号，表示当读信号为有效的低电平时，缓冲器的信息传送方向是 B→A，即采集外部开关的状态并传送到 8086 的 AD 数据总线，本例中是从 B0 引脚锁存信号到 A0 引脚。开关断开时，输入信号为高电平；开关闭合时，输入信号为低电平。

锁存器 U8 74LS373 的地址由译码器输出引脚 $\overline{\mathrm{IO1}}$ 决定，是 8800H。三态允许控制端 $\overline{\mathrm{OE}}$ 为高电平时，Q0～Q7 呈高阻态；只有 $\overline{\mathrm{OE}}$ 如图接低电平，且片选引脚 LE 为高电平时，输出端的状态才跟随输入端的状态而变化，即 Q0 引脚的电平信号由 D0 引脚决定。Q0 引脚输出高电平时，LED 灯 D1 点亮。片选引脚 LE 的信号来自于译码器输出引脚 $\overline{\mathrm{IO1}}$ 和 8086 写信号 $\overline{\mathrm{WR}}$ 的或非结果，也就是说当 $\overline{\mathrm{IO1}}$ 和 $\overline{\mathrm{WR}}$ 都为低电平有效时，锁存器才能输出。

目前，我们已经设计好 8086 最小系统的总线连接电路、接口译码电路和简单 I/O 接口电路，整体方案如图 3.60 所示。对象选择器中列出了原理图中所用到的元器件。

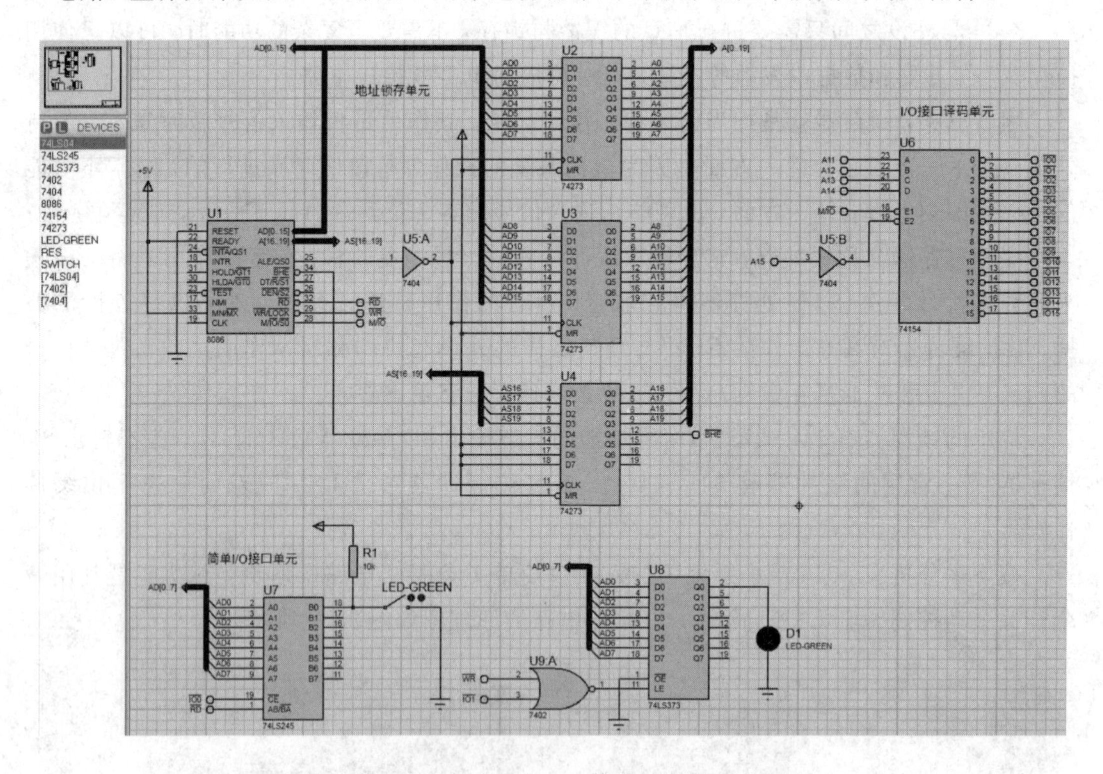

图 3.60　8086 最小系统——简单 I/O 接口原理图

3.3.14　编辑代码

与普通模拟电路或数字电路不同，微机系统的硬件原理图设计好之后，还需要编写程序代码，之后系统才能按既定要求工作。8086 的程序代码以汇编语言程序为主。如果在新建项目时没有勾选“Create Quick Start Files”，Proteus 不会为微处理器自动创建源文件。这时，可以看到代码编辑区域是空白的。可以在代码编辑窗口中鼠标右键单击微处理器名称，在弹出菜单中选择 Add New File 来添加源文件，如图 3.61 所示。

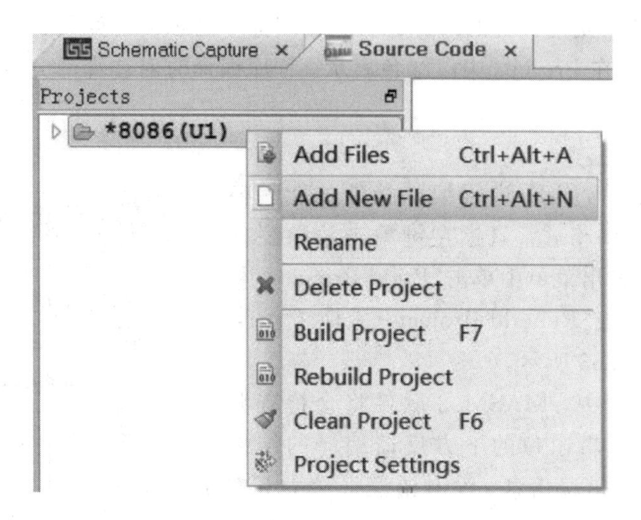

图 3.61　手工添加代码源文件

如图 3.23 所示，在新建 8086 最小系统项目时，Proteus 已经为微处理器 8086(U1)创建了 main.asm 源文件。按照提出的“开关控制 LED 亮灭”的要求，编写好控制程序，如图 3.62 所示。

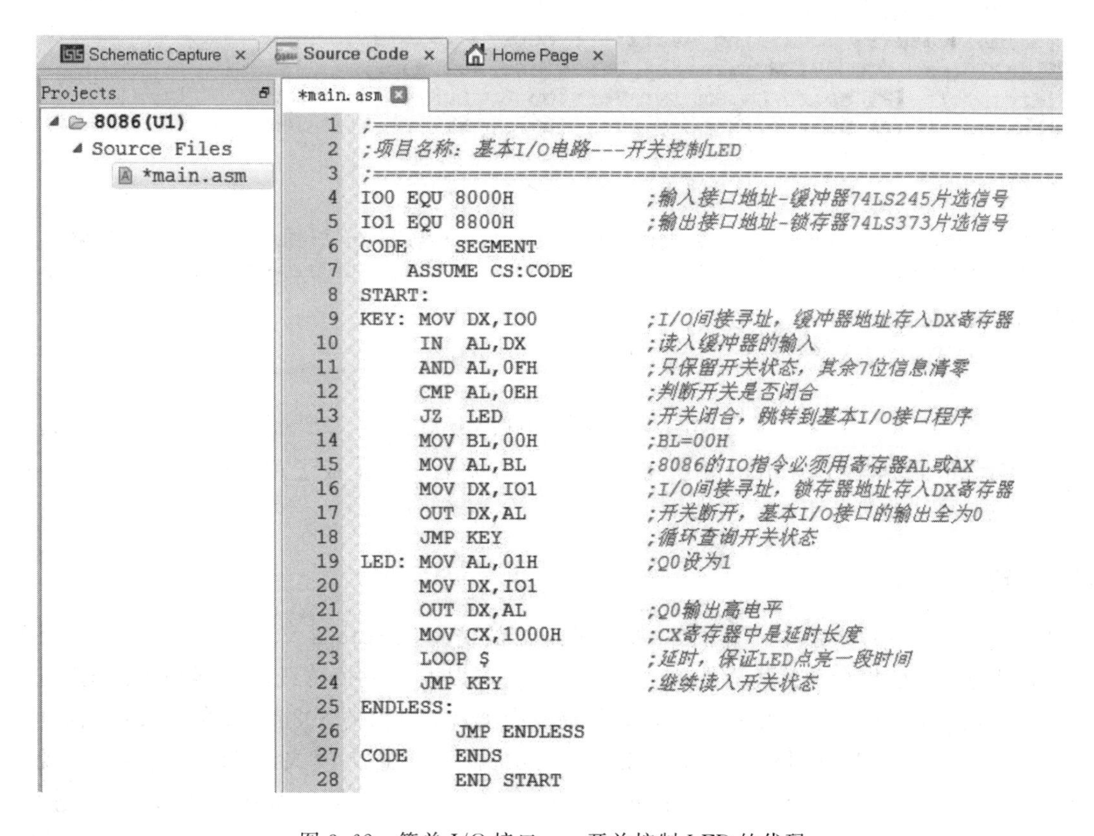


```
;===========================================================
;项目名称：基本I/O电路---开关控制LED
;===========================================================
IO0 EQU 8000H                ;输入接口地址-缓冲器74LS245片选信号
IO1 EQU 8800H                ;输出接口地址-锁存器74LS373片选信号
CODE    SEGMENT
    ASSUME CS:CODE
START:
KEY: MOV DX,IO0              ;I/O间接寻址，缓冲器地址存入DX寄存器
     IN  AL,DX               ;读入缓冲器的输入
     AND AL,0FH              ;只保留开关状态，其余7位信息清零
     CMP AL,0EH              ;判断开关是否闭合
     JZ  LED                 ;开关闭合，跳转到基本I/O接口程序
     MOV BL,00H              ;BL=00H
     MOV AL,BL               ;8086的IO指令必须用寄存器AL或AX
     MOV DX,IO1              ;I/O间接寻址，锁存器地址存入DX寄存器
     OUT DX,AL               ;开关断开，基本I/O接口的输出全为0
     JMP KEY                 ;循环查询开关状态
LED: MOV AL,01H              ;Q0设为1
     MOV DX,IO1
     OUT DX,AL               ;Q0输出高电平
     MOV CX,1000H            ;CX寄存器中是延时长度
     LOOP $                  ;延时，保证LED点亮一段时间
     JMP KEY                 ;继续读入开关状态
ENDLESS:
        JMP ENDLESS
CODE    ENDS
        END START
```

图 3.62　简单 I/O 接口——开关控制 LED 的代码

从图 3.62 可知，8086 汇编程序文件后缀名是“.asm”，代码全部以英文字符书写，大小写均可。代码中“;”是注释开始的标志，注意该符号也必须用英文字符，否则会出错。注释可以是中、英文，在 Proteus 中以绿色表示，程序编译时对注释部分自动略过。

3.3.15 编译程序

程序编辑好之后，需要进行编译处理才能转换成 8086 能够识别的文件格式。鼠标左键单击菜单栏中的“Build”(构建)，在弹出菜单中单击“Build Project”(构建工程，快捷键 F7)，或“Rebuild Project”(重建工程)，进行代码编译，如图 3.63 所示。

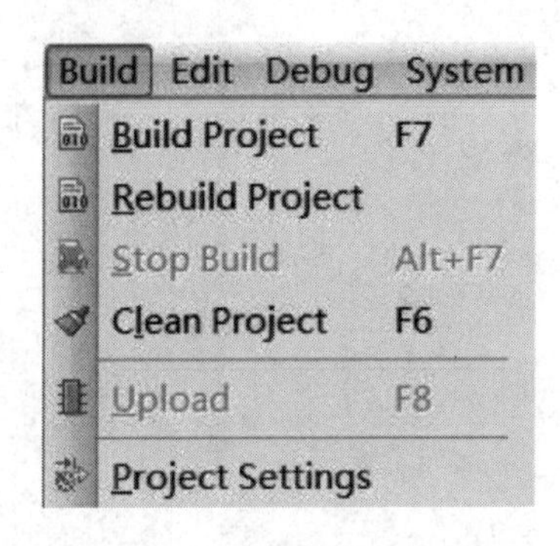

图 3.63 编译代码-构建工程

代码编译的过程中，MASM32 软件将会检查源代码的语法，在代码编辑窗口的下方反馈编译的结果信息，如果出错将给出错误信息。没有错误将在最下方显示“Compiled successfully (编译成功)”，如图 3.64 所示。

```
VSM Studio Output
ml.exe /c /Zd /Zi ../main.asm
 Assembling: ../main.asm
../main.asm(9) : warning A4012:  : CODE
link16.exe /CODEVIEW main.obj,Debug.exe,nul.map,,,
Microsoft (R) Macro Assembler Version 6.14.8444
Copyright (C) Microsoft Corp 1981-1997.  All rights reserved.



Microsoft (R) Segmented Executable Linker  Version 5.60.339 Dec  5 1994
Copyright (C) Microsoft Corp 1984-1993.  All rights reserved.

LINK : warning L4021: no stack segment
Compiled successfully.
```

图 3.64 构建工程的反馈信息

编译成功的同时，Proteus 8 已经自动为 8086 微处理器生成了可执行文件 debug.exe 并加载到 8086 微处理器仿真模型中。

3.3.16 仿真运行

Proteus 7.5 以上版本才提供 8086 微处理器的仿真，Proteus VSM 8086 模型是 Intel 8086 微处理器的指令和总线周期的仿真模型。它可以通过一个总线驱动器和多路输出选择器连接到 RAM、ROM 和其他不同的外围控制器件。目前的 8086 模型能够支持所有的总线信号和元器件操作时序在最小的模式下的仿真；支持最大模式，但现在还没有实现。此外，8086 模型具有一个虚拟的可以被定义的“内存”，因此读取程序或对数据存储器进行读写操作就不再需要经过外部总线操作。这个虚拟“内存”为 Proteus VSM 8086 模型能够以合理的速度进行仿真提供了条件。

单击“Schematic Capture”标签进入原理图编辑窗口，在 8086 微处理器模型上双击，弹出 8086 的属性编辑窗口，如图 3.65 所示。通过属性编辑窗口可以方便地对 8086 模型的属性进行修改，主要属性的说明见表 3.6。

表 3.6　Proteus 8086 模型属性说明

属性	默认值	说　明
程序文件	—	加载 8086 微处理器的运行程序文件。 8086 模型支持 3 种格式的目标文件：.exe、.bin、.com
外部时钟	No	指定是否使用模型外部的时钟电路给 CLK 引脚提供时钟信号。 使用外部时钟模式会导致仿真速度明显变慢
时钟频率	5 MHz	默认的内部时钟指定频率。如果外部时钟被选择，内部时钟被忽略
内存起始地址	0x00000	模拟内存块的起始地址
内存容量	0x00000	模拟内存块的容量

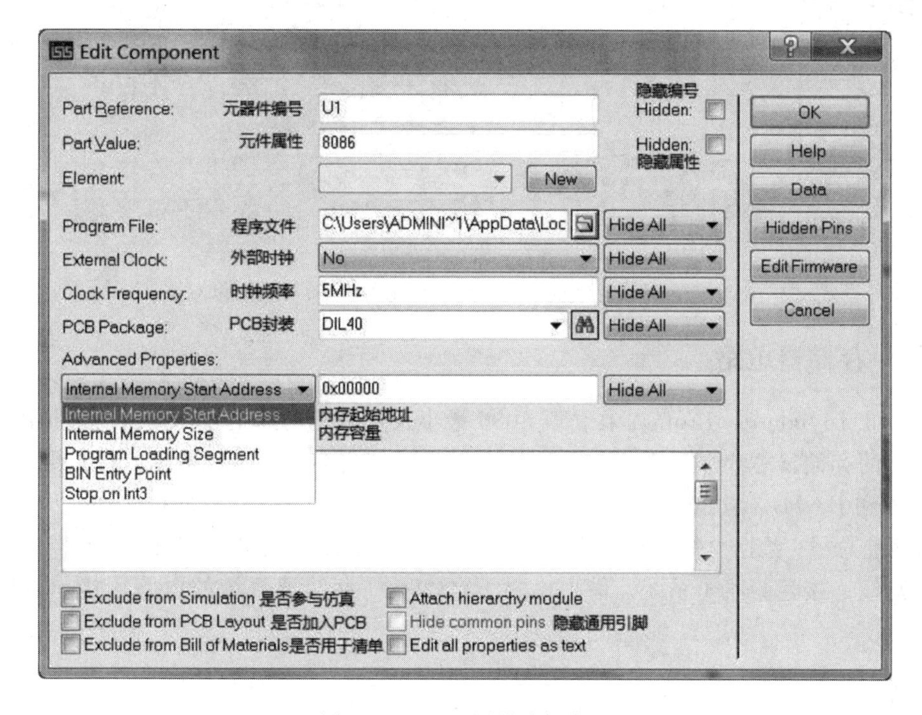

图 3.65　8086 属性编辑窗口

(1) 程序文件：单击程序文件输入框右侧的按钮，可以为 8086 模型选择装载目标程序文件，微机系统将按照该目标文件执行操作。其实，经过 3.3.16 节的程序编译，Proteus 8 已经自动生成了一个目标文件 Debug.exe，并装载在 8086 模型中，如图 3.65 所示。

(2) 时钟频率：默认为 5 MHz，如果计算机仿真时出现卡顿现象，将该属性调整为 1 MHz。

(3) 内存容量：默认为 0x00000，表示虚拟内存容量是 0 MB。这一个属性必须要修改为 0x10000，否则仿真无法进行。在新建项目时，Proteus 在代码编辑窗口已经给出了提示，参见图 3.23 中的注释。

设置好 8086 模型的属性后，回到原理图编辑窗口。单击开始仿真按钮▶，Proteus 将装载程序并启动 ISIS 仿真。在开关断开状态下，LED 是熄灭的；用鼠标单击开关将其闭合，可以看到 LED 点亮。仿真效果对比如图 3.66 所示。

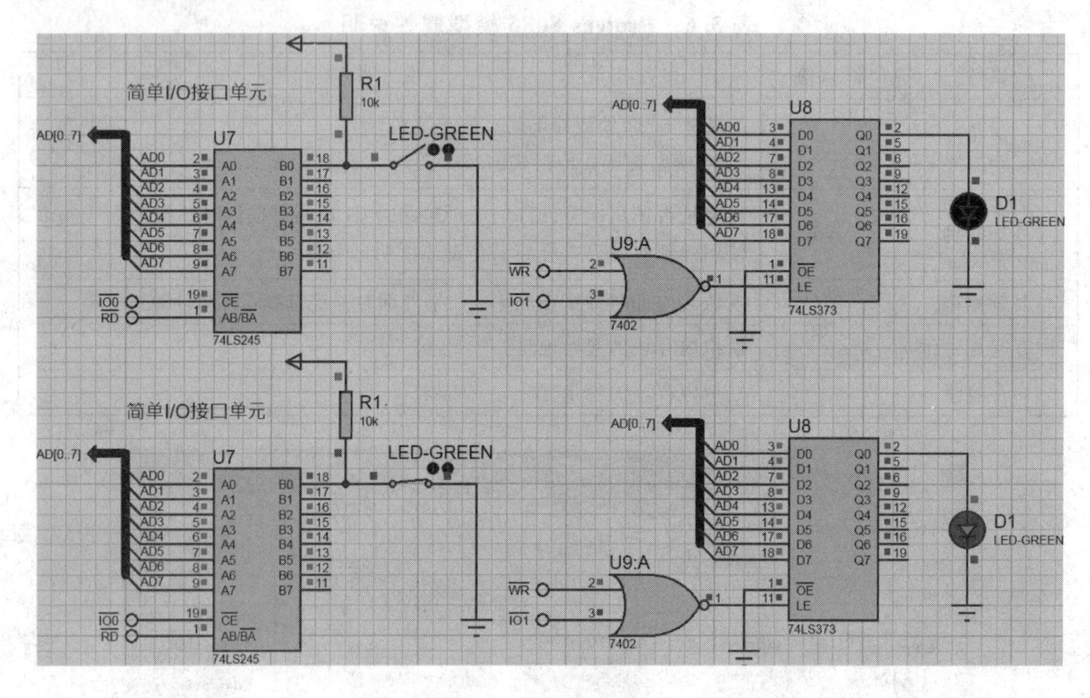

图 3.66　简单 I/O 接口——开关控制 LED 的仿真效果对比

3.3.17　存储器电路

从 3.3.16 节可知，Proteus 在仿真 8086 最小系统时使用的是软件提供的虚拟内存，而不是真实的存储器芯片。但是，真实的 8086 微机系统要存放程序和数据，必须要具备存储器(ROM 和 RAM)。与 80C51 等单片机不同，8086 芯片本身没有内部存储器，只有三类总线，即地址总线、数据总线、控制总线，构建一个实际的微机系统需要利用 8086 的控制引脚和三总线连接存储器子系统。最小模式下，8086 与存储器系统的电路连接示意图如图 3.67 所示。

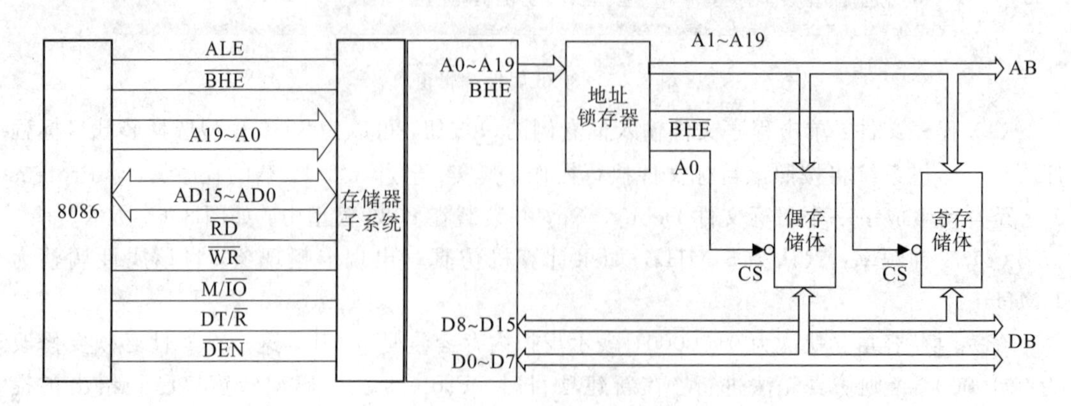

图 3.67　8086 最小模式下的存储器电路原理图

在最小模式下，存储器子系统所需的接口信号全部由 8086 提供，其中包括用于传送地址/数据信息的 16 位地址/数据线 AD15～AD0 和地址线 A19～A16，用于发出地址锁存信号的 ALE 引脚，用于区分存储器或 I/O 端口访问信号的 M/$\overline{IO}$引脚，用于读、写操作的$\overline{RD}$和$\overline{WR}$引脚，用于控制数据收发器允许和传送方向的$\overline{DEN}$和 DT/$\overline{R}$引脚，用于与 A0 引脚共同组合来选择奇/偶地址的$\overline{BHE}$引脚。8086 的存储器最大容量为 1 MB，分为奇体和偶体。奇体和数据总线 D8～D15 相连，其存储单元地址为奇数；偶体和数据总线 D7～D0 相连，其存储单元地址为偶数。地址总线 A19～A1 同时与奇体和偶体相连，可以寻址每一个存储单元。地址线 A0 和$\overline{BHE}$引脚作为存储器芯片的片选信号，用于选择奇体或偶体。

8086 存储器的实际容量根据需要进行配置，不一定要配置到 1 MB 这么大。ROM 芯片是必需的，因为 8086 的程序是要存放在 ROM 中的。实际的 8086 系统在烧录程序的时候，首先要在 ROM 的 0FFFF0H 这个存储单元写一条跳转指令，然后才是在实际程序的所在位置编写代码。8086 上电运行时首先执行这条跳转指令，转移到实际程序的所在位置执行程序指令，实现程序的既定功能。RAM 芯片不能作为程序存储器，因为断电时 RAM 中的数据是不会被保存的，它的作用只是临时存放程序和存放过程数据、变量等。如果程序比较简单，不需要存放变量、数据，8086 系统也可以只用 ROM。ROM 是只读操作，RAM 是读写操作，因此两者在连接电路方面有些区别。

1. ROM 电路设计

8086 微机系统常用的 ROM 芯片有 27 系列和 28 系列，其具体参数如表 3.7 所示。

表 3.7　常用 ROM 芯片参数

型号	容量	类型	型号	容量	类型
2716	2 K×8 bit	EPROM	2764	8 K×8 bit	EPROM
27128	16 K×8 bit	EPROM	27256	32 K×8 bit	EPROM
27512	64 K×8 bit	EPROM	28C64	8 K×8 bit	E^2PROM
28C256	32 K×8 bit	E^2PROM	28C512	64 K×8 bit	E^2PROM

从表 3.7 可以看出，单片存储器芯片的容量比较有限，很难满足实际存储容量的需要，而且单片芯片一般都是 8 位为一个单元的，不适合进行读写“字”的操作。因此，8086 微机系统往往利用几个存储器芯片组合成实际的存储器系统，按照“字”“位”同时扩展的模式设计存储器电路。

• 实例：为 8086 最小系统设计 ROM 电路，要求容量为 8 K×16 bit(16 KB)，地址为 0FE000H～0FFFFFH。

• 解决方案：设计好的 ROM 接口电路的原理图如图 3.68 所示。ROM 接口电路主要包括以下芯片：ROM 芯片 2764、3－8 译码芯片 74LS138 以及双 4 输入与非门 7420。

• ROM 接口电路原理图分析：

(1) ROM 芯片 2764 的容量是 8 K×8 bit，需要两片才能构成 8 K×16 bit 的存储器容量。

(2) U10 连接数据总线的 AD0～AD7，存储低 8 位数据；U11 连接数据总线的 AD8～AD15，存储高 8 位数据。

(3) 两片 2764 芯片的 13 根地址线 A0～A12 直接与 8086 地址总线的 A0～A12 相连接，片选端与 138 译码器的 Y7 输出引脚相连。

(4) ROM 芯片的片选信号由高位地址线 A19～A13 产生，当这些地址线状态为 1111111B 时，片选信号有效。表 3.8 给出了 ROM 存储器的地址范围，其中加下划线的部分为片选信号的控制引脚。

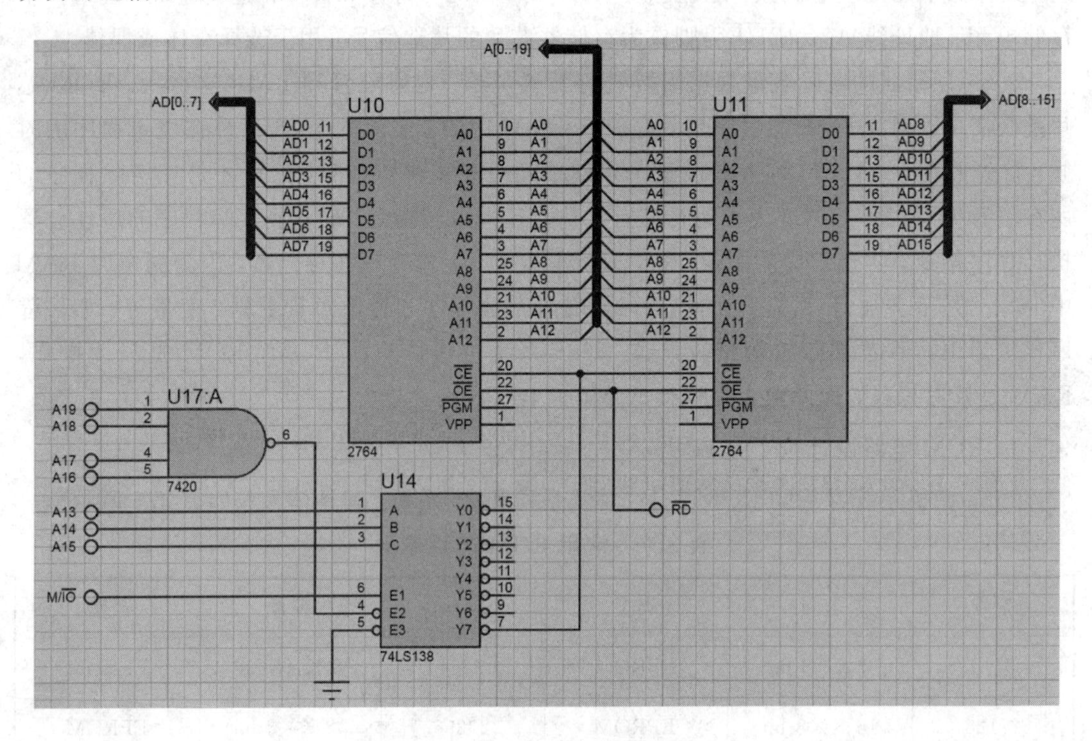

图 3.68　ROM 电路原理图

表 3.8　ROM 存储器地址范围

8086 地址线	A19A18A17A16	A15A14A13A12	A11A10A9A8	A7A6A5A4	A3A2A1A0
ROM 最小地址	1 1 1 1	1 1 1 0	0 0 0 0	0 0 0 0	0 0 0 0
ROM 最大地址	1 1 1 1	1 1 1 1	1 1 1 1	1 1 1 1	1 1 1 1

(5) ROM 电路是只读操作，所以只需要 $\overline{\text{RD}}$ 连接 2764 芯片的输出允许信号端，另外还需要 M/$\overline{\text{IO}}$ 引脚来区分存储器和 I/O 端口。

2. RAM 电路设计

8086 微机系统常用的 RAM 芯片有 61 系列和 62 系列，其具体参数如表 3.9 所示。

表 3.9　常用 RAM 芯片参数

型号	容量	类型
6116	2 K×8 bit	Static RAM
6264	8 K×8 bit	Static RAM
6164	8 K×8 bit	Static RAM
62256	32 K×8 bit	Static RAM

与 ROM 接口电路不同，8086 对 RAM 不仅要进行 16 位读操作，还要进行写操作。8086 的写操作有 3 种类型：写 16 位数据、写低 8 位数据和写高 8 位数据。写 8 位的数据操作时，存储器芯片只有 1 片工作，利用地址线 A0 信号来区分奇地址或偶地址。读/写 16 位数据操作时，需要地址线 A0 和$\overline{\text{BHE}}$引脚共同作用，才能完成操作。

• 实例：为 8086 最小系统设计 RAM 电路，要求容量为 32 K×16 bit(64 KB)，地址为 10000H～1FFFFH。

• 解决方案：设计好的 RAM 接口电路的原理图如图 3.69 所示。RAM 接口电路主要包括以下芯片：RAM 芯片 62256、3－8 译码芯片 74LS138 以及 2 输入或门 7432。

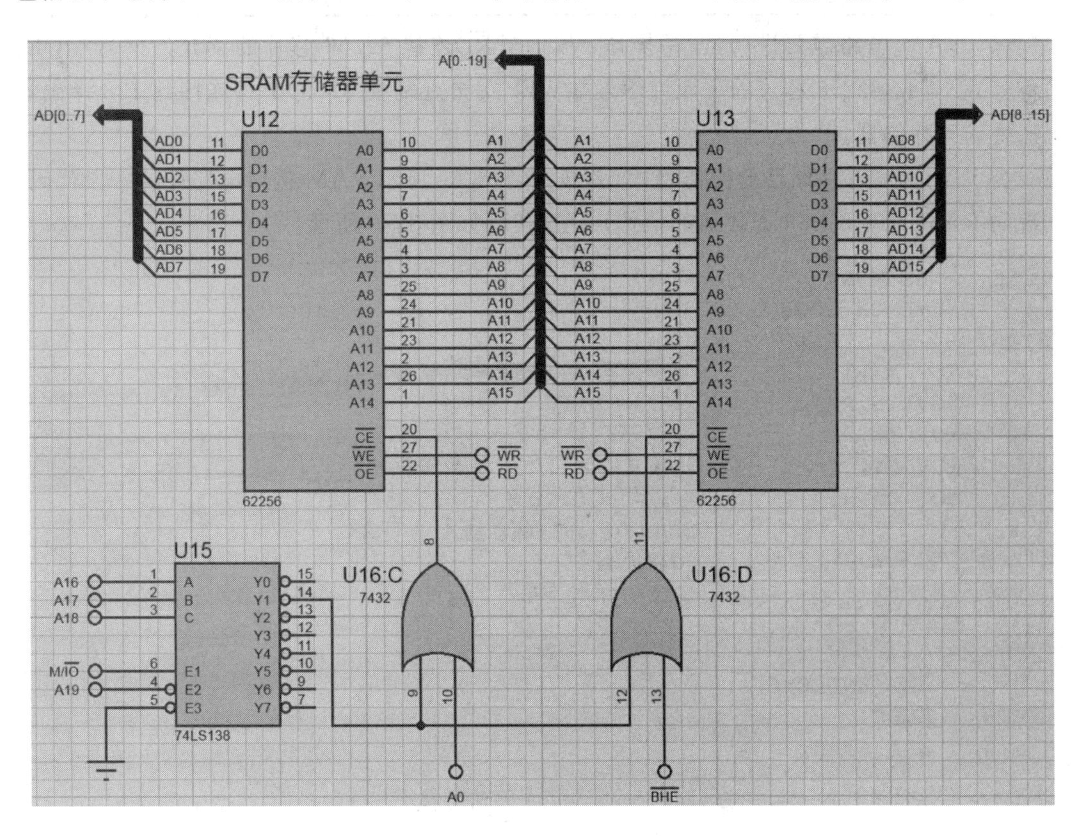

图 3.69　RAM 电路原理图

• RAM 接口电路原理图分析：

(1) RAM 芯片 62256 的容量是 32 K×8 bit，需要两片才能构成 32 K×16 bit 的存储器容量。

(2) 偶体 U12 连接数据总线的 AD0～AD7，存储低 8 位数据；奇体 U11 连接数据总线的 AD8～AD15，存储高 8 位数据。

(3) 两片 62256 芯片的 15 根地址线 A0～A14 直接与 8086 地址总线的 A1～A15 相连接，片选端与 138 译码器的 Y1 输出引脚相连。

(4) RAM 芯片的片选信号由高位地址线 A19～A16 产生，当这些地址线状态为 0001B 时，片选信号有效。A0 引脚与译码器输出信号经过或门连接到 U12 偶体的片选端 $\overline{CE}$，$\overline{BHE}$ 引脚与译码器输出信号经过或门连接到 U13 奇体的片选端 $\overline{CE}$。表 3.10 给出了 RAM 存储器的地址范围，其中加下划线的部分为片选信号的控制引脚。

表 3.10　RAM 存储器地址范围

8086 地址线	A19A18A17A16	A15A14A13A12	A11A10A9A8	A7A6A5A4	A3A2A1A0
RAM 最小地址	0 0 0 1	0 0 0 0	0 0 0 0	0 0 0 0	0 0 0 0
RAM 最大地址	0 0 0 1	1 1 1 1	1 1 1 1	1 1 1 1	1 1 1 1

(5) RAM 电路需要进行读/写操作，读信号 $\overline{RD}$ 连接 62256 芯片的读允许信号端 $\overline{OE}$，写信号 $\overline{WR}$ 连接 62256 芯片的写允许信号端 $\overline{WE}$，另外还需要 M/$\overline{IO}$ 引脚连接到 138 译码器来选择访问存储器。

为了验证 8086 存储器的操作模式，针对如图 3.69 所示 RAM 接口电路设计一段代码，实现向 RAM 区写入 256 个数值的操作，程序代码如图 3.70 所示。

```
CODE    SEGMENT
   ASSUME CS:CODE
START:
      MOV AX,1000H        ;根据扩展RAM的译码电路，定义RAM的起始地址为1000H
      MOV DS,AX           ;DS=1000H
      MOV DL,0            ;置寄存器初值
      MOV SI,0            ;设置RAM目标区域的偏移地址
      MOV CX,256          ;循环次数=256
W_RAM:MOV [SI],DL         ;将DL中的当前数值写入SRAM
      INC DL              ;数值递增
      INC SI              ;目标地址递增
      LOOP W_RAM          ;循环写入
ENDLESS:
        JMP ENDLESS
CODE    ENDS
        END START
```

图 3.70　RAM 写入数据的代码

本例实现的功能是向由接口电路设计好的从起始地址 1000H：0000H 开始的 RAM 区写入 0～255 这 256 个数值，偶数存入偶体，奇数存入奇体。

如 3.3.16 和 3.3.17 两小节所述，编译好程序后，开始仿真运行。为了观察 RAM 写入数值的结果，单击仿真暂停 ⏸ 按钮，可以看到在 Proteus VSM Studio 窗口的最下方输出窗口位置显示出调试窗口。单击 Proteus 的 Debug 菜单，在弹出的下拉菜单中选中 RAM 区的两个芯片 U12 和 U13，如图 3.71 所示，将会在调试窗口加入这两个芯片。

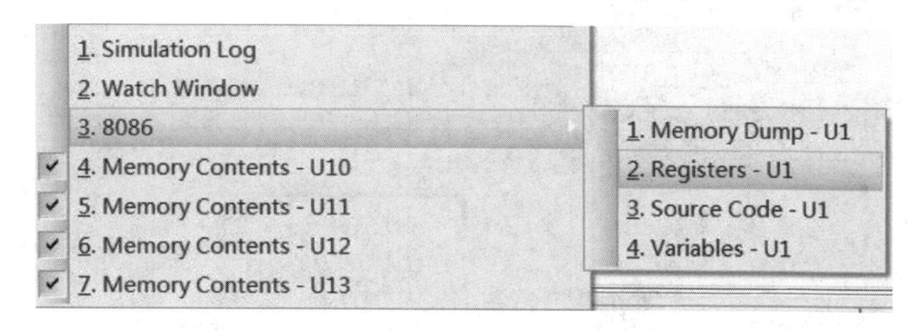

图 3.71　Debug 菜单中选中 RAM 芯片

Proteus 提供了大量的调试窗口以方便调试程序，包括微处理器的调试窗口、ROM 窗口、RAM 窗口、Stack 窗口、寄存器窗口、变量窗口、观察窗口和信息窗口等。在标签栏单击要观察的元件名称即可显示对应的调试窗口。图 3.72 给出了 U12 存储器的内容，图 3.73 给出了 U13 存储器的内容。

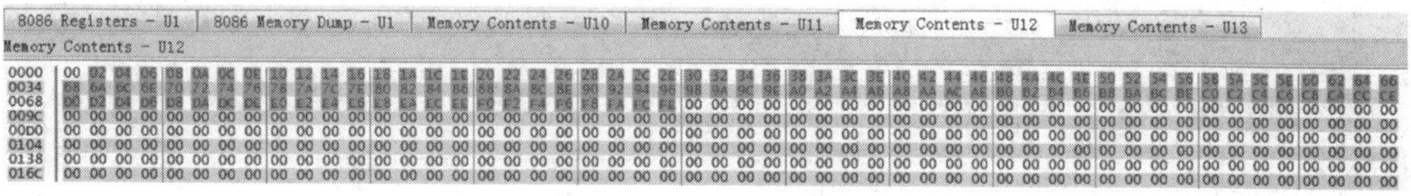

图 3.72　RAM 区偶体的内容

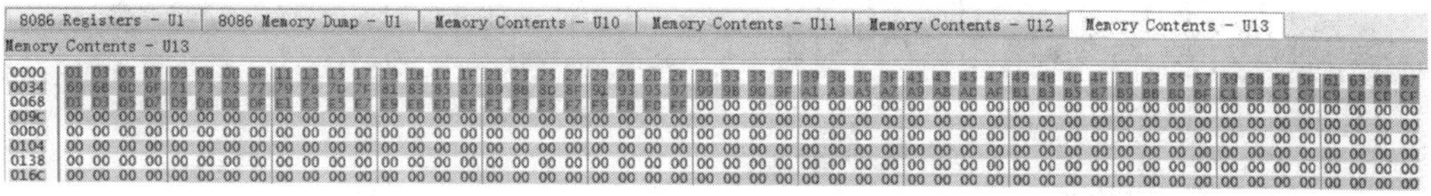

图 3.73　RAM 区奇体的内容

可以看出，程序运行的结果正如预期目标，偶体中写入 00H～FEH，奇体中写入 01H～FFH。

3.4　完成 8086 最小系统设计

根据上述操作，基本上已经设计好一个典型的 8086 最小系统的软、硬件模块，经过整合，最终实现的 8086 最小系统硬件原理图如图 3.74 所示。

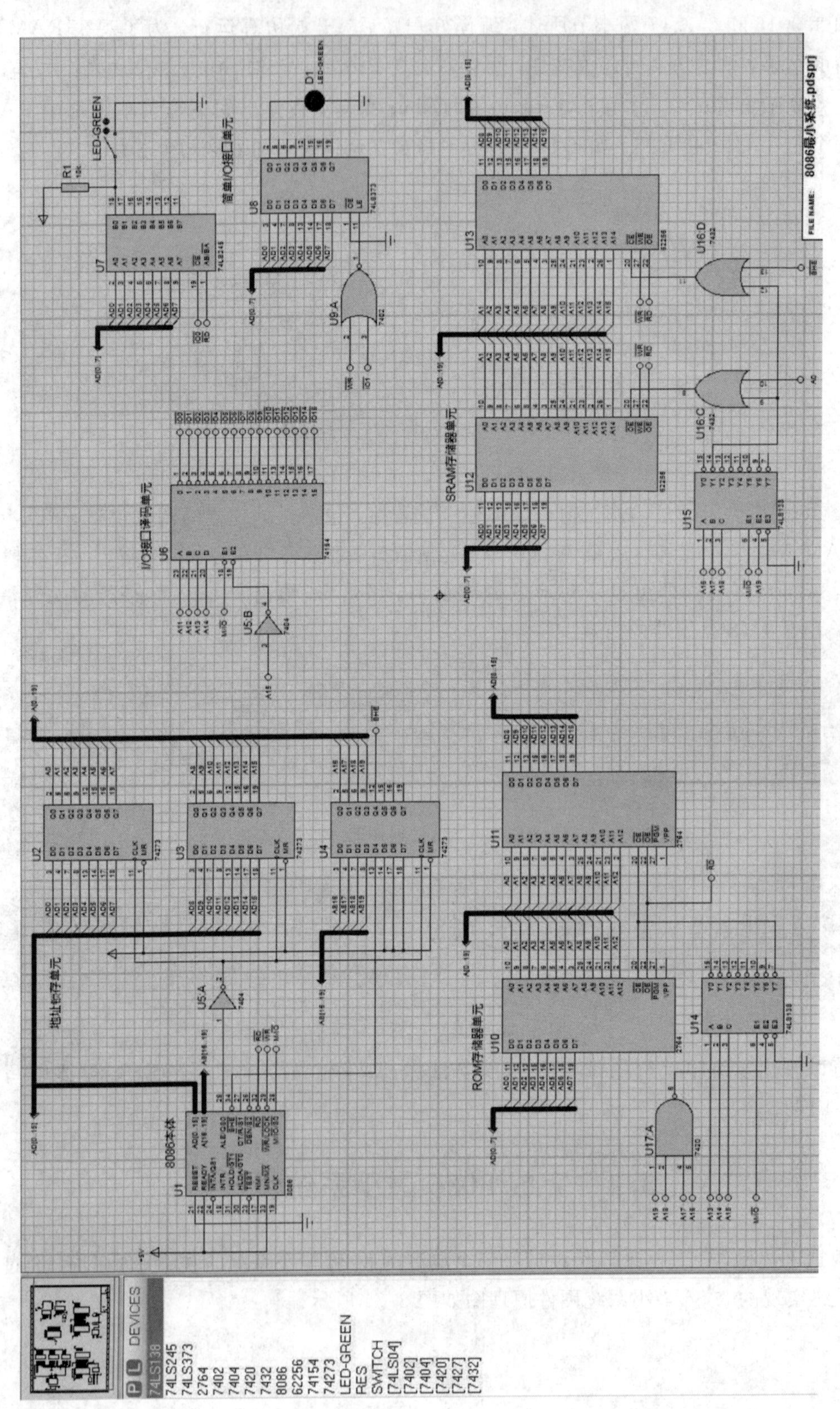

图3.74　8086最小系统硬件原理图

设计好的 8086 最小系统主要包括了 ROM 接口电路、RAM 接口电路、I/O 译码电路和简单 I/O 接口控制电路，相应的程序如下：

```
;====================================================
;项目名称：8086 最小系统
;主要元件：8086、2764、62256、74154、74LS138、74LS245、74LS373
;====================================================
IO0 EQU 8000H            ;输入接口地址——缓冲器 74LS245 片选信号
IO1 EQU 8800H            ;输出接口地址——锁存器 74LS373 片选信号
CODE     SEGMENT
    ASSUME CS:CODE
START:
KEY: MOV DX,IO0          ;I/O 间接寻址，缓冲器地址存入 DX 寄存器
     IN  AL,DX           ;读入缓冲器的输入
     AND AL,0FH          ;只保留开关状态，其余 7 位信息清零
     CMP AL,0EH          ;判断开关是否闭合
     JZ  LED             ;开关闭合，跳转到基本 I/O 接口程序
     MOV BL,00H          ;BL=00H
     MOV AL,BL           ;8086 的 I/O 指令必须用寄存器 AL 或 AX
     MOV DX,IO1          ;I/O 间接寻址，锁存器地址存入 DX 寄存器
     OUT DX,AL           ;开关断开，基本 I/O 接口的输出全为 0
     JMP SRAM            ;转到读写 SRAM 程序
LED: MOV AL,01H          ;Q0 设为 1
     MOV DX,IO1          ;指向锁存器地址
     OUT DX,AL           ;Q0 输出高电平
     MOV CX,1000H        ;CX 寄存器中是延时长度
     LOOP $              ;延时，保证 LED 点亮一段时间
     JMP KEY             ;继续读入开关状态
;存储器写入 00H-FFH=================================
SRAM: PUSH DS            ;DS 入栈
      MOV AX,1000H       ;根据扩展 RAM 的译码电路，定义 RAM 的起始地址为 1000H
      MOV DS,AX          ;DS=1000H
      MOV DL,0           ;置寄存器初值
      MOV SI,0           ;设置 RAM 目标区域的偏移地址
      MOV CX,256         ;循环次数=256
W_RAM:MOV [SI],DL        ;将 DL 中的当前数值写入 SRAM
      INC DL             ;数值递增
      INC SI             ;目标地址递增
      LOOP W_RAM         ;循环写入
      POP DS             ;DS 出栈
      JMP KEY            ;循环查询开关状态
```

```
ENDLESS:
        JMP ENDLESS
CODE    ENDS
        END START
```

利用 Proteus 完成 8086 最小系统的设计与仿真之后，就可以按照原理图制作 8086 最小系统 PCB，然后在 PCB 上安置好芯片，焊接好电阻、电容等元器件，完成一块 8086 最小系统的电路板，如图 3.75 所示。该电路板可以实现 8 个 LED 的跑马灯功能，即轮流点亮 LED。不过，需要指出的是，该电路板用 8088－2 CPU 代替了 8086 CPU，也没有包含 RAM 芯片。

图 3.75　8086 最小系统电路板实物图

第 4 章　微机系统的 Proteus 典型案例

4.1　基本 I/O 接口应用——锁存器驱动 7SEG 数码管

4.1.1　案例说明

七段式数码管是微机系统常见的显示器件，本案例利用锁存器作为 LED 数码管的驱动，编程实现在 6 位 7SEG 数码管中显示“123456”的目的。案例原理图及元器件如图 4.1 所示。

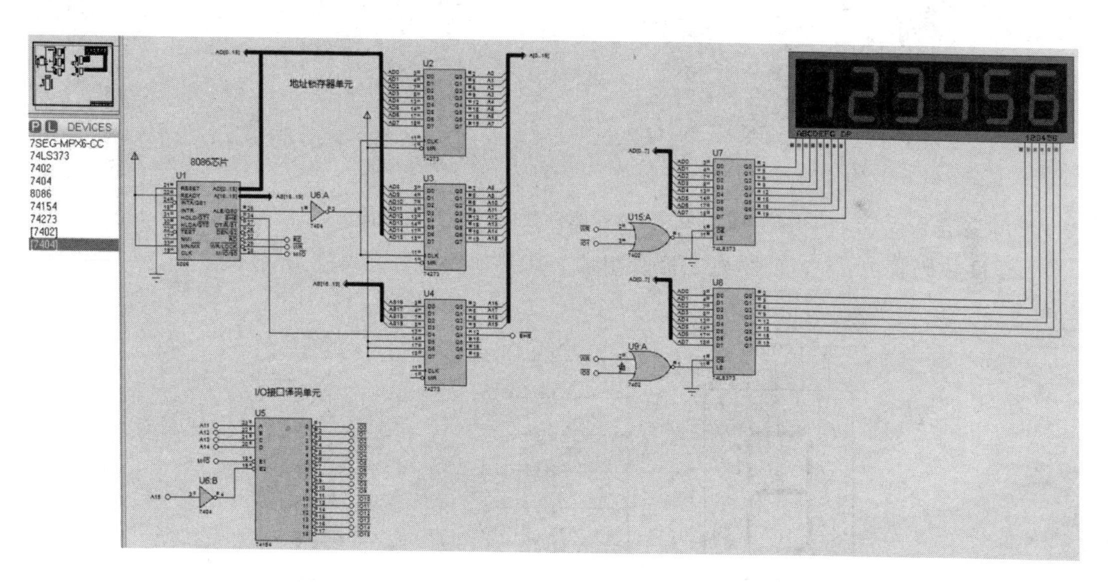

图 4.1　基本 I/O 应用电路原理图

4.1.2　硬件设计

8086 的地址锁存单元电路和 I/O 接口译码电路基本上是通用的，与第 3 章的内容一致，这里不再赘述。如果项目只需要用到 16 根地址总线 AD0～AD15，则可以省略掉第 3 片锁存器。锁存器与 7SEG 数码管之间的电路原理图如图 4.2 所示。

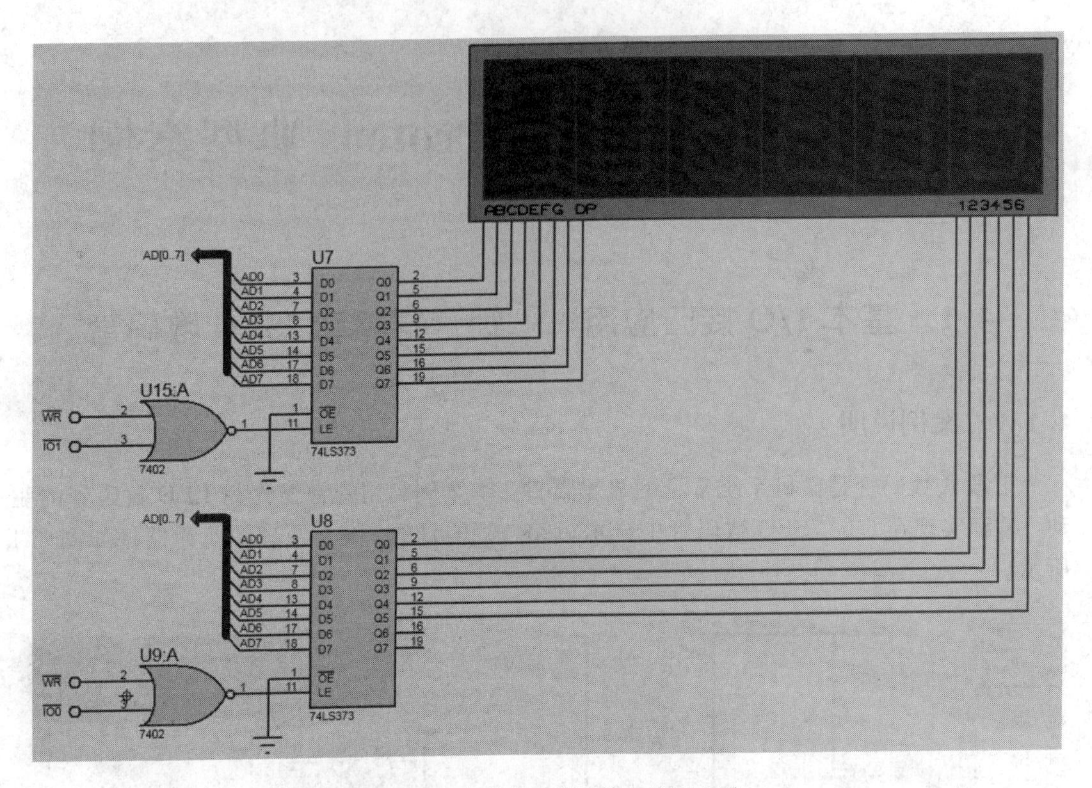

图4.2 锁存器驱动数码管电路原理图

LED数码管由7～8个发光二极管组成，其基本构造如图4.3所示。

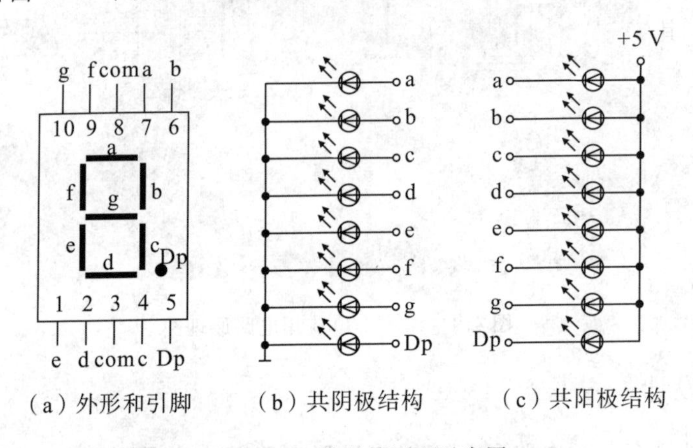

(a)外形和引脚 (b)共阴极结构 (c)共阳极结构

图4.3 LED数码管原理示意图

如图4.3所示的是八段数码管，该八段发光管按顺时针分别称为a、b、c、d、e、f、g和小数点h。有的数码管不带小数点，这种数码管称为七段数码管。LED数码管有共阴极和共阳极两种结构。数码管显示某个字符只要其对应段上的发光二极管发亮即可，通过发光管的不同组合，可显示数字0～9、部分英文字母及某些特殊字符。以图4.3(b)共阴极数码管为例，如显示字符“1”，只需使b和c两个段亮，其他段暗。通常把控制发光二极管的8位二进制数称为段码，表4.1给出数码管的段码表。

表 4.1　数码管的段码表

显示字符	共阴极段码	共阳极段码	显示字符	共阴极段码	共阳极段码
0	3FH	C0H	A	77H	88H
1	06H	F9H	B	7CH	83H
2	5BH	A4H	C	39H	C6H
3	4FH	B0H	D	5EH	A1H
4	66H	99H	E	79H	86H
5	6DH	92H	F	71H	8EH
6	7DH	82H	P	73H	8CH
7	07H	F8H	U	3EH	C1H
8	7FH	80H	v	1CH	E3H
9	6FH	90H	y	6EH	91H
“空”	00H	FFH	-	40H	BFH

Proteus 中的七段式数码管有三类。第一类是模拟式七段数码管，有共阳极(7SEG－COM－ANODE)和共阴极(7SEG－COM－CATHODE)两种，每个数码管只能显示一位字符(如 1～9，A～F 等)，有红、绿、蓝三种颜色的数码管可供选择。第二类是本案例所用的数字式数码管，有共阳极(如 7SEG－MPX1－CA)和共阴极(如 7SEG－MPX1－CC)两种，分为 1、2、4、6、8 位的数码管，对应着可分别同时显示 1、2、4、6、8 位字符，各有红、绿两种颜色。第三类数码管是数字式仿真 BCD 数码管(如 7SEG－BCD)，这种数码管只有在 proteus 里才有，其实是一个仿真元件，没有实物。可以将它看成是内部集成了译码器，所以，在仿真时很方便，不用再加译码器。这种数字式仿真 BCD 数码管也没有共阳共阴之分，它可以显示 16 个字符，即 1～9、A～F。但是若显示的数字位数多了就不方便了，不能实现动态扫描显示。

数码管显示有静态和动态两种方法。所谓静态显示，就是当数码管显示某一个字符时，相应的发光二极管恒定地导通或截止。采用这种显示方式时，每一个数码管都需要有一个 8 位输出口控制。因此当系统中数码管较多时，用静态显示所需的 I/O 口太多，比如本案例中的 6 位 7SEG 数码管，按照静态显示方法就需要 6 个 8 位输出口，即需要 6 个 74373 锁存器。

因此，在多位数码管显示电路中一般采用动态显示方法。所谓动态显示就是一位一位地轮流扫描各个数码管。对于每一位数码管来说，每隔一段时间点亮一次。数码管的亮度既与导通电流有关，也与点亮时间和间隔时间的比例有关。这种显示方法需有两类控制端口，即位控制端口和段控制端口。位控制端口控制哪个数码管显示，段控制端口决定显示值。段控制端口被同一个多位数码管中的所有数码管公用。当 8086 输出一个显示值时，各数码管都能收到此值。但是，只有位控制码中选中的数码管才能导通并显示。

在本案例中，利用两片 74LS373 分别连接 7SEG 数码管的段控制端口(字形口)和位控制端口(字位口)。其中，U8 的输出引脚 Q5～Q0(没用到的引脚悬空，为高电平)连接数码管的位控制端口，在片选信号$\overline{IO0}$和写信号$\overline{WR}$都是低电平的条件下，由 U8 的输出信号确定将要显示字符的那个数码管。数码管的位控制端口低电平有效，表 4.2 给出 U8 输出信号与选通数码管之间的关系。

表 4.2　数码管的位码表

锁存器输出引脚	Q7～Q0					
锁存器输出信号(二进制)	11111110B	11111101B	11111011B	11110111B	11101111B	11011111B
选通的数码管	第 1 位	第 2 位	第 3 位	第 4 位	第 5 位	第 6 位

U7 的输出引脚 Q7～Q0 连接数码管的段控制端口，在片选信号 $\overline{IO1}$ 和写信号 $\overline{WR}$ 的共同作用下为选通的那个数码管提供段码。项目选择的 7SEG 数码管是共阴极连接类型，相应地要按照表 4.1 的定义为数码管提供共阴极的段码。

4.1.3　程序设计

本实例的程序代码如下：

```
;==============================================
;项目名称：基本 I/O 应用——锁存器驱动 7SEG 数码管
;主要元件：74373、7SEGMPX6-CC
;项目功能：利用两片 74373 分别控制 6 位 7 段数码管的字位口和字形口，输出数据
;==============================================
IO0 EQU 8000H                ;U8 锁存器 74LS373 片选信号
IO1 EQU 8800H                ;U7 锁存器 74LS373 片选信号
DATA SEGMENT
  OUTBUFF  DB 1,2,3,4,5,6;OUTBUFF 变量存放显示值
  LEDTAB DB 3FH,06H,5BH,4FH,66H,6DH,7DH,07H,7FH,6FH;段码放在 LEDTAB 中
    DB 77H,7CH,39H,5EH,79H,71H   ;共阴极 7 段数码管段码表，显示 0～F，无小数点
DATA ENDS
CODE    SEGMENT
          ASSUME CS:CODE,DS:DATA
START:
        MOV  AX,DATA
        MOV  DS,AX
LOP1:   CALL DISP               ;调用数码管显示子程序
        JMP  LOP1               ;循环显示字符
DISP    PROC
ZWK:    MOV  CL,0FEH            ;位码
        LEA  SI,OUTBUFF         ;取得显示值的偏移地址
ZXDISP: MOV  AL,CL
        MOV  DX,IO0             ;选中 U8
        OUT  DX,AL              ;选中第 1 位数码管
        LEA  BX,LEDTAB          ;取得段码的偏移地址
        MOV  AL,[SI]            ;取得显示值
        XLAT                    ;换码
```

```
        MOV   DX,IO1          ;选中 U7
        OUT   DX,AL           ;输出段码
        CALL DELAY_1S         ;延时子程序，让数码管显示一段时间
        MOV   AL,0H
        MOV   DX,IO1
        OUT   DX,AL           ;清屏
        CMP   CL,0DFH         ;判断是否到达最后 1 位数码管
        JZ    NEXT            ;到达最后 1 位则从头开始执行
        INC   SI              ;没到最后 1 位，则右移 1 位
        ROL   CL,1
        JMP   ZXDISP          ;继续显示下 1 位
NEXT:   RET
        DISP  ENDP
        DELAY_1S  PROC        ;延时子程序
        PUSH  CX
        PUSH  BX
        MOV   BX,02H
D1:     MOV   CX,0FH
        LOOP  $
        DEC   BX
        JNZ   D1
        POP   BX
        POP   CX
        RET
        DELAY_1S  ENDP
ENDLESS:
        JMP ENDLESS
CODE    ENDS
        END START
```

4.1.4　仿真调试——源代码调试

在原理图窗口单击开始仿真▶按钮，Proteus 启动原理图仿真，按照设计好的程序在 6 位数码管显示“123456”。

原理图仿真的作用很明显，可以让设计人员直观查看硬件系统的工作状态，便于观察到芯片引脚电平信号的变化，也可以通过仿真发现问题，最主要的是能够实时监测到微机系统的最终运行结果是否符合设计要求。但是因为原理图仿真是连续运行的，无法监控系统程序的中间运行情况，一旦系统程序出现与预期结果不符的情况，设计者很难通过原理图仿真查找原因、排除问题。

Proteus 8 提供了强大的代码和硬件联合调试的工具 VSM Studio，已经集成在代码编辑窗口，可以通过菜单快捷地打开调试界面。首先，在原理图编辑窗口或代码编辑窗口单击“Debug”菜单，弹出图 4.4 所示的菜单。

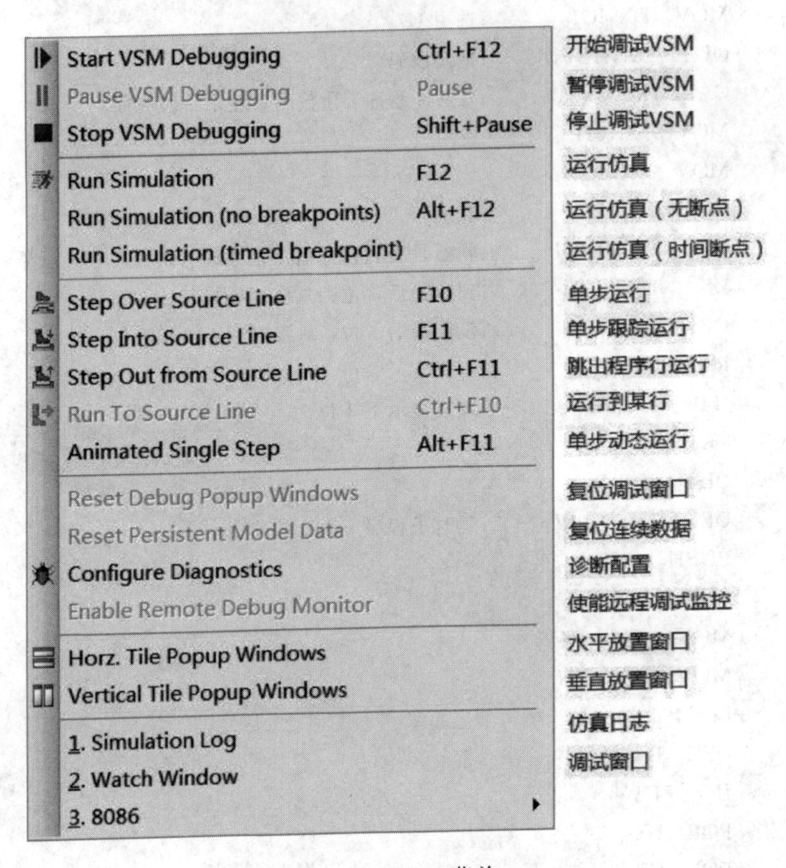

图 4.4 Debug 菜单

单击“Start VSM Debugging”打开如图 4.5 所示的 VSM Studio 调试窗口，该窗口与代码编辑窗口相似，只是增加了调试工具栏和底部的调试窗口。此时，仿真处于“已经启动”的状态，电路处在一个稳定的工作点，代码还没有执行，也没有时间的消逝。

如果源代码窗口没有显示任何的源代码，可以在图 4.5 中窗口上部的下拉列表中选中任何一个需要调试的源代码。

1. 单步调试

单步运行程序就是控制程序一行一行地执行，观察每条语句执行的结果，在 Debug 菜单和调试工具栏提供了 3 种单步运行的方式：Step Over Source Line(单步运行)、Step Into Source Line(单步跟踪运行)和 Step Out from Source Line(跳出程序行运行)，如图 4.4 所示。启动单步运行有 3 种方式：在如图 4.5 所示的代码调试窗口单击单步调试按钮，或单击单步仿真按钮，或利用快捷键 F10，都可以对源代码进行单步运行调试。

2. 交互仿真

Proteus 8 提供了一个新的调试弹出窗口控件 Active Popups，该工具可以在原理图中选定一部分电路，在仿真调试的过程中，该部分选定的电路会在 VSM Studio 页面中显示出来。在调试程序的同时也可以观察原理图选定部分的运行结果，即所谓的交互仿真。

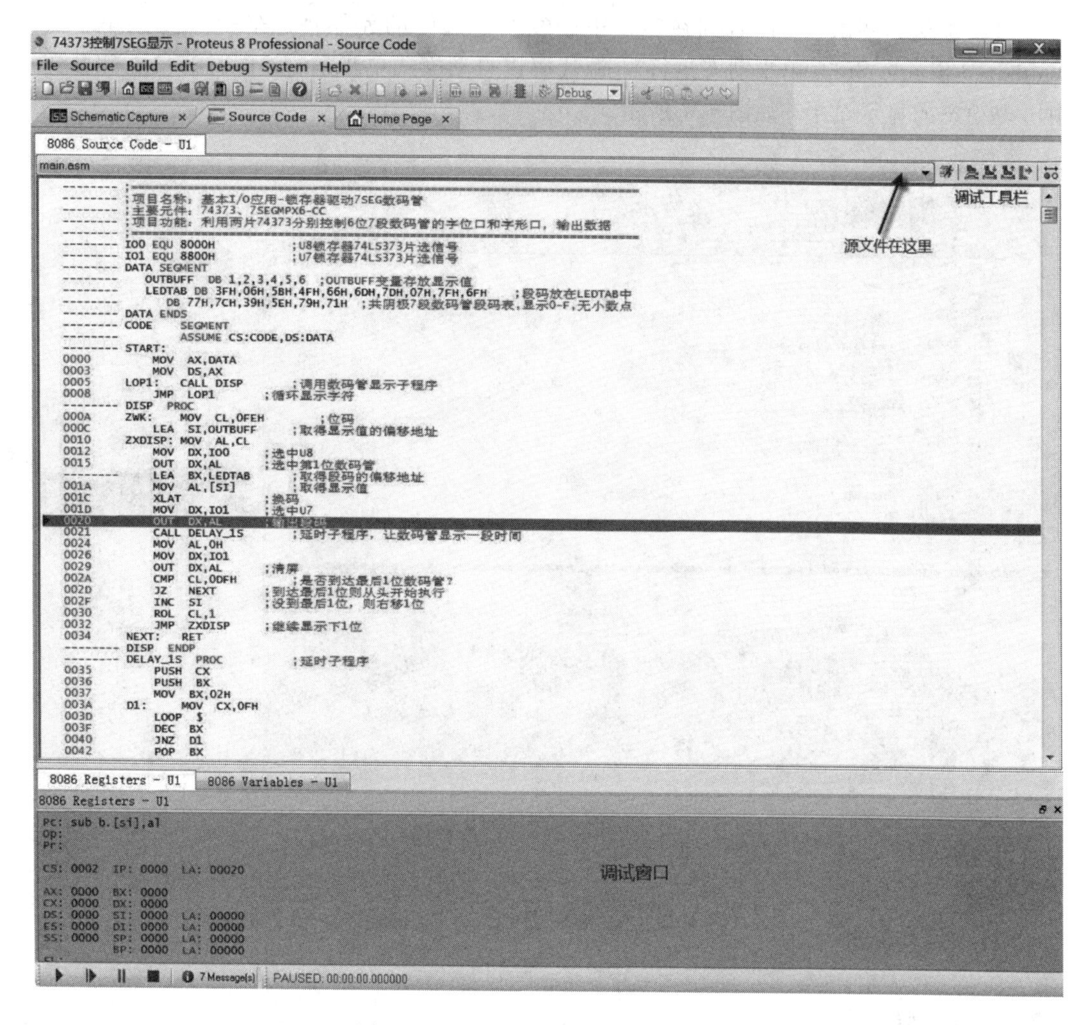

图 4.5　Proteus VSM Studio 调试窗口

在原理图编辑窗口的模式工具栏单击 Active Popups Modes 按钮，接下来在需要显示的元器件四周画出一个方框，具体操作是首先在数码管左上角单击鼠标左键，然后鼠标移动到数码管右下角再次单击左键，这样，就在数码管四周划出了一个蓝色虚线方框，表示已经将数码管选中，如图 4.6 所示。

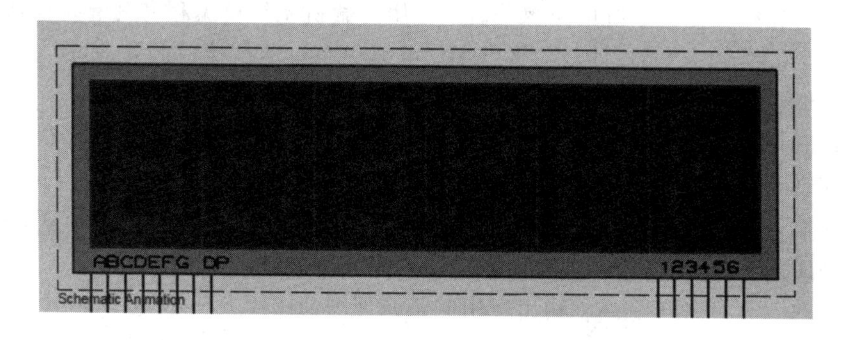

图 4.6　Active Popups 选中的窗口

启动源代码调试，可以看到在窗口中已经有了选中的元器件。在 Debug 菜单中选中 Animated Single Step(单步动态运行)，源代码以自动模式单步运行，同时窗口右侧数码管中出现动态的显示结果，如图 4.7 所示。

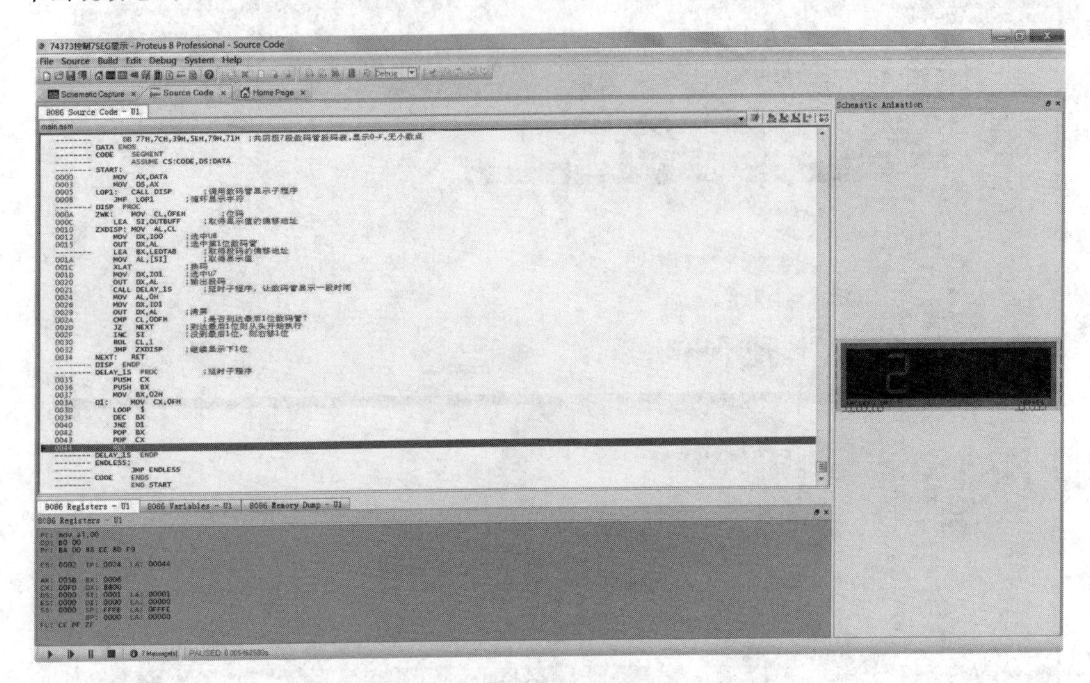

图 4.7　交互仿真调试窗口

4.2　8255A 的基本应用——输入与输出

4.2.1　案例说明

目前，微机系统所用的硬件系统大都是由超大规模集成电路芯片组成的，一旦设计完成，这些硬件系统的功能就确定不变了。如果需要改变硬件系统的功能，只能重新设计、选用其他芯片，这样将导致工作量大、效率低下。而可编程芯片的出现大大改善了这种不足，因为它们具有灵活的多种工作方式，更为重要的是它们的功能可以通过软件编程来重新设置，大大提高了微机系统的可操作性。常用的微机系统可编程芯片有可编程并行接口芯片 8255A、可编程定时器/计数器 8253A、可编程串行通信接口芯片 8251A 和可编程中断控制器 8259 等。

本案例利用 8255A 的端口 C 的低位作为输入接口，实时采样外部开关的状态，根据开关的状态实现相应的功能输出，包括：利用 8255A 的输出端口 A 口实现数码管动态循环显示数字的功能，利用输出端口 B 口产生 PWM 波(Pulse Width Modulation Wave，脉宽调制波形)，利用端口 C 的高位作为输出接口产生方波。

设计好的 8255A 基本输入、输出应用电路原理图如图 4.8 所示。

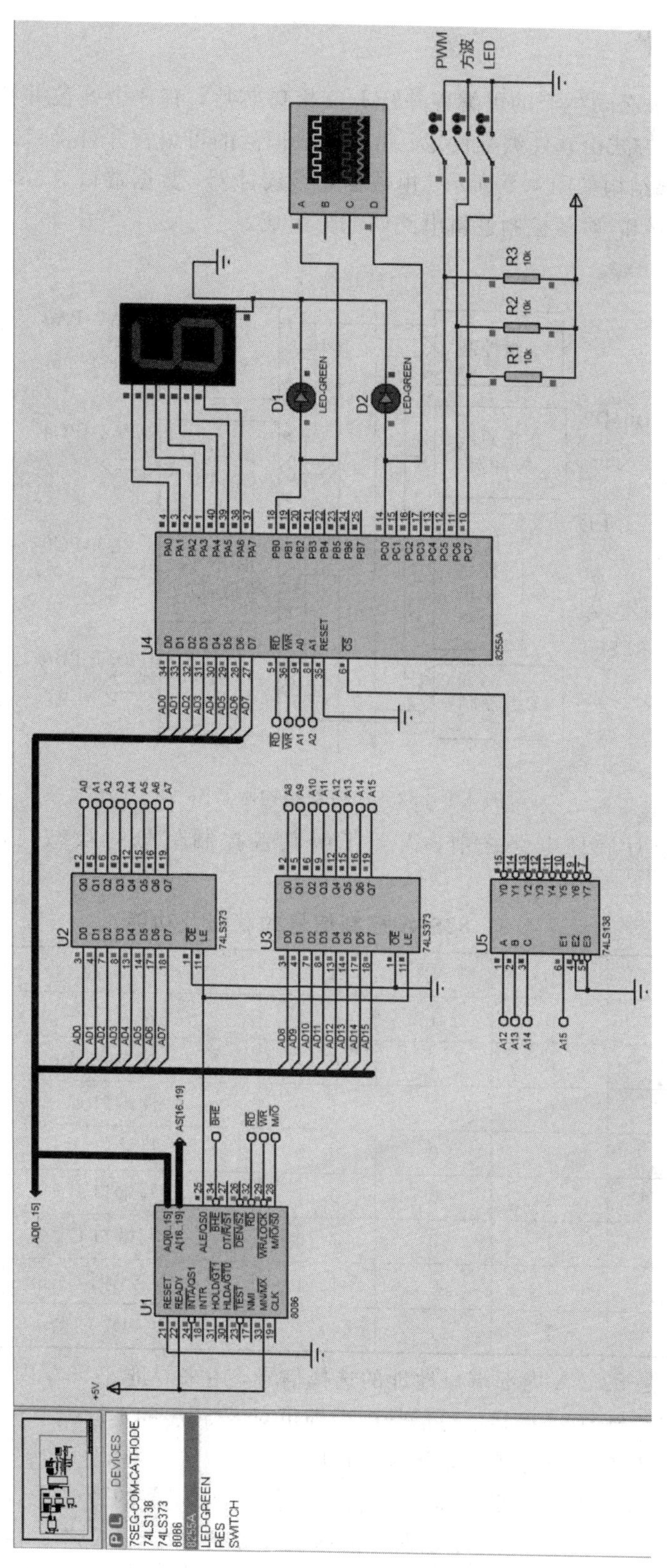

图4.8　8255A基本应用电路原理图

4.2.2 硬件设计

8255A 是 Intel 公司生产的可编程并行 I/O 接口芯片，有 3 个 8 位并行 I/O 口，共 24 位，其各端口工作方式由软件编程设定，是应用最广泛的可编程并行接口芯片。

8255A 的内部结构如图 4.9 所示，由数据总线缓冲器，数据端口 A、端口 B 和端口 C，A 组、B 组控制电路和读/写控制逻辑电路四部分组成。

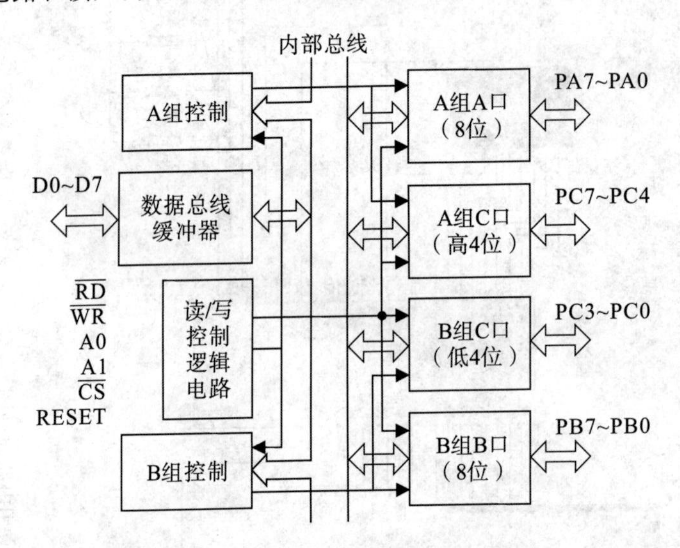

图 4.9 8255A 内部结构示意图

使用 8255A 设计硬件电路之前，需要了解其各控制信号的状态及功能，如表 4.3 所示。

表 4.3 8255A 控制信号的状态及功能

$\overline{CS}$	$\overline{RD}$	$\overline{WR}$	A1A0	功 能
0	0	1	0 0	读端口 A
0	0	1	0 1	读端口 B
0	0	1	1 0	读端口 C
0	1	0	0 0	写端口 A
0	1	0	0 1	写端口 B
0	1	0	1 0	写端口 C
0	1	0	1 1	写控制端口
1	1	1	× ×	D0～D7 三态

其中 A1、A0 是 8255A 内部端口地址的选择信号，用来寻址 8255A 内部的 3 个数据端口和 1 个控制端口。与 8086 的读、写信号配合即可对 8255A 的不同端口进行读、写操作。

具体的 8255A 接口电路原理图如图 4.10 所示。

如图 4.10 所示，74LS138 译码器 Y0 引脚连接至 8255A 的片选端，8086 的地址线 A2、A1 分别连接 8255A 的 A1、A0 引脚。根据表 4.3 可知 8255A 芯片端口 A 的地址是 8000H，端口 B 的地址是 8002H，端口 C 的地址是 8004H，控制端口的地址是 8006H。

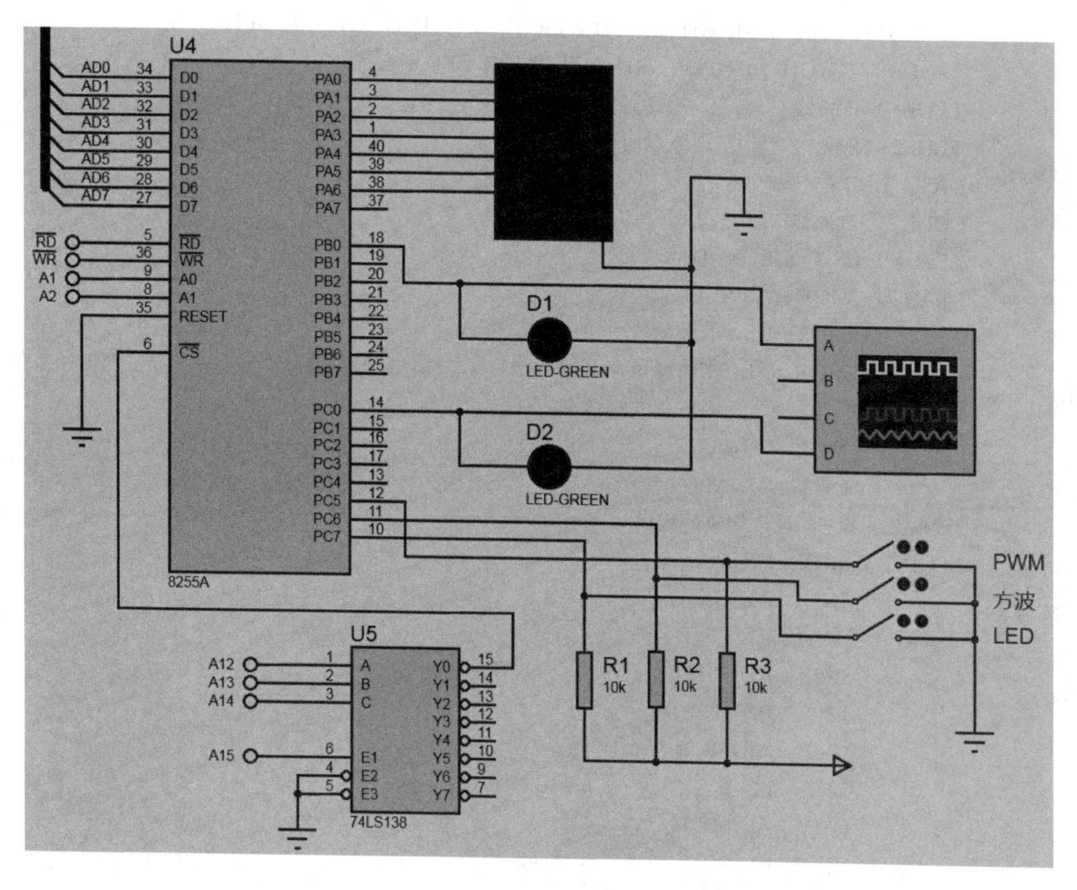

图 4.10 8255A 接口电路原理图

外部 3 个开关连接到 8255A 端口 C 的高位引脚，开关断开时(通过上拉电阻接到 5 V)输入高电平，开关闭合时(接到 0 V)输入低电平。数码管是模拟式红色共阴极 7 段数码管(7SEG－COM－CATHODE)，连接到 8255A 的端口 A，因为没有小数点位，所以 PA7 悬空不接。两个绿色 LED 分别连接到端口 B 和端口 C 的低位引脚，其闪烁的效果可以直观地反映输出波形的结果。

4.2.3 程序设计

本实例的程序代码如下：

```
;==================================================
;项目名称：8255A 的基本应用
;主要元件：8255A
;功能说明：8255A 分别输出 PWM 波、方波，控制 LED 显示数字
;==================================================
PA EQU 8000H                ;定义 8255A 端口 A 地址
PB EQU 8002H                ;定义 8255A 端口 B 地址
PC EQU 8004H                ;定义 8255A 端口 C 地址
PCTL   EQU 8006H            ;定义 8255A 控制端口地址
DATA SEGMENT
```

```
  LEDTAB  DB 3FH,06H,5BH,4FH,66H,6DH,7DH,07H,7FH,6FH
    DB 77H,7CH,39H,5EH,79H,71H;共阴极 LED 的段码
TBUF1   DW ?              ;延时变量 1
TBUF2   DW ?              ;延时变量 2
DATA ENDS
CODE    SEGMENT PUBLIC 'CODE'
ASSUME CS:CODE,DS:DATA
START:  MOV  AX,DATA
        MOV  DS,AX
        MOV  AL,88H;设置 8255 的 A 口、B 口输出，C 口高 4 位输入，低 4 位输出，工作
                   在方式 0
        MOV  DX,PCTL
        OUT  DX,AL
;读取开关状态，进入相应的程序=============================
BEGIN:  MOV  DX,PC
        IN   AL,DX
        AND  AL,0F0H
        CMP  AL,70H
        JZ   P1
        CMP  AL,0B0H
        JZ   P2
        CMP  AL,0D0H
        JZ   P3
        JMP  BEGIN
;PA 口连接 LED，循环显示'0～F'=============================
P1:     MOV  SI,OFFSET LEDTAB
        MOV  TBUF1,02H
        MOV  TBUF2,2000H
P11:    MOV  AL,[SI]
        MOV  DX,PA
        OUT  DX,AL
        CALL DELAY
        CMP  SI,0FH
        JZ   P1
        INC  SI
        MOV  DX,PC
        PUSH AX
        IN   AL,DX
        AND  AL,0F0H
        CMP  AL,70H
        POP  AX
        JZ   P11
        JMP  BEGIN
```

```
;PC0 输出方波=====================================
P2:         MOV   AL,00H
            MOV   DX,PC
            MOV   TBUF1,02H
            MOV   TBUF2,1000H
P21:        OUT   DX,AL
            CALL  DELAY
            NOT   AL
            PUSH  AX
            IN    AL,DX
            AND   AL,0F0H
            CMP   AL,0B0H
            POP   AX
            JNZ   QUIT
            JMP   P21
QUIT:       JMP   BEGIN
;PB0 输出 PWM 波，占空比已由延时变量确定====================
P3:         MOV   AL,00H
            MOV   DX,PB
            MOV   TBUF1,20
            MOV   TBUF2,500H
            OUT   DX,AL
            CALL  DELAY
            MOV   AL,01H
            MOV   TBUF1,80
            MOV   TBUF2,500H
            OUT   DX,AL
            CALL  DELAY
            MOV   DX,PC
            IN    AL,DX
            AND   AL,0F0H
            CMP   AL,0D0H
            JNZ   OVER
            JMP   P3
OVER:       JMP   BEGIN
;延时子程序，延时时长由变量 TBUF1 和 TBUF2 决定=================
DELAY PROC
            PUSH CX
            PUSH BX
            MOV   BX,TBUF1
WAIT1:      MOV   CX,TBUF2
WAIT2:      LOOP WAIT2
            DEC BX
```

```
            JNZ WAIT1
            POP BX
            POP CX
            RET
    DELAY ENDP
    ENDLESS:
            JMP ENDLESS
    CODE    ENDS
            END START
```

4.2.4 仿真调试——虚拟仪器

为了更加清晰地观察两种波形的输出结果，案例中加入了一个示波器。具体操作方法是：

(1) 单击模式工具栏中的虚拟仪器(Virtual Instrument Mode)按钮，对象选择器窗口显示出 Proteus 8 提供的 13 种虚拟仪器，如图 4.11 所示。

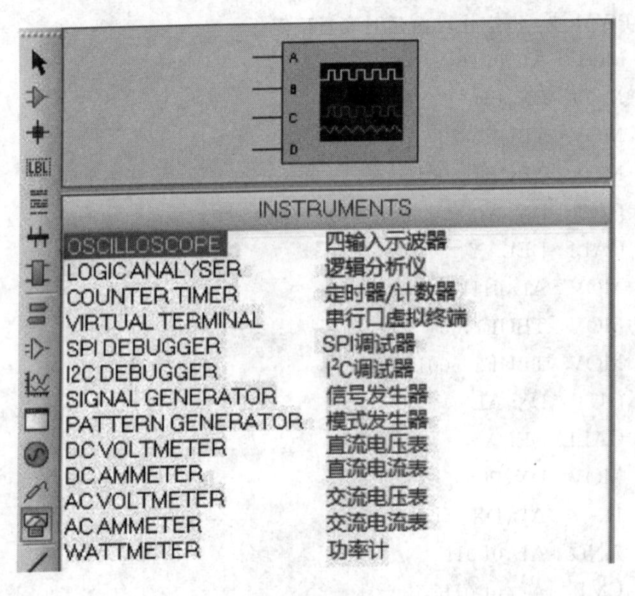

图 4.11　Proteus 提供的虚拟仪器

(2) 从中选择 OSCILLOSCOPE(四输入示波器)，放置在原理图中，并将示波器的 A 输入端连接 PB0，D 输入端连接 PC0，如图 4.10 所示。

单击仿真开始按钮，启动项目的仿真。在原理图界面闭合 LED 开关，可以看到数码管循环显示字符“0→1→…→9→A→…→F”，关闭 LED 开关，数码管关闭。闭合方波开关，可以看到 D2 以固定频率闪烁。闭合 PWM 波开关，可以看到 D1 以 PWM 波的频率闪烁。

此时，原理图仿真窗口中并没有示波器的虚拟仿真界面。单击菜单栏中的 Debug 菜单，弹出如图 4.12 所示的菜单，选中“Digital Oscilloscope”，在仿真窗口中将会显示示波器的虚拟仿真界面，黄色(上面的)波形即为 8255A 的 PB0 输入示波器 A 通道的 PWM 波，如图 4.13 所示。

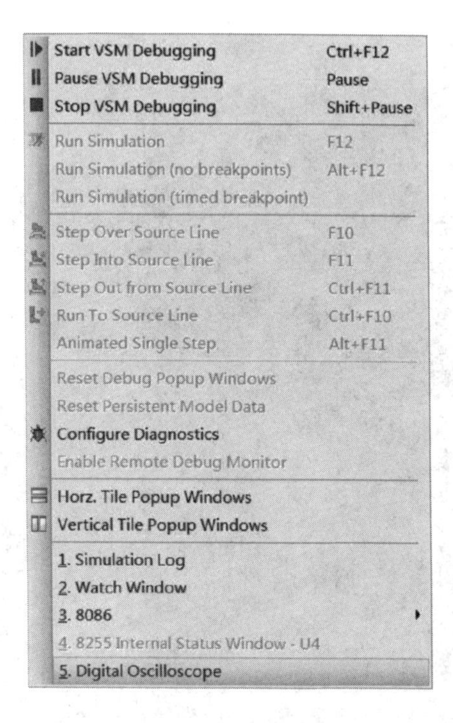

图 4.12　Debug 菜单

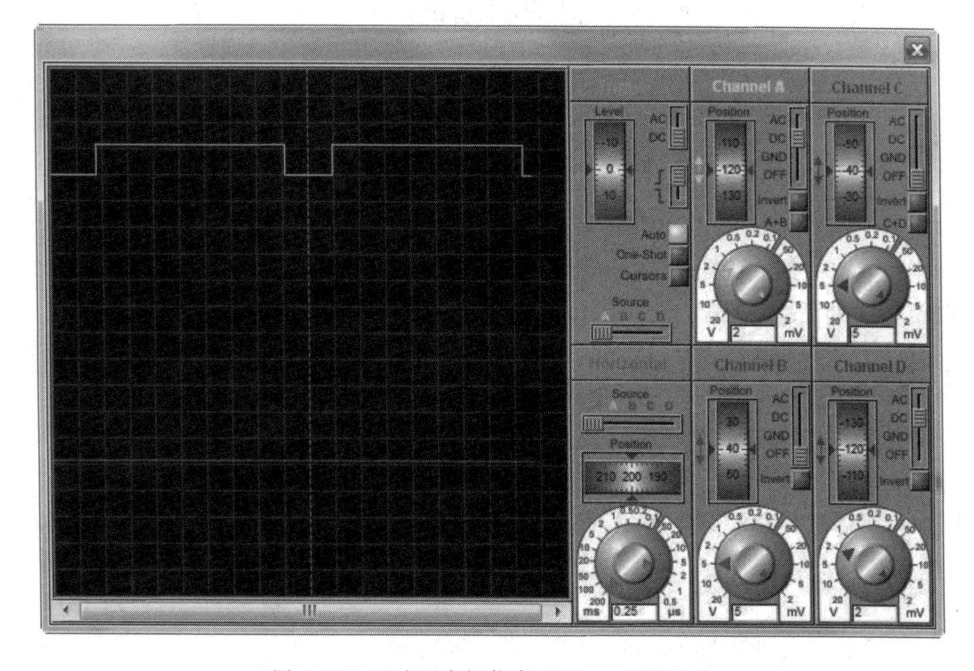

图 4.13　示波器虚拟仿真界面——PWM 波

切换开关，示波器界面变成如图 4.14 所示，绿色(下面的)波形显示的是 8255A 的 PC0 输入示波器 D 通道的方波。

虚拟示波器的使用方法如同真实示波器一样，可以在虚拟界面上操作旋钮、按键等调节时基、增益、触发信号、耦合方式、坐标位置等参数，最终获取信号的有效波形。

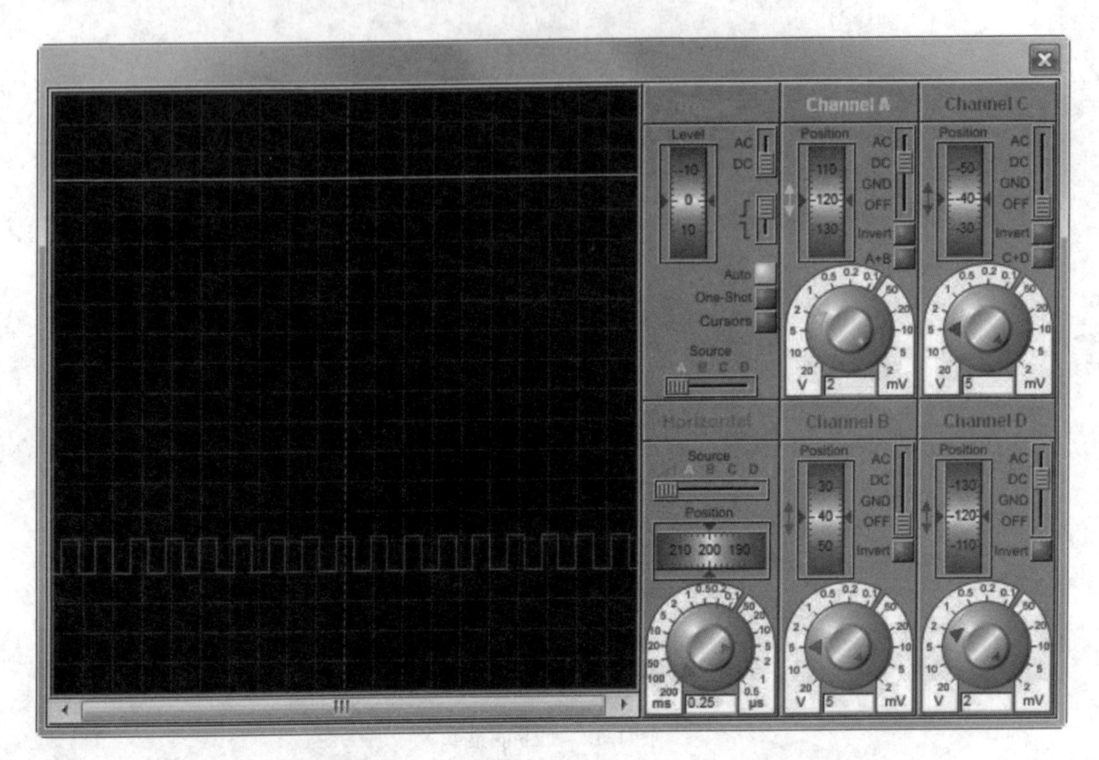

图 4.14 示波器虚拟仿真界面——方波

4.3 8255A 的实际应用——十字路口信号灯

4.3.1 案例说明

针对十字路口的交通通行指挥的实际需求，可利用 8255A 设计交通信号灯的控制程序，即能满足实际控制目的。设计好的案例原理图如图 4.15 所示。

4.3.2 硬件设计

本案例中，8255A 与 8086 的连接方式与案例 4.2 基本相同，这也是 8086 与 8255A 接口电路的典型模式。端口 C 工作在输入方式，PC0 连接一个外部开关作为系统的启停控制。端口 A 和端口 B 均工作在输出方式，其中 PA0、PA1、PA2 分别连接北方交通灯的 R、Y、G(红、黄、绿)三盏灯；PA3、PA4、PA5 分别连接南方交通灯的 R、Y、G(红、黄、绿)三盏灯；PB0、PB1、PB2 分别连接西方交通灯的 R、Y、G(红、黄、绿)三盏灯；PB3、PB4、PB5 分别连接东方交通灯的 R、Y、G(红、黄、绿)三盏灯。

实际系统中，信号灯的电压和电流并不是微机系统标准的 5 V 电压和 mA 级小电流，往往要大得多。为了驱动信号灯，控制系统还要增加继电器等低压电气元件。本案例以程序设计为主，默认信号灯的电气规格与 8255A 相同。

详细的交通信号灯系统连接如图 4.16 所示。

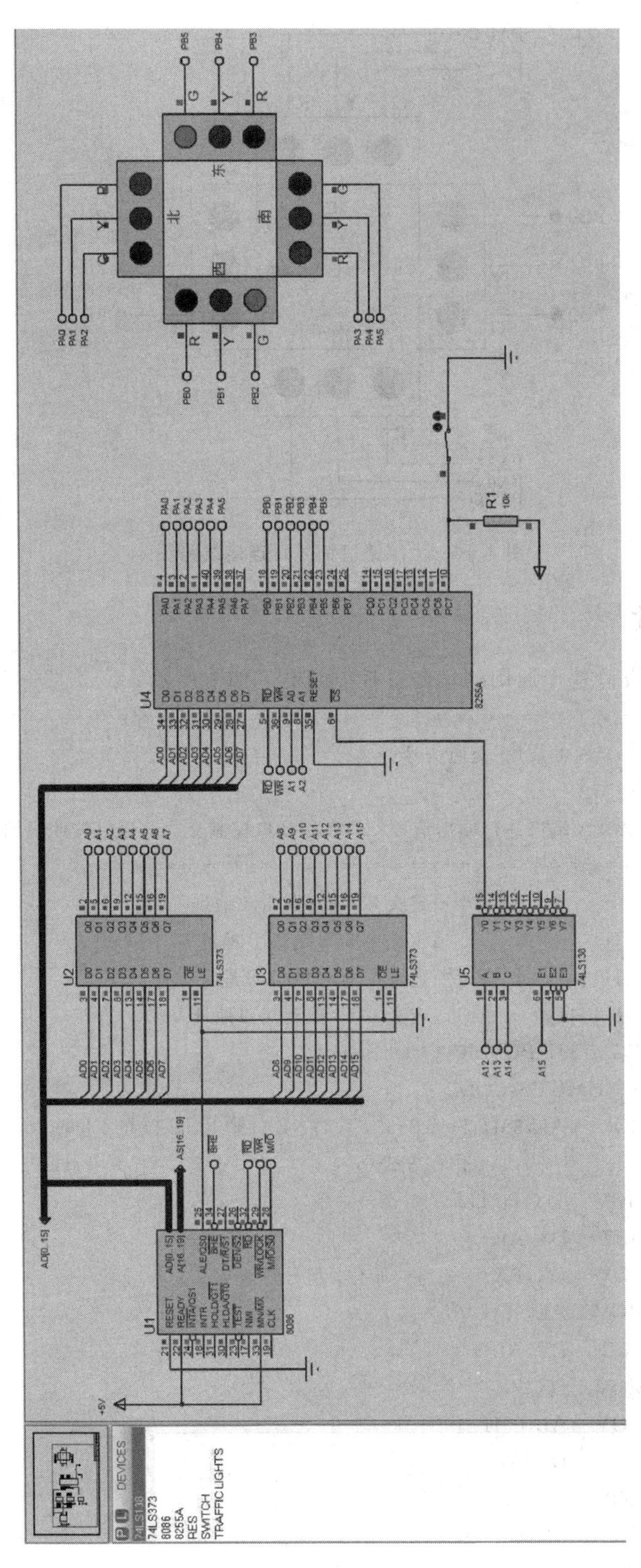

图4.15　十字路口信号灯案例原理图

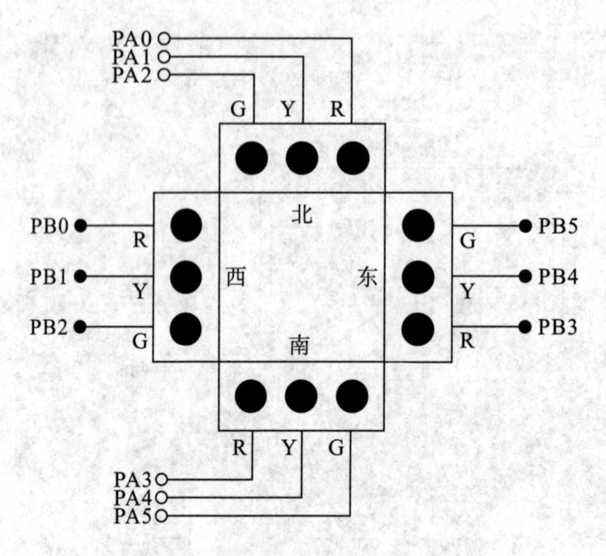

图 4.16　十字路口信号灯连接线路图

4.3.3　程序设计

本案例的程序设计基于通用的信号灯控制流程，如下所示：

```
;==============================================
;项目名称：8255A 的应用-交通信号灯
;主要元件：8255A
;功能说明：8255A 端口并行输出信号，A 口和 B 口控制交通信号灯按照规则运行
;==============================================
PA EQU 8000H                ;定义 8255A 端口 A 地址
PB EQU 8002H                ;定义 8255B 端口 B 地址
PC EQU 8004H                ;定义 8255C 端口 C 地址
PCTL   EQU 8006H            ;定义 8255 控制端口地址
CODE     SEGMENT PUBLIC 'CODE'
         ASSUME CS:CODE
START:   MOV    AL,88H;设置 8255，A 口、B 口输出，C 口高 4 位输入，低 4 位输出，均工
                      作在方式 0
         MOV    DX,PCTL
         OUT    DX,AL
BEGIN:   MOV    DX,PA       ;初始化，信号灯全灭
         MOV    AL,00H
         OUT    DX,AL
         MOV    DX,PB
         MOV    AL,00H
         OUT    DX,AL
         MOV    DX,PC
         IN     AL,DX
         TEST   AL,80H      ;开关闭合时启动交通信号灯
```

```
        JZ      P0
        JMP     BEGIN
P0：    MOV     DX,PA       ;开始状态，东西南北红灯亮
        MOV     AL,09H
        OUT     DX,AL
        MOV     DX,PB
        MOV     AL,09H
        OUT     DX,AL
        CALL    DELAY1
P1：    MOV     DX,PA       ;状态 1：东西绿灯亮，南北红灯亮
        MOV     AL,09H
        OUT     DX,AL
        MOV     DX,PB
        MOV     AL,24H
        OUT     DX,AL
        CALL    DELAY1
        CALL    DELAY1
        MOV     CX,08H
P2：    MOV     DX,PA       ;状态 2：东西黄灯闪烁(先亮后灭)，南北红灯亮
        MOV     AL,09H
        OUT     DX,AL
        MOV     DX,PB
        MOV     AL,12H
        OUT     DX,AL
        CALL    DELAY2
        MOV     DX,PA
        MOV     AL,09H
        OUT     DX,AL
        MOV     DX,PB
        MOV     AL,00H
        OUT     DX,AL
        CALL    DELAY2
        LOOP    P2
P3：    MOV     DX,PA       ;状态 3：东西红灯亮，南北绿灯亮
        MOV     AL,24H
        OUT     DX,AL
        MOV     DX,PB
        MOV     AL,09H
        OUT     DX,AL
        CALL    DELAY1
        CALL    DELAY1
        MOV     CX,08H
P4：    MOV     DX,PA       ;状态 4：东西红灯亮，南北黄灯闪烁(先亮后灭)
```

```
            MOV   AL,12H
            OUT   DX,AL
            MOV   DX,PB
            MOV   AL,09H
            OUT   DX,AL
            CALL  DELAY2
            MOV   DX,PA
            MOV   AL,00H
            OUT   DX,AL
            MOV   DX,PB
            MOV   AL,09H
            OUT   DX,AL
            CALL  DELAY2
            LOOP  P4
            MOV   DX,PC          ;开关断开，返回
            IN    AL,DX
            TEST  AL,80H
            JNZ   BEGIN
            JMP   P1             ;开关闭合，重复 4 个状态
DELAY1:     PUSH  AX             ;状态间延时
            PUSH  CX
            MOV   CX,15H
WAIT0:      CALL  DELAY2
            LOOP  WAIT0
            POP   CX
            POP   AX
            RET
DELAY2:     PUSH  CX             ;黄灯闪烁延时
            MOV   CX,2000H
            LOOP  $
            POP   CX
            RET
ENDLESS:
            JMP ENDLESS
CODE        ENDS
            END START
```

4.3.4 仿真调试——交互仿真

本案例调试程序时最好加入 Active Popups Modes 的元器件窗口，比如开关和交通灯系统。按照 4.1 节所述，在原理图中单击□按钮，分别把开关和交通灯包围起来，如图 4.17 所示。

单击暂停仿真 ‖ 按钮，也可以进入源代码编辑窗口，调整好源代码窗口和交互仿真窗

口的相对位置，方便进行调试。初始界面如图4.18所示。

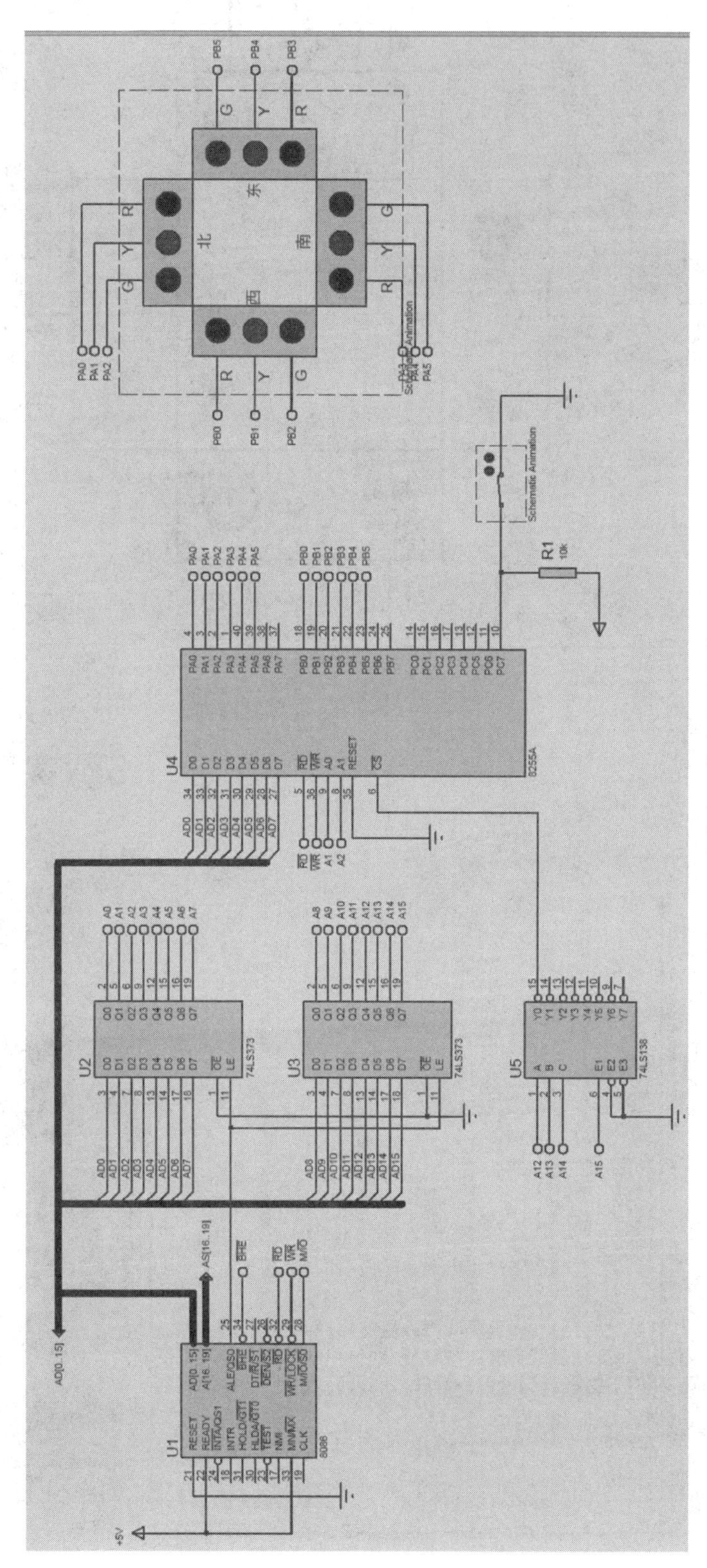

图4.17 选中交互仿真的元器件

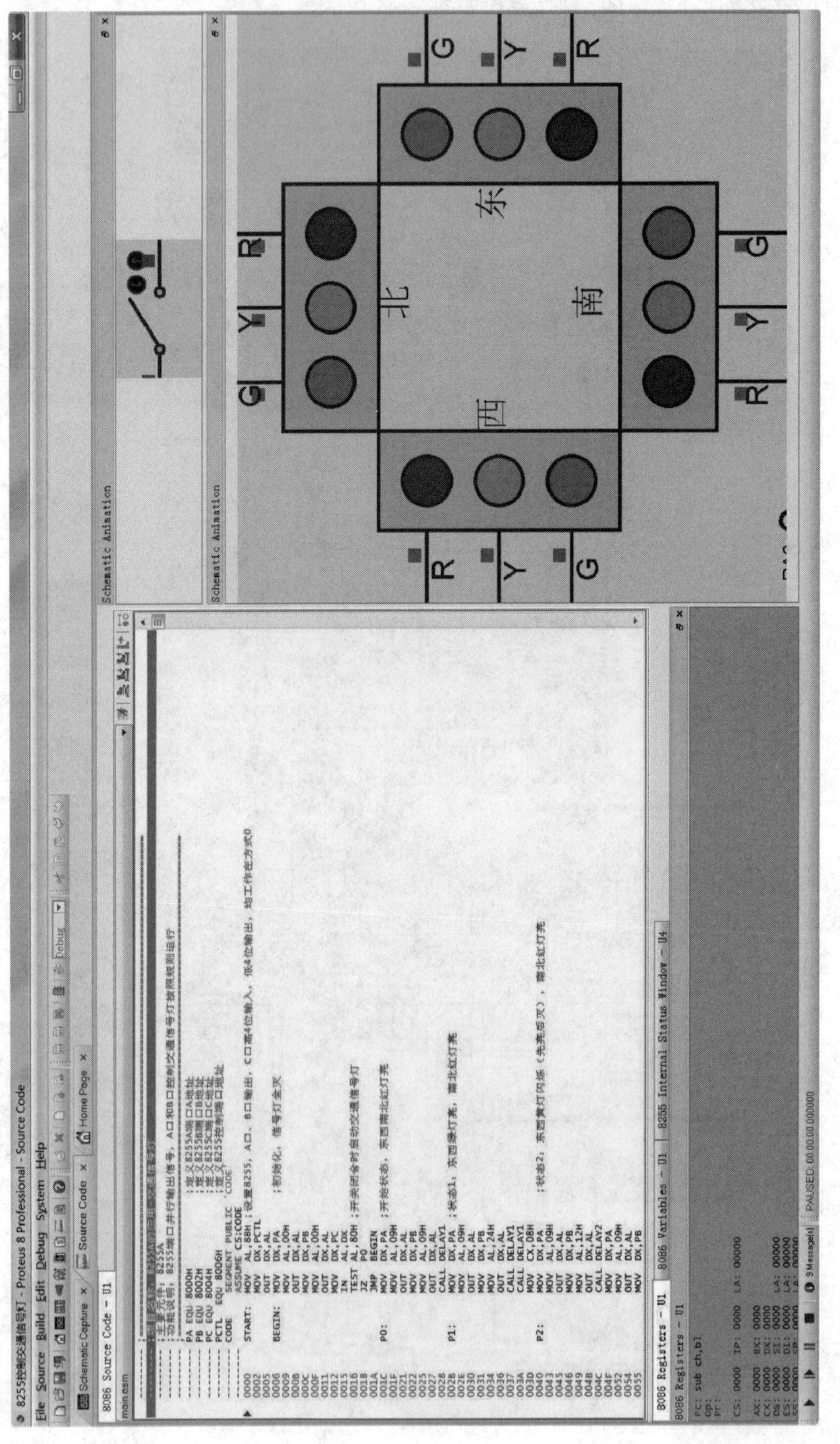

图4.18 源代码调试窗口初始界面

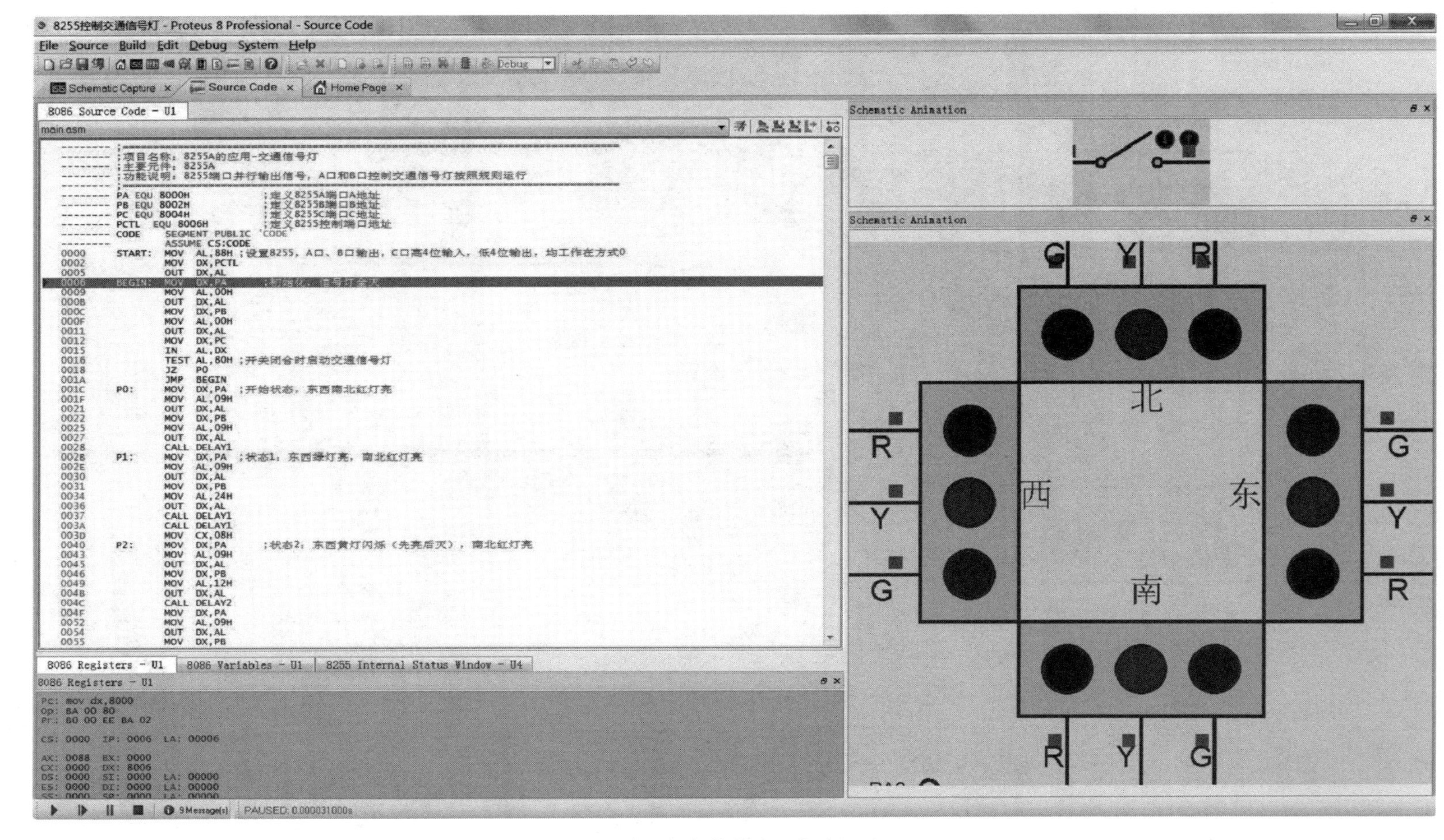

图4.19　交通灯初始化交互仿真调试界面

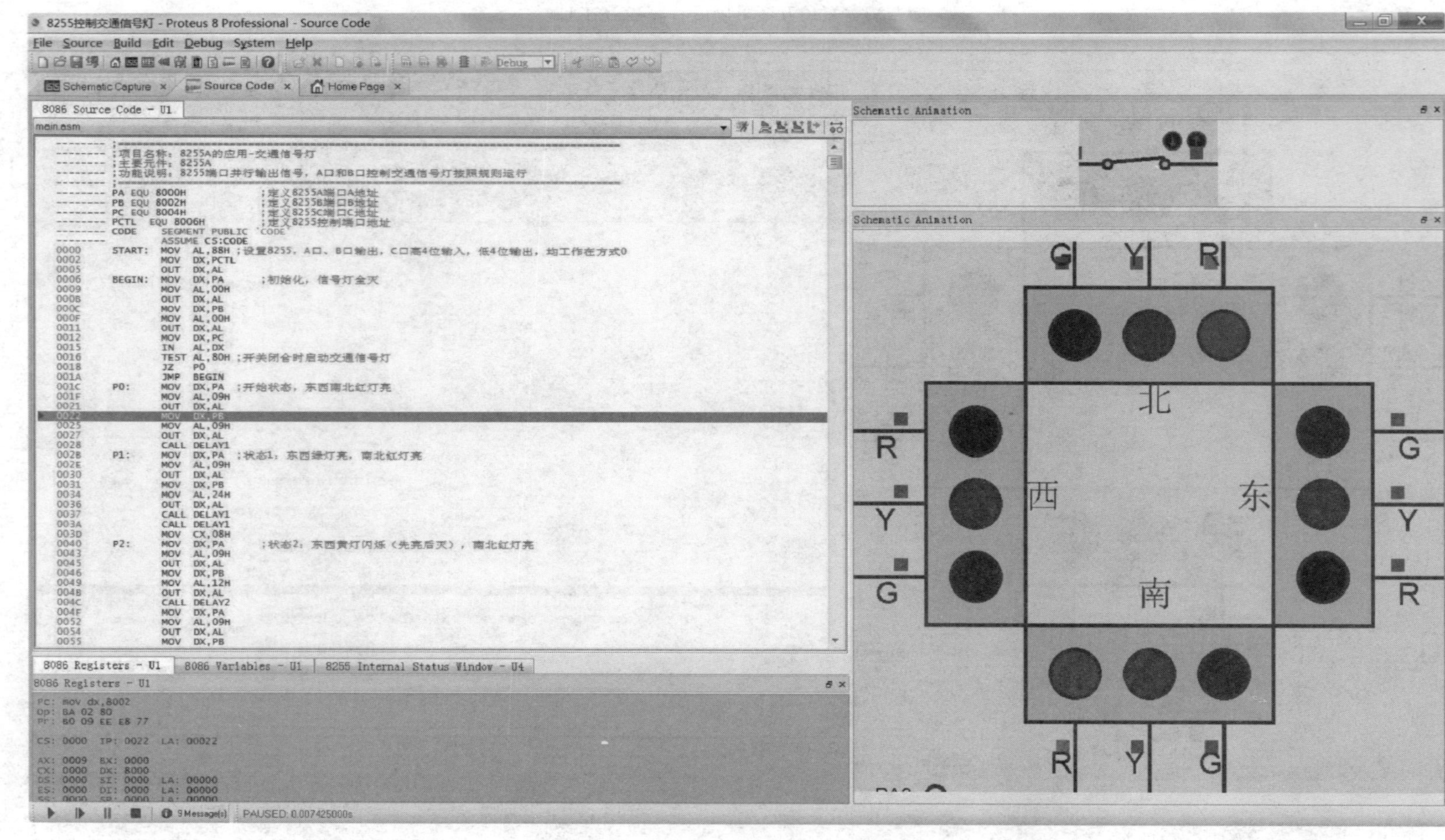

图4.20　交通灯交互仿真调试——单步运行

从图中看出，现在可以很方便地在源代码调试窗口对开关进行操作。先不要闭合开关，继续保持断开状态。利用快捷键 F10 单步运行程序，执行到代码的初始化交通灯那部分程序时，交互仿真窗口中的交通灯全部熄灭，与程序功能一致。交通灯初始化交互仿真调试界面如图 4.19 所示。

继续单步运行，当运行到检测开关状态程序段时，如果开关仍旧断开，系统在初始化程序段循环执行，等待开关闭合。

闭合开关，再次单步运行，将会进入到 P0 开始状态，南北红灯点亮，如图 4.20 所示。

通过交互仿真调试过程，可以让设计人员更容易发现程序中的问题以便进行修改。本案例交通灯的工作流程比较长，手动单步运行虽然有效，但是不便于检测完整的交通灯工作流程效果。利用 Alt+F11 快捷键启动单步动态运行，能够在源代码调试窗口检测交通灯的实际运行效果。但是，由于调试运行时的指令不是以真实的 8086 时钟频率来运行的，因此指令的运行时长比较长，案例中的延时程序变量需要做一点修改才能适合交互仿真调试。

4.4　8253A 的基本应用——6 种工作方式

4.4.1　案例说明

定时器与计数器是微机系统中非常重要的功能器件，是过程控制必不可少的部件。8253A 芯片是 Intel 公司生产的通用可编程定时/计数器，其定时时间与计数次数可以根据程序需要灵活地进行设定，典型的应用包括：可编程的方波频率发生器、分频器、实时时钟、事件计数器和单脉冲发生器等。8253A 芯片内部有三个通道的计数/定时器，每个通道都有 6 种工作方式，各种工作方式的功能及其时序逻辑如下。

1. 方式 0：计数结束产生中断

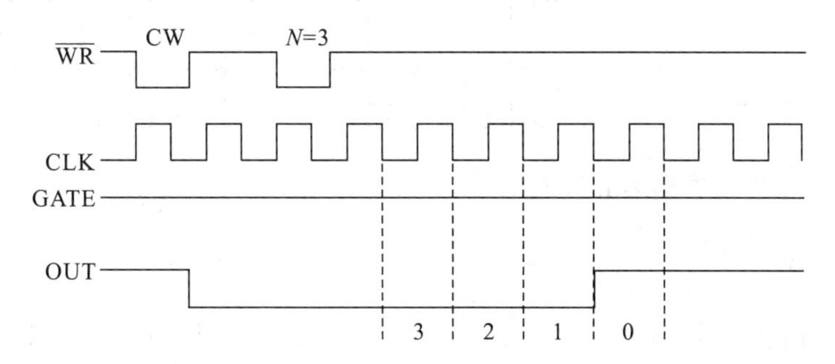

2. 方式 1：可编程的单拍负脉冲

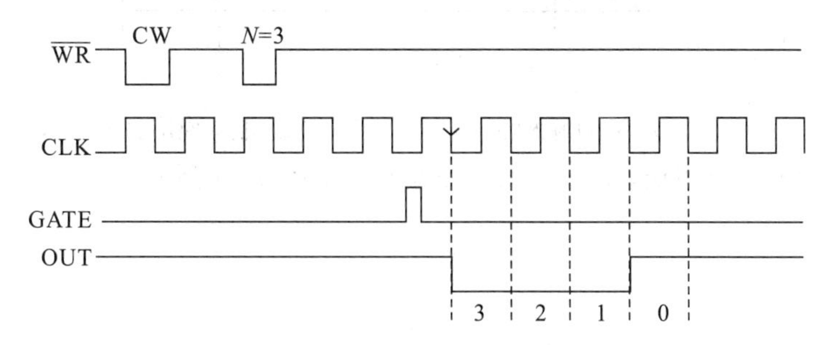

3．方式 2：分频脉冲发生器

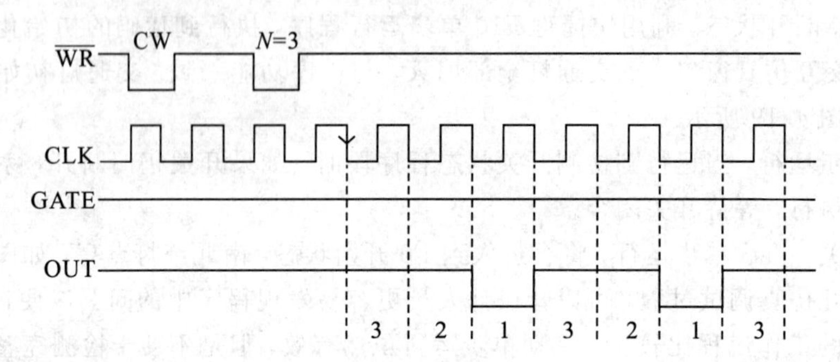

4．方式 3：分频方波发生器

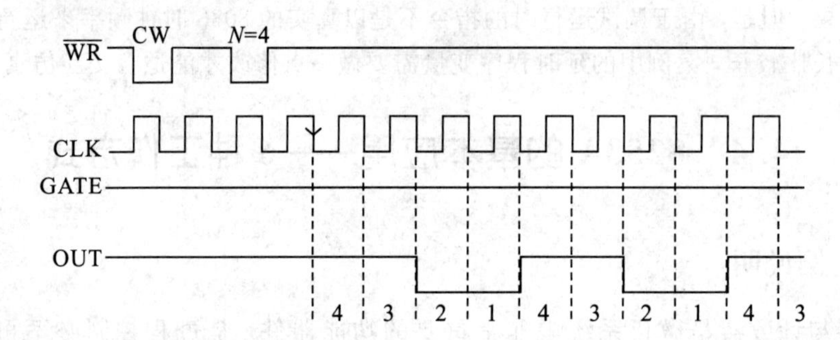

5．方式 4：软件触发选通脉冲发生器

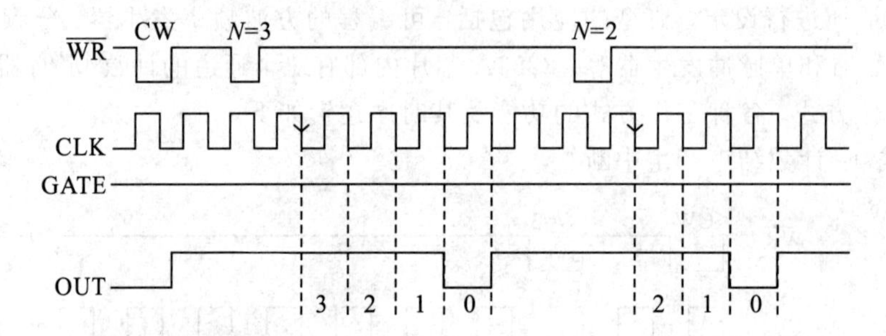

6．方式 5：硬件触发选通脉冲发生器

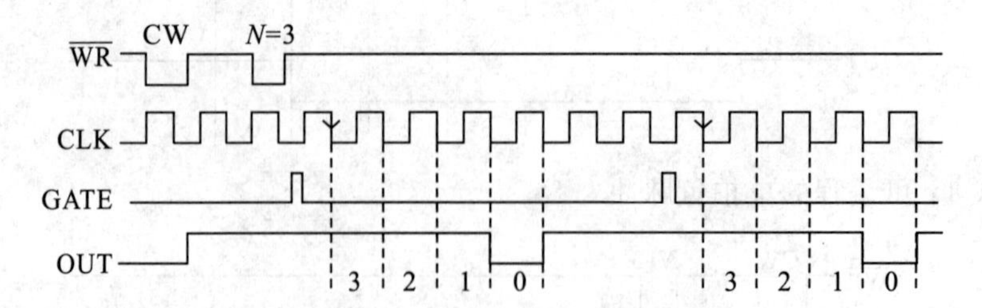

本案例设计了一个 8253A 的 6 种工作方式的基本微机系统应用电路，提供了一个学习 8253A 基本应用的项目实践，设计好的电路原理图如图 4.21 所示。

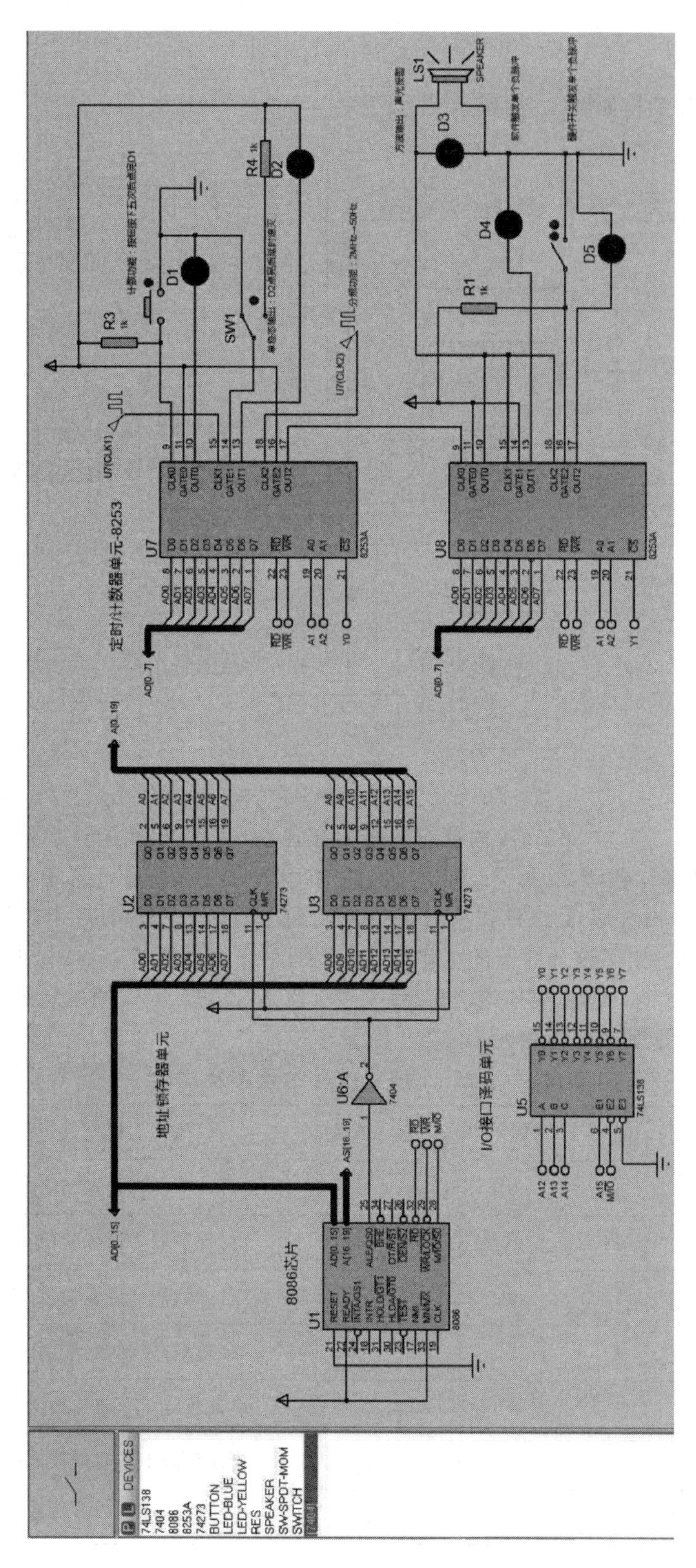

图4.21　8253A的6种工作方式基本应用原理图

4.4.2 硬件设计

8253A 的内部结构如图 4.22 所示。

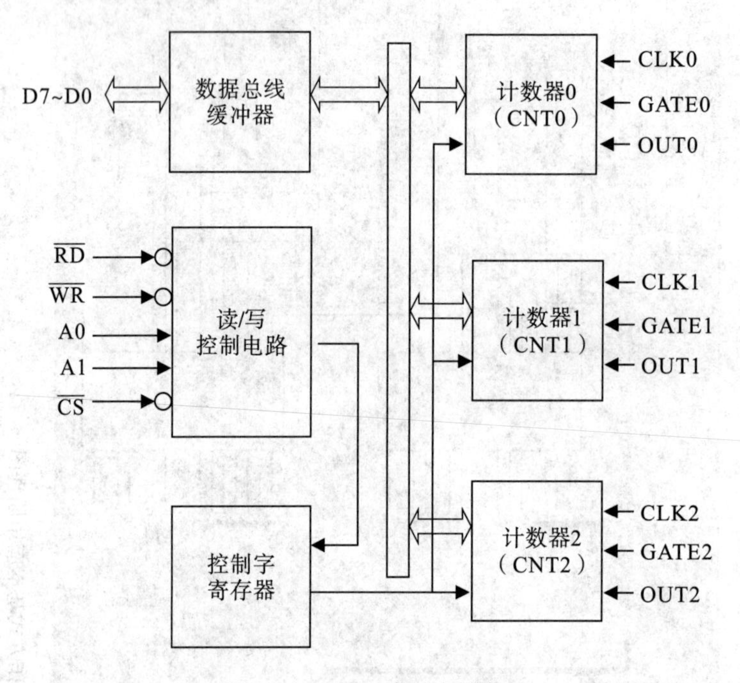

图 4.22　8253A 的内部结构

从结构图中可以看出，8253A 内部有三个相互独立、结构相同的计数器，分别称为计数器 0、计数器 1 和计数器 2。每个计数器通过三个引脚和外部功能电路联系——时钟输入端 CLK、门控信号输入端 GATE 和输出端 OUT。每个计数器内部有一个 8 位的控制字寄存器，它的内容就决定了该计数器的工作方式。数据总线缓冲器负责与 8086 传送数据，通过 8 根引脚与 8086 的数据总线连接。读/写控制电路是 8253A 工作的控制器，它的各个引脚状态与对应的功能如表 4.4 所示。

表 4.4　8253A 控制信号的状态及功能

$\overline{CS}$	$\overline{RD}$	$\overline{WR}$	A1A0	执行的操作
0	1	0	0 0	对计数器 0 设置初值
0	1	0	0 1	对计数器 1 设置初值
0	1	0	1 0	对计数器 2 设置初值
0	1	0	1 1	写控制字
0	0	1	0 0	读计数器 0 当前计数值
0	0	1	0 1	读计数器 1 当前计数值
0	0	1	1 0	读计数器 2 当前计数值

按照 8253A 芯片引脚的设计功能，可以设计出它与 8086 之间的接口电路原理图。另外根据实现 8253A 的 6 种工作方式应用功能的需要，添加一些外部电路的元器件，构成了如图 4.23 所示的 8253A 工作方式应用电路。

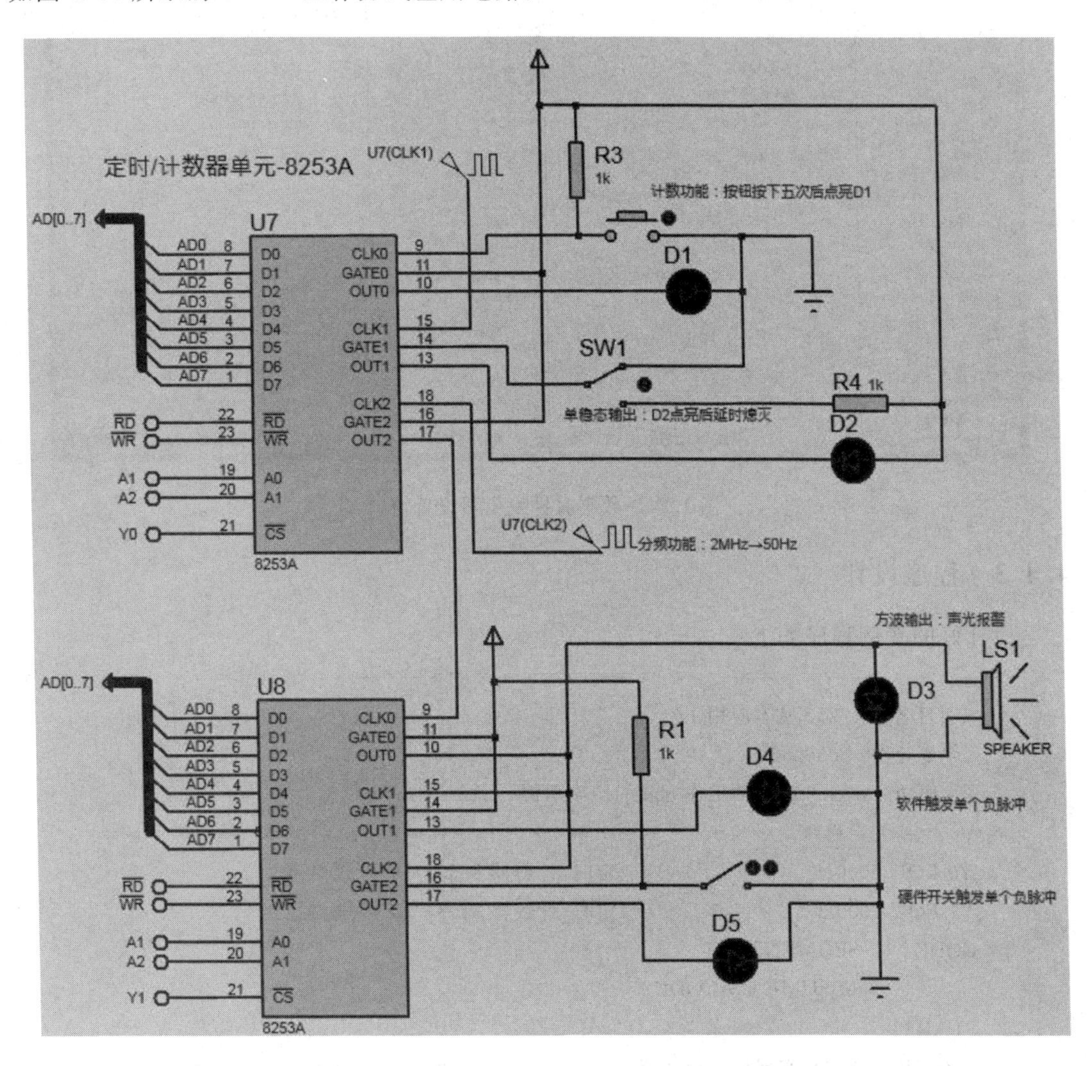

图 4.23 8253A 的工作方式应用电路原理图

要实现 6 种工作方式的应用案例，需要两片 8253A。U7 这片 8253A 实现方式 0～方式 2 的应用，片选信号是译码器输出的 Y0，地址是 8000H。U8 这片 8253A 实现方式 3～方式 5 的应用，片选信号是译码器输出的 Y1，地址是 8800H。

上图中为 U7 的 CLK1、CLK2 提供时钟信号的元件是时钟发生器。单击原理图窗口左侧模式工具栏中的信号发生器模式（Generator Mode）按钮，在对象选择器窗口显示出 Proteus 提供的 14 种信号源。单击其中的“DCLOCK”，即可在原理图添加“数字时钟发生器”，并将其连接至 8253A 相应的 CLK 引脚。之后，还需要双击数字发生器图标，在弹出的窗口中设置它的参数。上述两个数字时钟发生器的参数设置如图 4.24 所示。

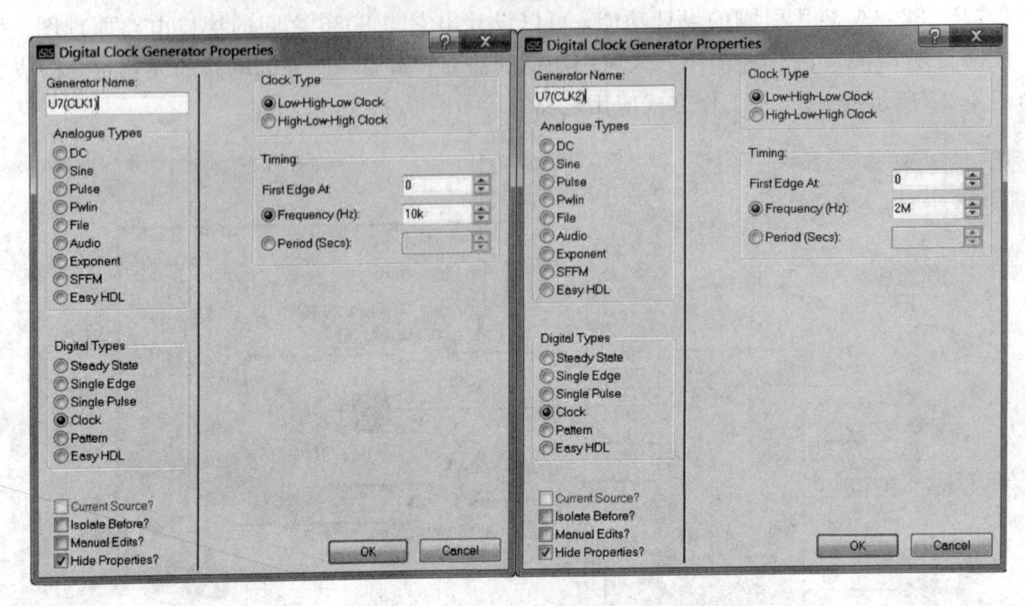

图 4.24　数字时钟发生器设置窗口

4.4.3　程序设计

设计好的案例程序如下：

```
;==================================================
;项目名称：8253 基本应用
;主要元件：8086/8253
;主要功能：8253 的六种工作方式的应用示例
;==================================================
Y0 EQU 8000H                ;定时/计数器 8253-U7 片选信号
Y1 EQU 9000H                ;定时/计数器 8253-U8 片选信号
CODE      SEGMENT
          ASSUME CS:CODE
START:
;8253 利用方式 0 实现计数器功能=================================
          MOV DX,Y0+6       ;U7 控制端口地址
          MOV AL,00010000B  ;计数器 0 初始化：低 8 位、方式 0、二进制，实现计数功能
          OUT DX,AL         ;写计数器 0 方式控制字
          MOV DX,Y0         ;计数器 0 端口地址
          MOV AX,5          ;按钮连接 CLK0，计数值为 5
          OUT DX,AL         ;按钮接通 5 次，输出高电平，LED 点亮
;8253 利用方式 1 实现单稳态输出功能，即输出一个宽度可编程的单拍负脉冲======
          MOV DX,Y0+6       ;U7 控制端口地址
          MOV AL,01110010B  ;计数器 1 初始化：低 8 位、方式 1、二进制，单稳态输出功能
          OUT DX,AL         ;写计数器 1 方式控制字
          MOV DX,Y0+2       ;计数器 1 端口地址
```

```
            MOV AX,50000        ;时钟为 10 kHz，为产生 5 s 延时，计数值设定为 50000
            OUT DX,AL           ;写入计数器 1 初值低 8 位
            MOV AL,AH
            OUT DX,AL           ;写入计数器 1 初值高 8 位
;8253 利用方式 2 实现分频功能，对于 2 MHz 时钟最多可分频到 32.768 ms========
            MOV DX,Y0+6         ;U7 控制端口地址
            MOV AL,10110100B    ;计数器 2 初始化：16 位、方式 2、二进制，分频功能
            OUT DX,AL           ;写计数器 2 方式控制字
            MOV DX,Y0+4         ;计数器 2 端口地址
            MOV AX,40000        ;时钟为 2 MHz(周期 0.5 μs)，计数值设定为 40000，分频到
                                 周期 20 ms
            OUT DX,AL           ;写入计数器 2 初值低 8 位
            MOV AL,AH
            OUT DX,AL           ;写入计数器 2 初值高 8 位
;8253 利用方式 3 实现方波输出功能，与 U7 的计数器 2 共同控制 D3 以固定频率闪烁======
            MOV DX,Y1+6         ;U8 控制端口地址
            MOV AL,00010110B    ;计数器 0 初始化：低 8 位、方式 3、二进制，方波输出功能
            OUT DX,AL           ;写计数器 0 方式控制字
            MOV DX,Y1           ;计数器 0 端口地址
            MOV AL,100          ;方波输出周期 4s=20 ms×100×2
            OUT DX,AL           ;写入计数器 0 初值
;8253 利用方式 4 输出单次负脉冲，软件触发，时钟为计数器 0 输出的方波========
            MOV DX,Y1+6         ;U8 控制端口地址
            MOV AL,01011000B    ;计数器 1 初始化：低 8 位、方式 4、二进制，软件触发单次
                                 负脉冲输出功能
            OUT DX,AL           ;写计数器 1 方式控制字
            MOV DX,Y1+2         ;计数器 1 端口地址
            MOV AL,3            ;3 个时钟周期后 D4 熄灭一个时钟周期，然后恢复点亮
            OUT DX,AL
;8253 利用方式 5 输出单次负脉冲，硬件开关触发，时钟为计数器 0 输出的方波=======
            MOV DX,Y1+6         ;U8 控制端口地址
            MOV AL,10011010B    ;计数器 2 初始化：低 8 位、方式 5、二进制，硬件触发单次
                                 负脉冲输出功能
            OUT DX,AL           ;写计数器 2 方式控制字
            MOV DX,Y1+4         ;计数器 2 端口地址
            MOV AL,3            ;开关断开时，经过 3 个时钟周期后 D5 熄灭一个时钟周期，
                                 然后恢复点亮
            OUT DX,AL
ENDLESS:
            JMP ENDLESS
CODE        ENDS
            END START
```

在对 8253A 进行编程之前，需要对其进行初始化。8253A 初始化编程步骤是：先写控制字到 8253A 的控制端口，再写计数器初值到相应的计数器端口。具体实现就是在 8253A 上电后，由 CPU 向 8253A 的控制寄存器写入一个控制字，就可以规定 8253A 的工作方式、计数值的长度以及计数所用的数制等，另外根据要求将计数值写入 8253A 的相应通道。8253A 的方式控制字设置说明如图 4.25 所示。

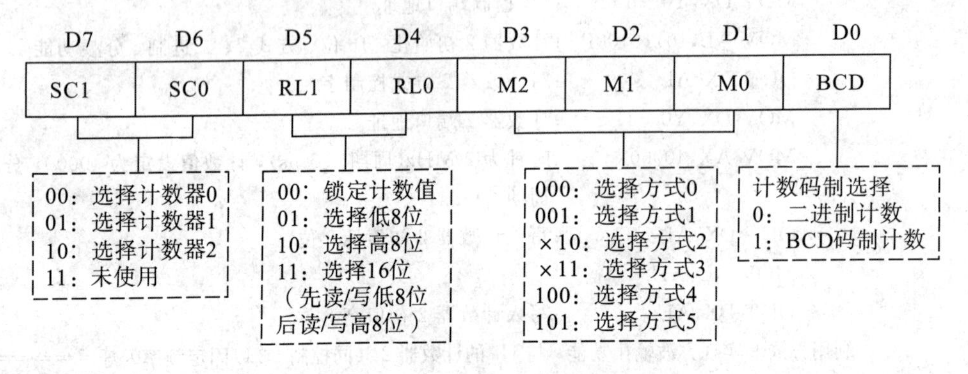

图 4.25　8253A 控制字设置说明

4.4.4　仿真调试——多对象调试

按照前几节的仿真调试方法，对本案例进行原理图仿真和源代码调试，深入分析 8253A 的 6 种工作方式的特点和区别。源代码调试窗口如图 4.26 所示。

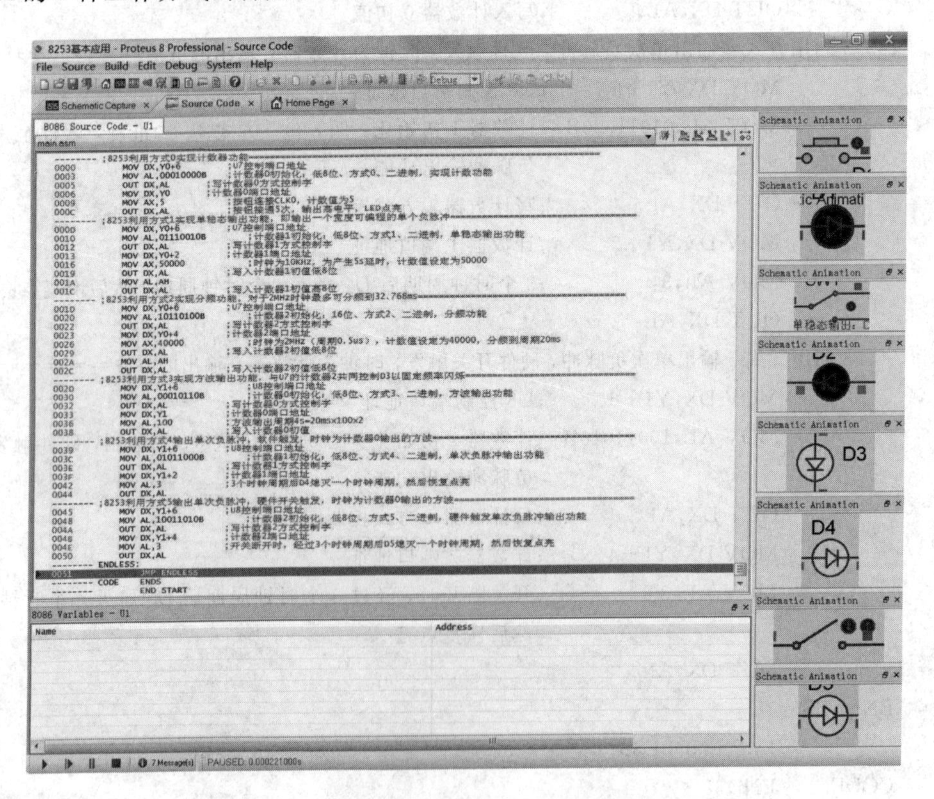

图 4.26　8253A 工作方式应用电路仿真调试

4.5　8259 的基本应用——按钮中断控制 LED

4.5.1　案例说明

Intel 8259 是一种可编程序中断控制器 PIC(Programmable Interrupt Controller)，是专门为了对 8086 进行中断控制而设计的芯片。什么是中断？简单地说就是 CPU 在忙着做自己的事情，这时候硬件触发了一个电信号，比如按钮从断开变为闭合，这个信号通过中断线到达中断控制器 8259，8259 接收到这个信号后，向 CPU 发送 INT 信号申请 CPU 来执行刚才的硬件操作，并且将中断类型号也发给 CPU，此时 CPU 保存当前正在做的事情的情景现场，然后去处理这个申请，根据中断类型号找到它的中断向量(即中断程序在内存中的地址)，然后去执行这段程序(这段程序已经写好，在内存中)，执行完后再向 8259 发送一个 INTA 信号表示其已经处理完刚才的申请。此时 CPU 就可以继续做它刚才被打断的事情了，将刚才保存的情景现场恢复出来，CPU 继续执行接下来的程序。这些打断 CPU 的事件称作中断源，没有中断源中断就无从谈起，它可以来自硬件，也可以来自软件。总的来说可以将中断分为内部中断和外部中断，内部中断也叫软中断，是由 CPU 产生的，当处理器执行时遇到了由于程序员编程而导致的错误指令时，如除数为 0，这些就会产生内部中断；而外部中断(硬件中断)一般都是硬件所引起的中断，比如说开关、按钮等。硬件中断源与 CPU 之间 8259 是桥梁，没有它中断就无法被 CPU 所识别。

本案例设计了一个 8259 中断控制的应用，以一个按钮引起外部硬件中断，8259 进行中断管理，最终控制 8 个 LED 在每次按下按钮时轮流点亮。案例的电路原理图如图 4.27 所示。

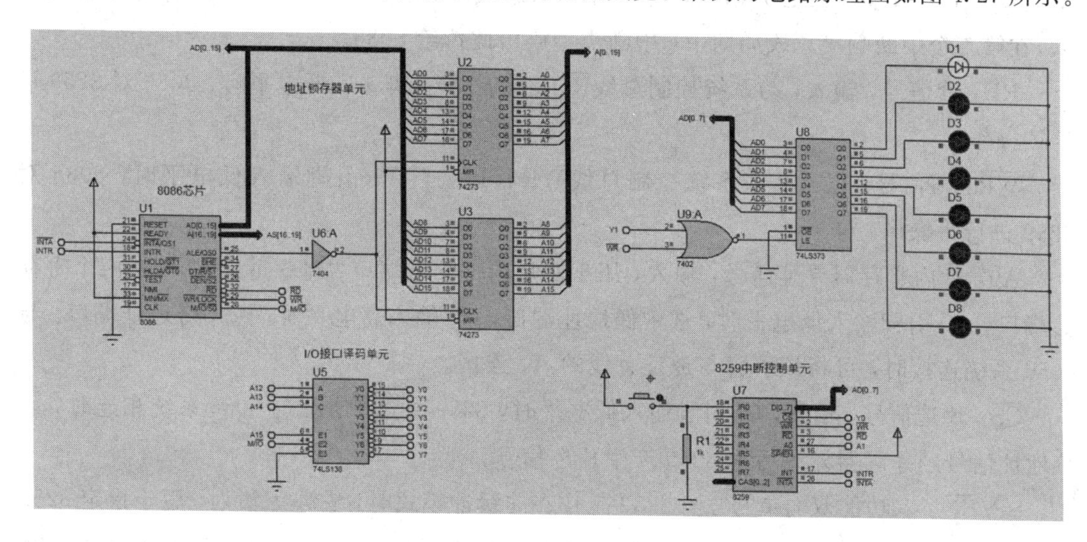

图 4.27　8259 中断应用电路原理图

4.5.2　硬件设计

8259 的内部结构如图 4.28 所示。

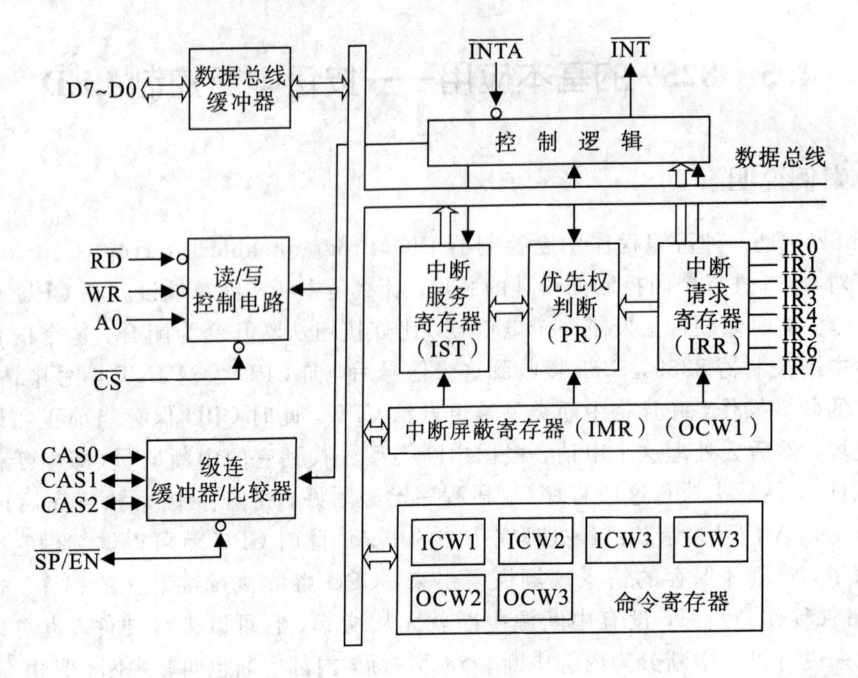

图 4.28 8259 内部结构图

8259 的引脚及其功能如下所述。

IR7～IR0：中断请求输入信号，由外设输入。上升沿(边沿触发方式)或高电平(电平触发方式)表示有中断请求到达。

D7～D0：双向、三态数据线，与系统数据总线相连。对 8259 编程时，命令字由此写入，在第二个中断响应总线周期中，中断类型码由此传给 8086。

$\overline{RD}$：读信号，输入，与系统控制总线$\overline{RD}$相连。$\overline{RD}$引脚输入低电平时，8086 对 8259 进行读操作。

$\overline{WR}$：写信号，输入，与系统控制总线$\overline{WR}$相连。当$\overline{WR}$引脚输入低电平时，8086 对 8259 进行写操作。

A0：片内寄存器寻址信号，输入，用于对片内寄存器端口寻址。每片 8259 有两个寄存器端口，A0 引脚输入低电平时，选中偶地址端口，A0 输入高电平时，选中奇地址端口。与 8086 系统连接时，可将该引脚与地址总线的 A1 连接。

$\overline{CS}$：片选信号，输入。$\overline{CS}$引脚输入低电平时，8259 被选中。在与 8086 系统相连时，系统地址信号经译码器译码后为 8259 产生片选信号。

$\overline{SP}/\overline{EN}$：双功能双向信号。当 8259 工作在非缓冲模式时，它作为输入，用于指定 8259 是主片还是从片(级联方式)。$\overline{SP}/\overline{EN}$输入高电平时的 8259 为主片，$\overline{SP}/\overline{EN}$输入低电平时的 8259 为从片。当 8259 工作在缓冲模式时，它作为输出，用于控制缓冲器的传送方向。当数据从 CPU 送往 8259 时，$\overline{SP}/\overline{EN}$输出为高电平；当数据从 8259 送往 CPU 时，$\overline{SP}/\overline{EN}$输出为低电平。

INT：中断请求信号，输出，与 8086 的中断请求信号线 INTR 相连。在级联方式下，从片的 INT 与主片的 IR7～IR0 中的某一根连接在一起。

$\overline{\text{INTA}}$：中断响应信号，输入，与 8086 的中断响应信号线$\overline{\text{INTA}}$相连。

由以上引脚的功能定义，设计好的 8259 接口电路原理图如图 4.29 所示。

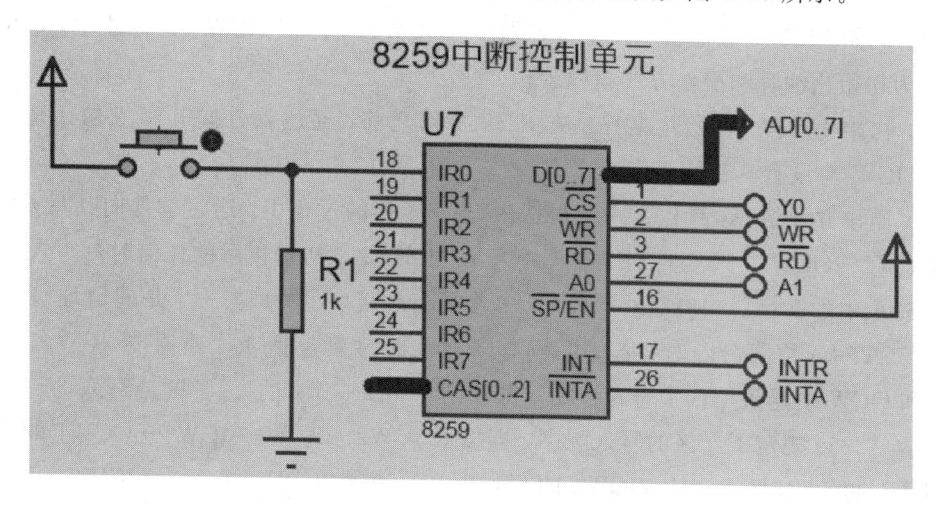

图 4.29　8259 接口电路图

8 个 LED 输出驱动电路如图 4.30 所示，由锁存器来控制。

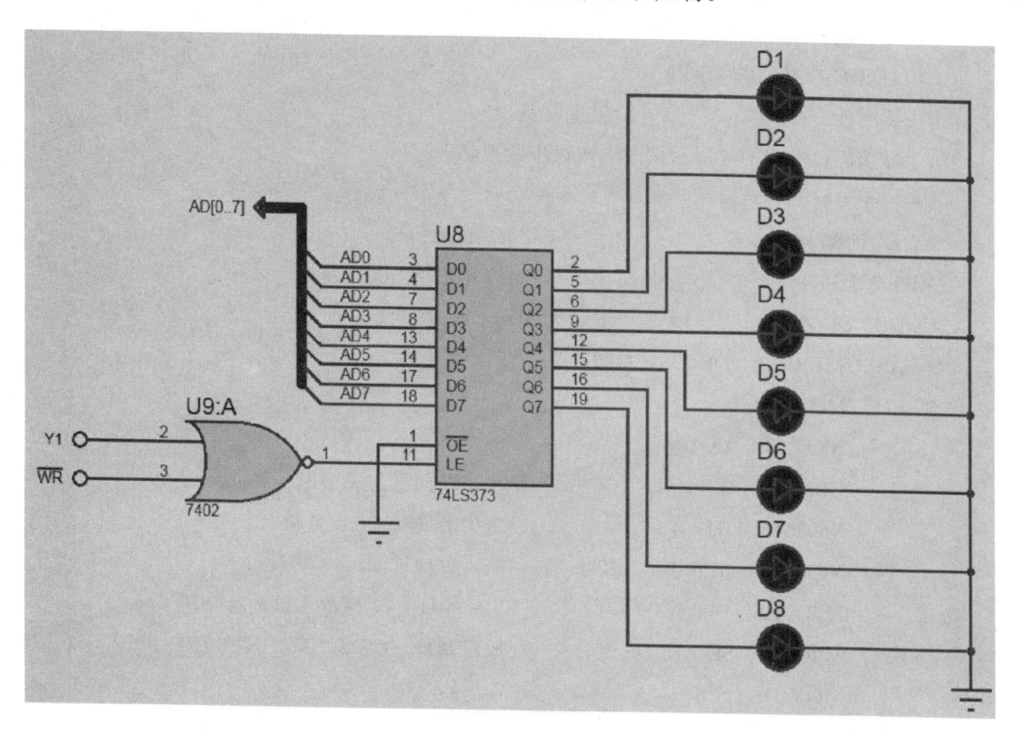

图 4.30　LED 接口电路图

4.5.3　程序设计

8259 是可编程中断控制器，在其工作之前，必须采用写入控制命令的方法来对其进行初始化；在其工作时，还可以采用相同的方式来改变其工作状态，这就是 8259A 的编程。控制命令分为初始化命令字 ICW 和操作命令字 OCW。ICW 有 4 个，分别是 ICW1～ICW4；OCW 有 3 个，分别是 OCW1～OCW3，它们被写入 8259 后，分别保存在相应的寄存器中，例如，ICW1 保存在 ICW1 寄存器中，OCW1 保存在 OCW1 寄存器中。8259A 的编程分为初始化编程和操作方式编程。

(1) 初始化编程：初始化编程是在 8259 工作之前，通过软件向其写入初始化命令字 ICW1～ICW4，设置其初始工作方式。

(2) 操作方式编程：操作方式编程是在 8259 工作的过程中，通过软件向其写入操作命令字 OCW1～OCW3，改变其工作方式。OCW 可在 8259 初始化后的任何时刻写入。

8259A 中的寄存器端口地址有两个，一个是奇地址(A0＝1)，一个是偶地址(A0＝0)。在往 8259A 写入控制命令时，若 A0＝1，则写入的对象包括 4 个寄存器 ICW2、ICW3、ICW4 和 OCW1，这说明四个寄存器端口共用同一个 I/O 地址，为了区分写入的到底是哪个寄存器，8259 规定了严格的写入顺序，即按照 ICW2→ICW3→ICW4→OCW1 的顺序写入。同样在初始化时，ICW1～ICW4 的写入也必须遵循 ICW1→ICW2→ICW3→ICW4 这样的顺序。

按照 8259 的编程方法和案例实际要求，设计好的程序如下：

```
;============================================
;项目名称：8259 基本应用
;主要元件：8086/8259
;主要功能：8259 的应用示例——按钮中断控制 LED
;============================================
Y0 EQU 8000H                   ;8259 片选信号
Y1 EQU 9000H                   ;74373 片选信号
CODE  SEGMENT
   ASSUME CS:CODE,DS:CODE
START:MOV AX,0
      MOV DS,AX
      CLI                      ;修改中断向量前关中断
      MOV SI,80H*4             ;设置中断向量 96 号中断
      MOV AX,OFFSET LEDS       ;中断入口地址
      MOV DS:[SI],AX           ;[SI]=60H*4，存放入口地址→IP
      MOV AX,SEG LEDS          ;存放段基址→CS
      MOV DS:[SI+2],AX
;初始化 8259====================================
      MOV DX,Y0         ;8259 初始化命令字 ICW1 的端口地址 Y0
      MOV AL,13H        ;设置 ICW1：边沿触发、单片、需要 ICW4
      OUT DX,AL
      MOV DX,Y0+2       ;8259 初始化命令字 ICW2 的端口地址 Y0+2
```

```
        MOV AL,80H      ;设置 ICW2：中断类型号为 80H～87H
        OUT DX,AL
        MOV DX,Y0+2     ;8259 初始化命令字 ICW4 的端口地址 Y0+2
        MOV AL,01H      ;设置 ICW4：一般全嵌套、非缓冲方式、非自动中断结束方式、
                         8086 模式
        OUT DX,AL
        MOV DX,Y0+2     ;8259 操作命令字 OCW1 的端口地址 Y0+2
        MOV AL,0FEH     ;设置 OCW1,开放 IRQ0 中断
        OUT DX,AL
;设置 LED 的初始状态==================================
        MOV DX,Y1       ;LEDS 连接到 74373 的输出口
        MOV AL,00H      ;初始状态：LEDS 全灭
        OUT DX,AL
        MOV BL,1        ;设置第一个中断时 LEDS 的状态为 D1 点亮
        STI             ;开中断
;循环，等待中断======================================
        WAIT0:JMP WAIT0
;LED 中断服务程序====================================
LEDS PROC
        MOV DX,Y1       ;74373 的端口地址为 Y1
        MOV AL,BL       ;BL 存放 LEDS 状态值
        OUT DX,AL       ;74373 的输出口控制 LEDS
        ROL BL,1        ;左移 1 位，选中下一个 LED
        MOV DX,Y0       ;8259 操作命令字 OCW2 的端口地址 Y0
        MOV AL,20H      ;设置 OCW2，发出中断结束 EOI 命令
        OUT DX,AL
        IRET            ;返回主程序
LEDS ENDP
ENDLESS:
        JMP ENDLESS
CODE    ENDS
        END START
```

4.5.4　仿真调试——中断程序

运行原理图仿真，可以检测是否每按下一次按钮就按照顺序且循环地点亮 LED。8259 中断应用的原理图仿真如图 4.31 所示。

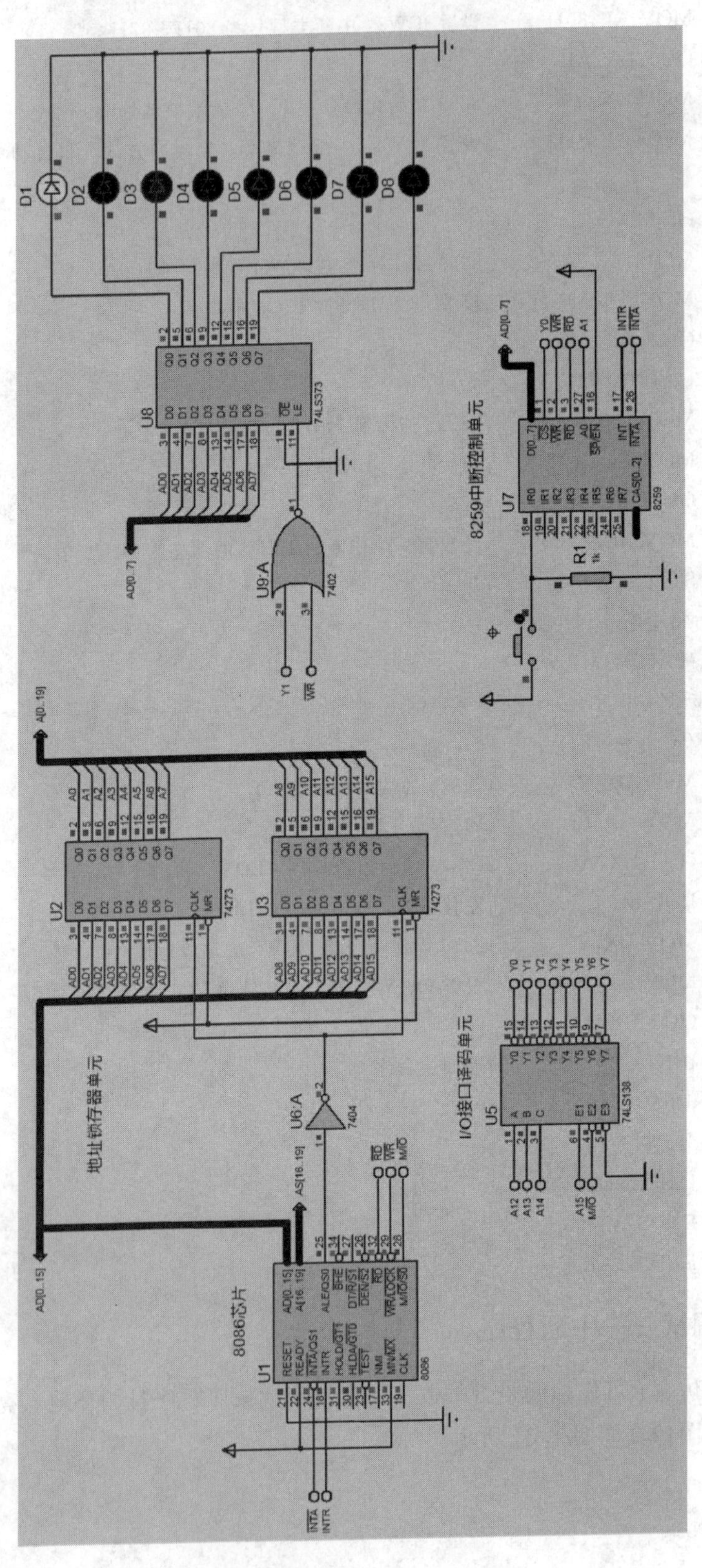

图4.31 8259中断应用的原理图仿真

单纯从原理图仿真还是无法看出中断程序的运行方式，因此必须要进行源代码调试仿真。按照前几节的方法，将按钮和 LED 灯组加入交互仿真窗口，然后启动源代码调试，如图 4.32 所示。

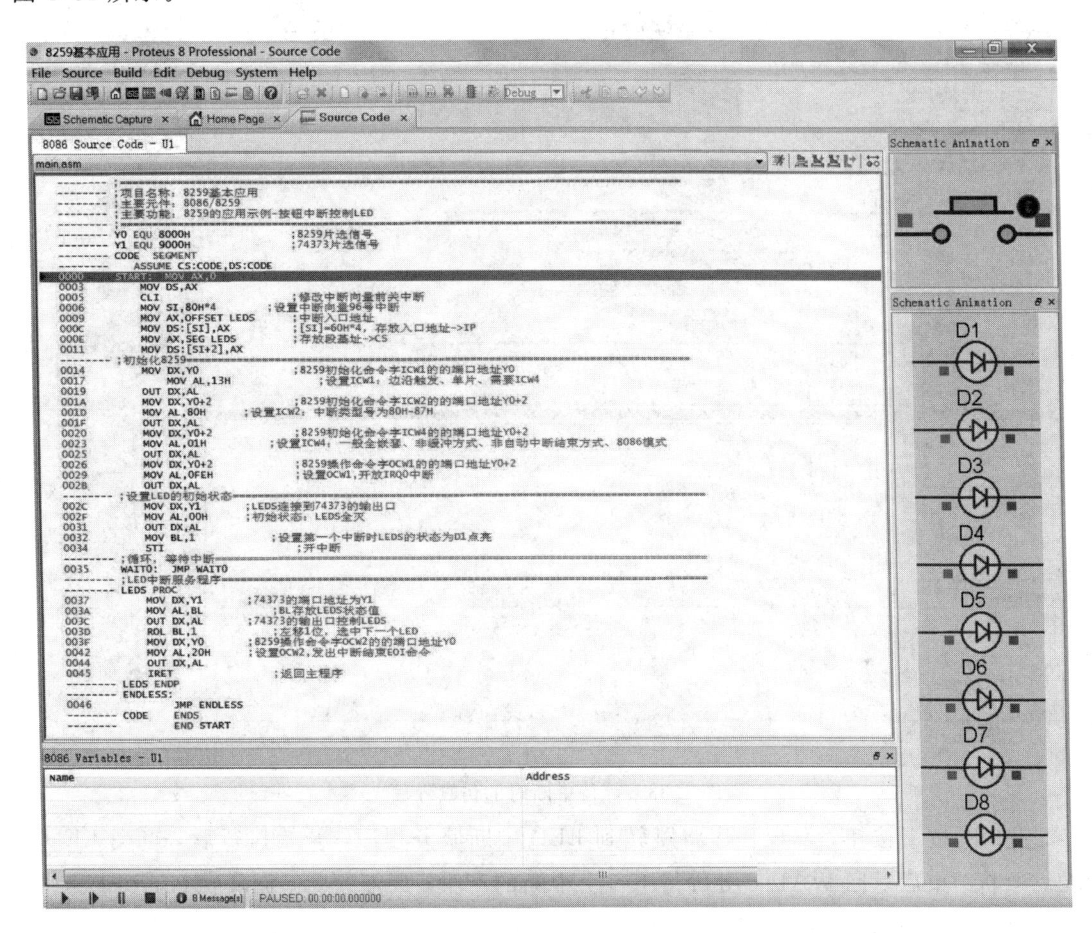

图 4.32　8259 中断应用的源代码仿真

开始“单步动态调试”，观察到随着代码的逐行执行，LED 初始化，变成熄灭状态。代码执行到 WAIT0 处就停止了，等待中断的产生，如图 4.33 所示。

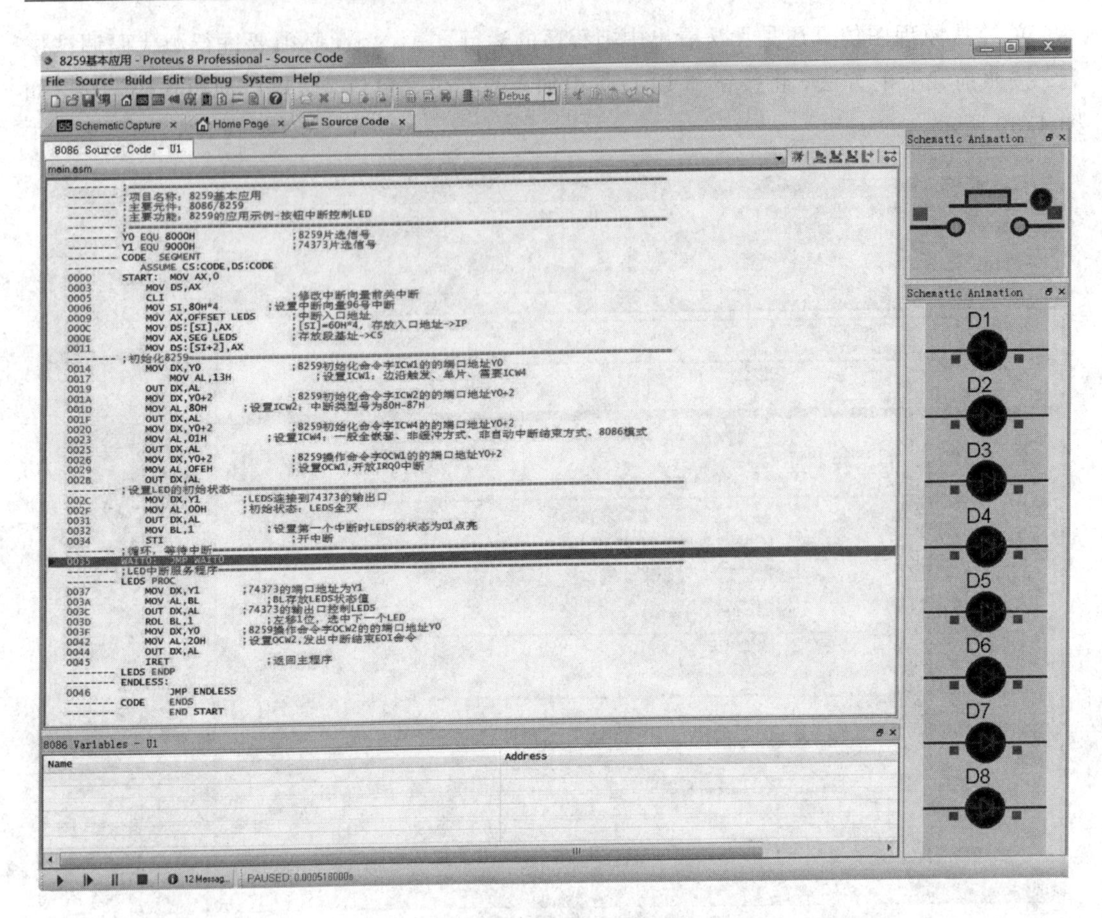

图 4.33　等待中断时的仿真界面

此时，按下按钮，发现程序将跳转到 LED 中断服务程序，开始执行后，点亮 LED-D1，中断结束后返回 WAIT0 处等待下一个中断的产生。周而复始，循环执行。LED 按照 D1～D8 的顺序循环点亮。

4.6　8259 中断控制 6 位数码管

4.6.1　案例说明

本案例利用 8259 实时采集外部中断的发生，当按钮按下时，中断在运行的数码管显示程序，并调用中断服务程序对数码管显示程序的参数进行修改，之后再返回数码管显示程序继续执行。设计好的电路原理图如图 4.34 所示。

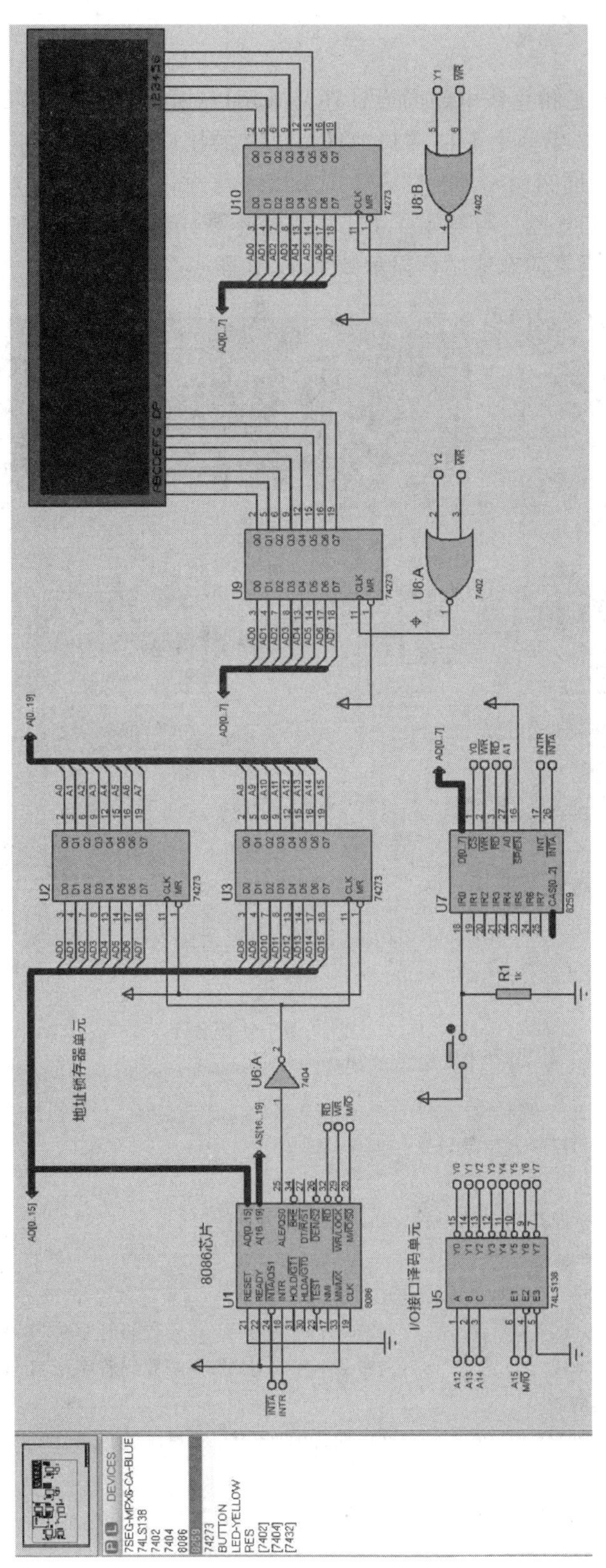

图4.34　8258中断控制6位数码管

4.6.2　硬件设计

8086 地址锁存单元和总线电路的设计还是采用以往的典型设计模式，译码电路也还是采用 74LS138 译码产生 8 个 I/O 接口地址，8259 的接口电路与案例 4.5 的连接方式相同。6 位数码管的控制同案例 4.1 相同，还是采用的是两片锁存器 74273 分别连接它的位控制端口和段控制端口，但是与案例 4.1 不同的是本数码管是共阳极方式。数码管初始的运行状态是每一位数码管动态地循环显示数字 0，如图 4.35 所示。

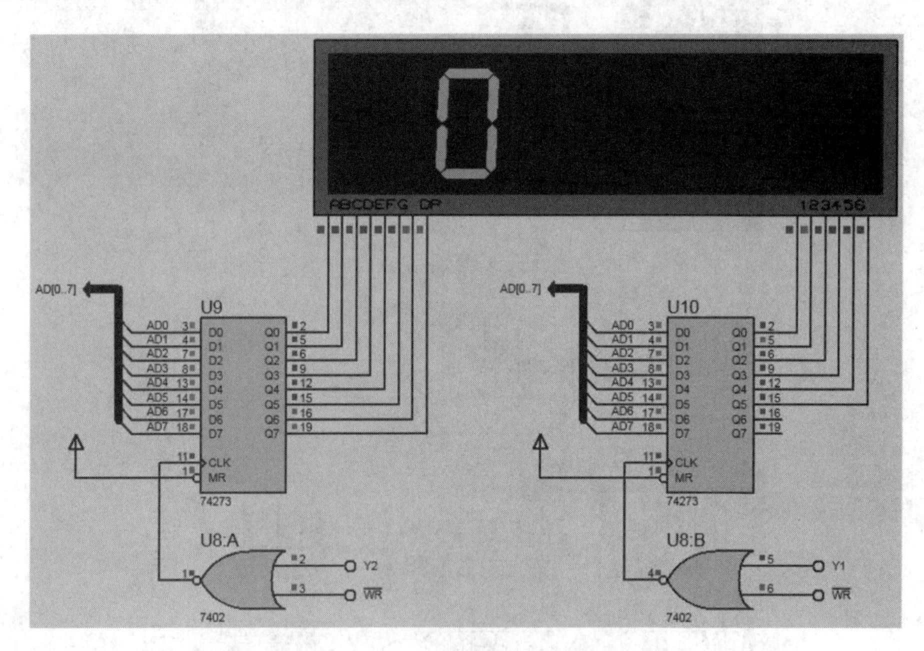

图 4.35　6 位数码管初始运行状态

4.6.3　程序设计

设计好的程序如下：

```
;=============================================
;项目名称：8259 控制 6 位数码管
;主要元件：8086/8259
;主要功能：8259 控制 6 位数码管
;=============================================
Y0   EQU 8000H                ;8259 片选信号 Y0
ZWK EQU 9000H                 ;74273 片选信号 Y1——数码管字位口
ZXK EQU 0A000H                ;74273 片选信号 Y2——数码管字形口
DATA     SEGMENT
LEDTAB  DB 0C0H,0F9H,0A4H,0B0H,99H,92H,82H,0F8H,80H,90H;0～9 的 7 共阳极
                                                             段数码管段码
    DB 88H,83H,0C6H,0A1H,86H,8EH,0FFH,0CH;A～F,空,P. 的共阳极段数码管段码
LEDBUF   DB ?,?,?,?,?,?
LEDCNT   DB 0
```

```
DATA    ENDS
CODE    SEGMENT
    ASSUME CS:CODE,DS:DATA
START:CLI                        ;修改中断向量前关中断
        MOV AX,DATA
        MOV DS,AX
;设置 LED 初始状态=======================================
        MOV BL,LEDCNT
        MOV LEDBUF,BL
        MOV LEDBUF+1,BL
        MOV LEDBUF+2,BL
        MOV LEDBUF+3,BL
        MOV LEDBUF+4,BL
        MOV LEDBUF+5,BL
;设置中断向量=======================================
        MOV AX,0
        MOV ES,AX
        MOV SI,80H * 4           ;设置中断向量 96 号中断
        MOV AX,OFFSET LEDS       ;中断入口地址
        MOV ES:[SI],AX           ;[SI]=60H * 4，存放入口地址→IP
        MOV AX,SEG LEDS          ;存放段基址→CS
        MOV ES:[SI+2],AX
;初始化 8259=======================================
        MOV DX,Y0                ;8259 初始化命令字 ICW1 的端口地址 Y0
        MOV AL,13H               ;设置 ICW1：边沿触发、单片、需要 ICW4
        OUT DX,AL
        MOV DX,Y0+2              ;8259 初始化命令字 ICW2 的端口地址 Y0+2
        MOV AL,80H               ;设置 ICW2：中断类型号为 80H～87H
        OUT DX,AL
        MOV DX,Y0+2              ;8259 初始化命令字 ICW4 的端口地址 Y0+2
        MOV AL,01H               ;设置 ICW4：一般全嵌套、非缓冲方式、非自动中断结束
                                  方式、8086 模式
        OUT DX,AL
        MOV DX,Y0+2              ;8259 操作命令字 OCW1 的端口地址 Y0+2
        MOV AL,0FEH              ;设置 OCW1,开放 IRQ0 中断
        OUT DX,AL
        MOV SI,0000H
        STI                      ;开中断
;循环显示，等待中断=======================================
WAIT0:CALL DISP
        JMP WAIT0
;LED 显示程序=======================================
DISP PROC
```

```
          MOV   SI,OFFSET LEDBUF  ;A/D 转换数据的存储地址
          MOV   CL,00000001B          ;第一位 LED 的位码
L1:       MOV   AL,[SI]
          MOV   BX,OFFSET LEDTAB ;指向 LED 段码存储地址
          XLAT
          MOV   DX,ZXK
          OUT   DX,AL
          MOV   AL,CL
          MOV   DX,ZWK
          OUT   DX,AL
          CALL DELAY
          MOV   AL,00H          ;清屏，保证 LED 逐位显示
          MOV   DX,ZWK
          OUT   DX,AL
          CMP   CL,00100000B
          JZ    OVER            ;第六位 LED 显示后结束子程序
          ROL   CL,1            ;显示下一位 LED
          INC   SI
          JMP   L1              ;循环显示 6 位 LED
OVER:     RET
DISP ENDP
DELAY PROC
          PUSH CX
          MOV   CX,5000H
          LOOP $
          POP   CX
          RET
DELAY ENDP
;LED 中断服务程序====================================
LEDS PROC
          CLI
          INC LEDCNT
          CMP LEDCNT,0FH
          JBE AHEAD
          MOV LEDCNT,0
AHEAD:    MOV BL,LEDCNT
          MOV LEDBUF,BL
          MOV LEDBUF+1,BL
          MOV LEDBUF+2,BL
          MOV LEDBUF+3,BL
          MOV LEDBUF+4,BL
          MOV LEDBUF+5,BL
          MOV DX,Y0             ;8259 操作命令字 OCW2 的端口地址 Y0
```

```
        MOV AL,20H          ;设置 OCW2,发出中断结束 EOI 命令
        OUT DX,AL
        STI
        IRET                ;返回主程序
LEDS ENDP
ENDLESS:
        JMP ENDLESS
CODE    ENDS
        END START
```

4.6.4　仿真调试

开始原理图仿真运行，在数码管动态循环显示数字的同时按动按钮以产生外部硬件中断，可以看到数码管显示的数字在每次按下按钮的同时会做出加 1 操作，甚至在 6 位数码管的一个显示循环周期中响应多次按钮产生的中断，如图 4.36 所示。

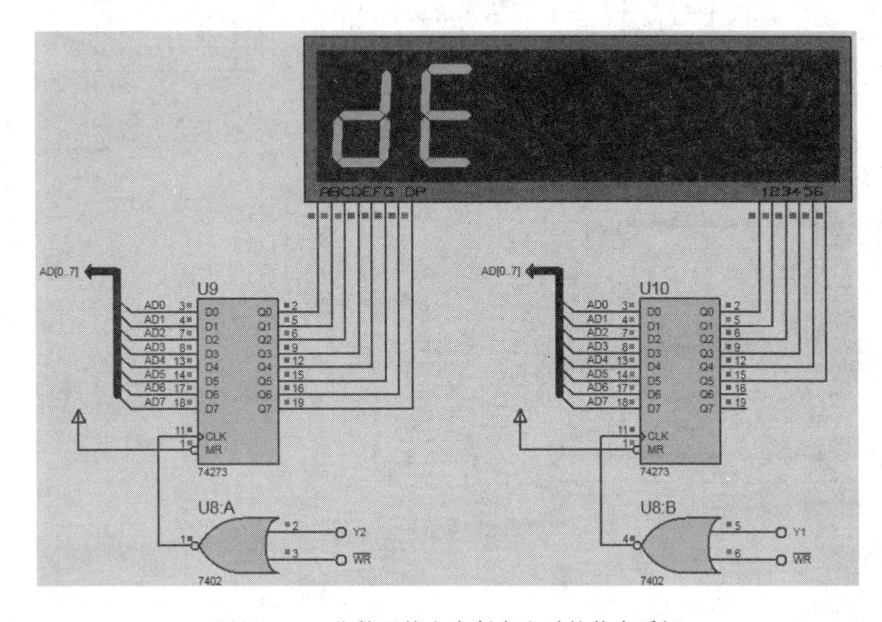

图 4.36　6 位数码管在中断产生时的状态瞬间

启动源代码调试模式和交互仿真窗口，掌握 8259 初始化的方法，观察 8259 处理中断的工作过程。

4.7　A/D 转换的应用——利用 ADC0808 检测电压

4.7.1　案例说明

在第 2 章介绍过计算机与外部模拟信号之间必须要经过A/D转换(模/数转换)和 D/A 转换(数/模转换),才能交换信息，模拟量处理过程如图 2.9 所示。本案例针对 A/D 转换设计了一个检测、转换、显示电压数值的实例，其电路原理图如 4.37 所示。

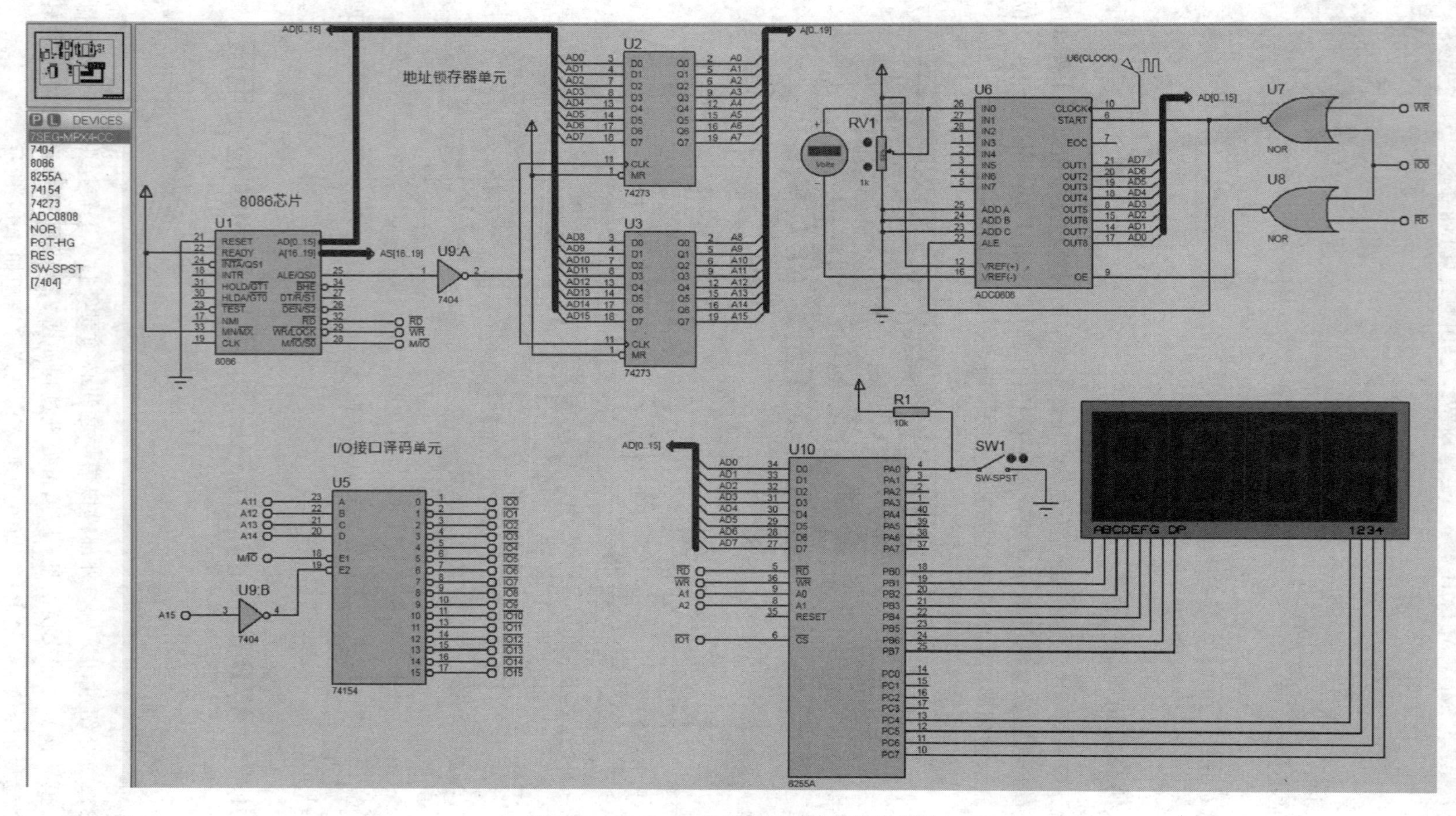

图4.37　ADC0808检测电压系统电路原理图

4.7.2　硬件设计

1. 8255 控制数码管

前面两个案例中，数码管的控制电路采用的是简单 I/O 接口芯片——锁存器 74LS273，本案例换成可编程接口芯片 8255A 构成控制电路。8255A 的控制引脚、数据引脚的连接方式还是典型接法，端口 A 的 PA0 作为输入端接入一个开关用来启动检测电压，端口 B 连接 4 位共阴极数码管的段控制端口，端口 C 的高 4 位连接数码管的位控制端口。电路图如图 4.38 所示。

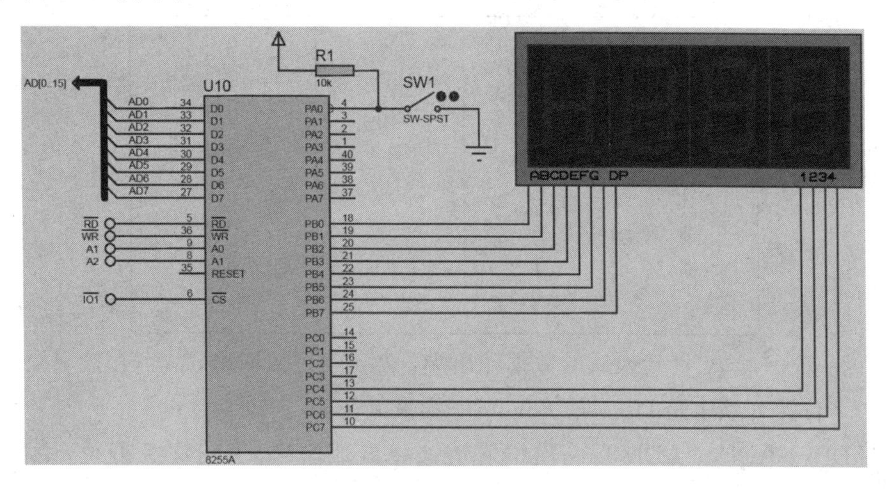

图 4.38　8255A 连接数码管电路原理图

2. ADC0808 电路

ADC0808 是采样分辨率为 8 位的、以逐次逼近原理进行模/数转换的器件。内部结构如图 4.39 所示，其内部有一个 8 通道多路开关，它可以根据地址码锁存译码后的信号，只选通 8 路模拟输入信号中的一个进行 A/D 转换。ADC0808 是 ADC0809 的简化版本，功能基本相同。一般在硬件仿真时采用 ADC0808 进行 A/D 转换，实际使用时采用 ADC0809 进行 A/D 转换。

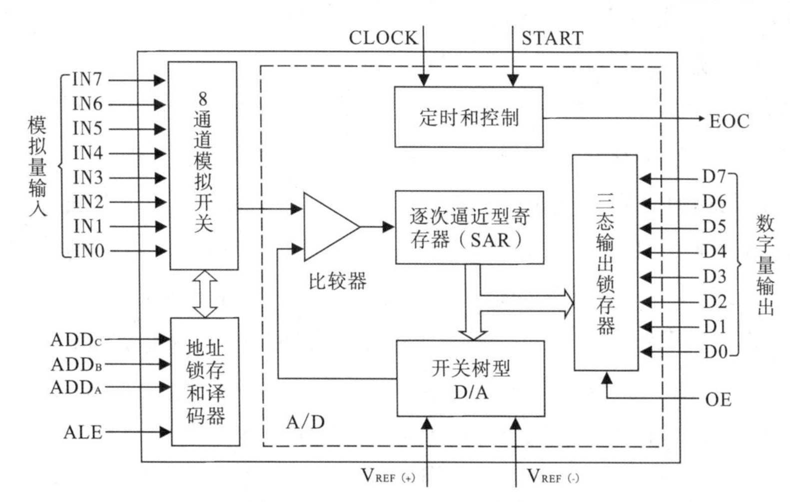

图 4.39　ADC0808 内部结构图

ADC0808 的各种引脚的说明如下。

(1) IN0～IN7——8 路模拟输入，ADC0808 对输入模拟量的要求：信号单极性，电压范围是 0～5 V，若信号太小，必须进行放大；输入的模拟量在转换过程中应该保持不变，如若模拟量变化太快，则需在输入前增加采样保持电路。通过 3 根地址译码线 ADD_A、ADD_B、ADD_C 的组合来选通 IN0～IN7 其中的一路，具体的关系如表 4.5 所示。

表 4.5　地址信号与选中通道的关系

地址引脚状态			选中通道
ADD_C	ADD_B	ADD_A	
0	0	0	IN0
0	0	1	IN1
0	1	0	IN2
0	1	1	IN3
1	0	0	IN4
1	0	1	IN5
1	1	0	IN6
1	1	1	IN7

(2) D7～D0——A/D 转换后的数据输出端，为三态可控输出，故可直接和微处理器数据线连接。8 位排列顺序是 D7 为最高位，D0 为最低位。

(3) ADD_A、ADD_B、ADD_C——模拟通道选择地址信号，ADD_A 为低位，ADD_C 为高位。地址信号与选中通道的对应关系如表 4.5 所示。

(4) $V_{REF(+)}$、$V_{REF(-)}$——正、负参考电压输入端，用于提供片内 ADC 电阻网络的基准电压。在单极性输入时，$V_{REF(+)}=5$ V，$V_{REF(-)}=0$V；输出数字量与输入模拟电压之间的转换公式如下：

$$D=\frac{V_{IN}-V_{REF(-)}}{V_{REF(+)}-V_{REF(-)}}\times 2^8$$

式中，V_{IN} 是输入电压，D 是输出二进制数据。ADC0808 的输出数字量范围是 00H～FFH，若输入电压为 2.5 V，则输出数字量为 80 H。分辨率是 $5/(2^8-1)\approx 0.0196$(V)。

A/D 转换芯片的双极性输入时，$V_{REF(+)}$、$V_{REF(-)}$ 分别接正、负极性的参考电压。

(5) ALE——地址锁存允许信号，高电平有效。当此信号有效时，A、B、C 三位地址信号被锁存，译码选通对应模拟通道。在使用时，该信号常和 START 信号连在一起，以便同时锁存通道地址和启动 A/D 转换。

(6) START——A/D 转换启动信号，正脉冲有效。加于该端的脉冲的上升沿使逐次逼近寄存器清零，下降沿开始 A/D 转换。如正在进行转换时又接到新的启动脉冲，则原来的转换进程被中止，重新从头开始转换。

(7) EOC——转换结束信号，高电平有效。该信号在 A/D 转换过程中为低电平，其余时间为高电平。该信号可作为被 CPU 查询的状态信号，也可作为对 CPU 的中断请求信号。在需要对某个模拟量不断采样、转换的情况下，EOC 也可作为启动信号反馈接到

START 端，但在刚加电时需由外电路第一次启动。

(8) OE——输出允许信号，高电平有效。当微处理器送出该信号时，ADC0808/0809 的输出三态门被打开，使转换结果通过数据总线被读走。在中断工作方式下，该信号往往是 CPU 发出的中断请求响应信号。

(9) CLOCK——时钟输入信号，ADC0808 的内部没有时钟电路，所需时钟信号必须由外界提供，通常使用频率为 500 kHz。

ADC0808/0809 的工作时序如图 4.40 所示。当通道选择地址有效时，ALE 信号一出现，地址便马上被锁存，这时转换启动信号紧随 ALE 之后(或与 ALE 同时)出现。START 的上升沿将逐次逼近寄存器 SAR 复位，在该上升沿之后的 2 μs 加 8 个时钟周期内(不定)，EOC 信号将变为低电平，以指示转换操作正在进行中，直到转换完成后 EOC 再变为高电平。微处理器收到变为高电平的 EOC 信号后，便立即送出 OE 信号，打开三态门，读取转换结果。

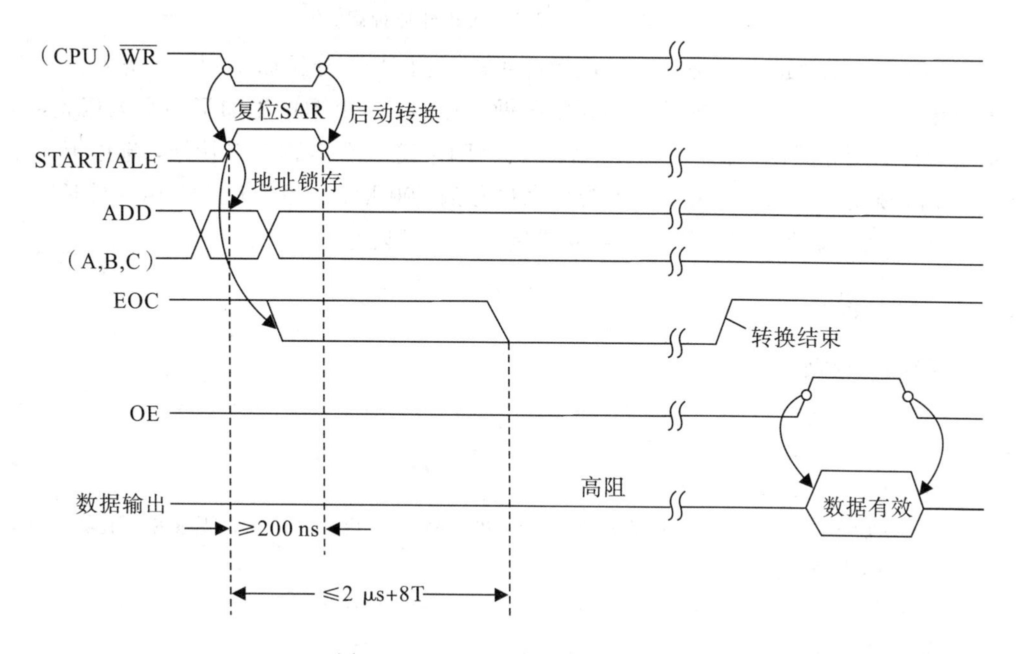

图 4.40　ADC0808/0809 工作时序

模拟输入通道的选择可以相对于转换开始操作独立地进行(不能在转换过程中进行)，然而通常是把通道选择和启动转换结合起来完成。这样可以用一条写指令既选择模拟通道又启动转换。在与微机接口时，输入通道的选择有两种方法，一种是通过地址总线选择，一种是通过数据总线选择。

如用 EOC 信号去产生中断请求，要特别注意 EOC 的变低相对于启动信号有 2 μs+8 个时钟周期的延迟，要设法使它不致产生虚假的中断请求。为此，最好利用 EOC 上升沿产生中断请求，而不是靠高电平产生中断请求。

设计好的 ADC0808 电路如图 4.41 所示。

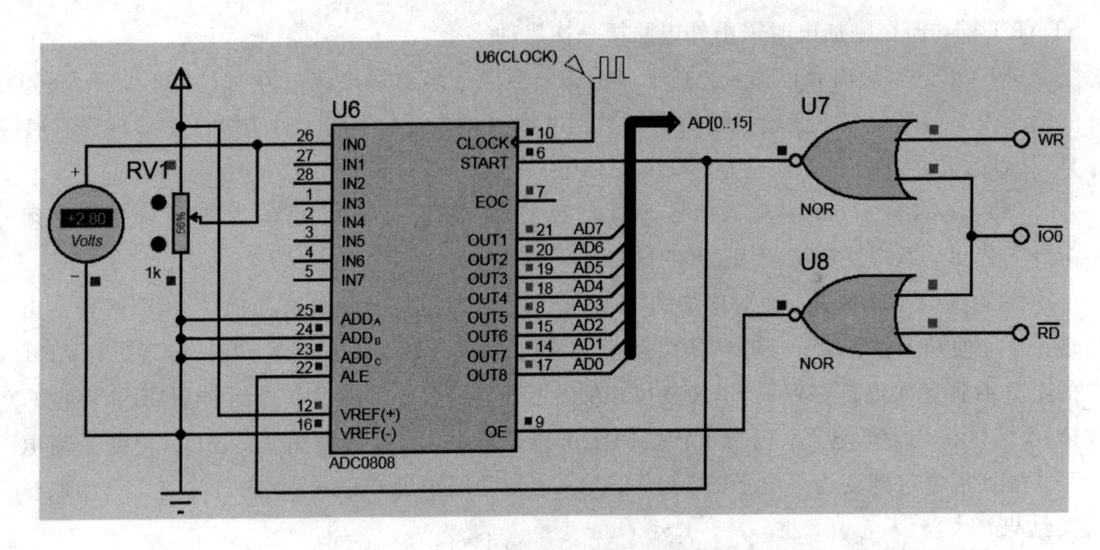

图 4.41　ADC0808 电路原理图

案例中，待检测的电压是由 5 V 电源经可调电阻 RV1 分压而得到，再送入 ADC0808 的 IN0 输入端。为了与最终的程序运行结果做对比验证，上图中添加了一个电压表，实时显示当前待检测电压的数值。ADD_A、ADD_B、ADD_C 这 3 个引脚直接接地，选中 IN0 输入端。时钟信号发生器 U6 的频率设置为厂家推荐的 500 kHz。因为程序采用软件延时的方式等待 ADC0808 转换完成，因此不需要连接 EOC 引脚。

4.7.3　程序设计

设计好的程序如下：

```
;==========================================
;项目名称：A/D 转换及显示
;主要芯片：ADC0808/8255A
;程序功能：开关控制是否启动测量，ADC0808 采样输入电压，进行模/数转换并在数码管上显
 示为实际电压值
;==========================================
IO0 EQU 8000H
IO1 EQU 8800H
ZXK EQU 8802H
ZWK EQU 8804H
DATA SEGMENT
LEDTAB  DB 3FH,06H,5BH,4FH,66H,6DH,7DH,07H,7FH,6FH   ;0～9 的段码
        DB 77H,7CH,39H,5EH,79H,71H,73H,1CH,40H   ;A～F,P,v,-的段码
LEDBUF  DB ?,?,?,?                       ;定义 4 字节的变量
DATA ENDS
CODE    SEGMENT PUBLIC 'CODE'
        ASSUME CS:CODE,DS:DATA,SS:DATA
START:  MOV  AX,DATA
```

```
        MOV   DS,AX
        MOV   DX,IO1+6            ;初始化 8255
        MOV   AL,90H
        OUT   DX,AL
BEGIN:  MOV   DX,IO1
        IN    AL,DX
        CMP   AL,0FEH             ;开关状态
        JZ    ADC_IN
        MOV   LEDBUF,12H          ;LED 初始符号为'----'
        MOV   LEDBUF+1,12H
        MOV   LEDBUF+2,12H
        MOV   LEDBUF+3,12H
        CALL DISP
        JMP   BEGIN
;A/D 采样及数据格式转换==================================
ADC_IN: MOV   DX,IO0              ;ADC0808 地址
        MOV   AL,0
        OUT   DX,AL               ;启动 ADC0808
        CALL DISP                 ;LED 显示，延时方式等待 A/D 转换完成
        MOV   DX,IO0
        IN    AL,DX               ;读取 A/D 转换数据
        MOV   AH,0
        MOV   BL,51               ;ADC0808 的输出数据 00H～FFH(0～256)转换成
                                   0～5，精确的除数应为 51.2
        DIV   BL                  ;AL 中的商是整数数值，AH 中是余数
        MOV   LEDBUF,AL           ;存储整数部分
        MOV   AL,AH               ;开始处理余数，计算十分位小数
        MOV   BL,10
        MUL   BL
        MOV   BL,51
        DIV   BL                  ;AL 中的商是十分位数值，AH 中是余数
        MOV   LEDBUF+1,AL
        MOV   AL,AH               ;开始处理余数，计算百分位小数
        MOV   BL,10
        MUL   BL
        MOV   BL,51
        DIV   BL                  ;AL 中的商是百分位数值，AH 中是余数
        MOV   LEDBUF+2,AL
        MOV   LEDBUF+3,11H        ;单位符号'v'
        JMP BEGIN                 ;重新启动 ADC0808
;LED 显示子程序==================================
DISP:   PUSH  AX
```

```
          PUSH  DX
          MOV   CL,11101111B          ;第一位 LED 的位码
          MOV   SI,OFFSET LEDBUF      ;A/D 转换数据的存储地址
L1:       MOV   AL,[SI]
          MOV   BX,OFFSET LEDTAB      ;指向 LED 段码存储地址
          XLAT
          CMP   CL,11101111B
          JNZ   NOT1
          OR    AL,80H                ;第一位 LED 要加上小数点
NOT1:     MOV   DX,ZXK
          OUT   DX,AL
          MOV   AL,CL
          MOV   DX,ZWK
          OUT   DX,AL
          PUSH CX
          MOV   CX,10H
          LOOP $
          POP   CX
          MOV   AL,0FFH               ;清屏，保证 LED 逐位显示
          MOV   DX,ZWK
          OUT   DX,AL
          CMP   CL,01111111B
          JZ    EXIT                  ;第四位 LED 显示后结束子程序
          ROL   CL,1                  ;显示下一位 LED
          INC   SI
          JMP   L1                    ;循环显示 4 位 LED
EXIT:     POP   DX
          POP   AX
    RET
ENDLESS:
          JMP ENDLESS
CODE      ENDS
          END START
```

4.7.4 仿真调试

启动原理图仿真，通过鼠标单击"＋"、"－"图标来改变可调电阻 RV1 中间抽头的位置，可以从电压表上的读数看到输入电压在变化，微机系统检测到开关 SW1 闭合时才会启动 ADC0808 转换，利用软件延时等待转换结束，之后程序处理转换得到二进制数据，将其变换成对应的十进制电压值并显示在数码管上，如图 4.42 所示。下面给出两个不同输入电压时的仿真界面，可以看出无论采集电压还是模/数转换都是很精确的。

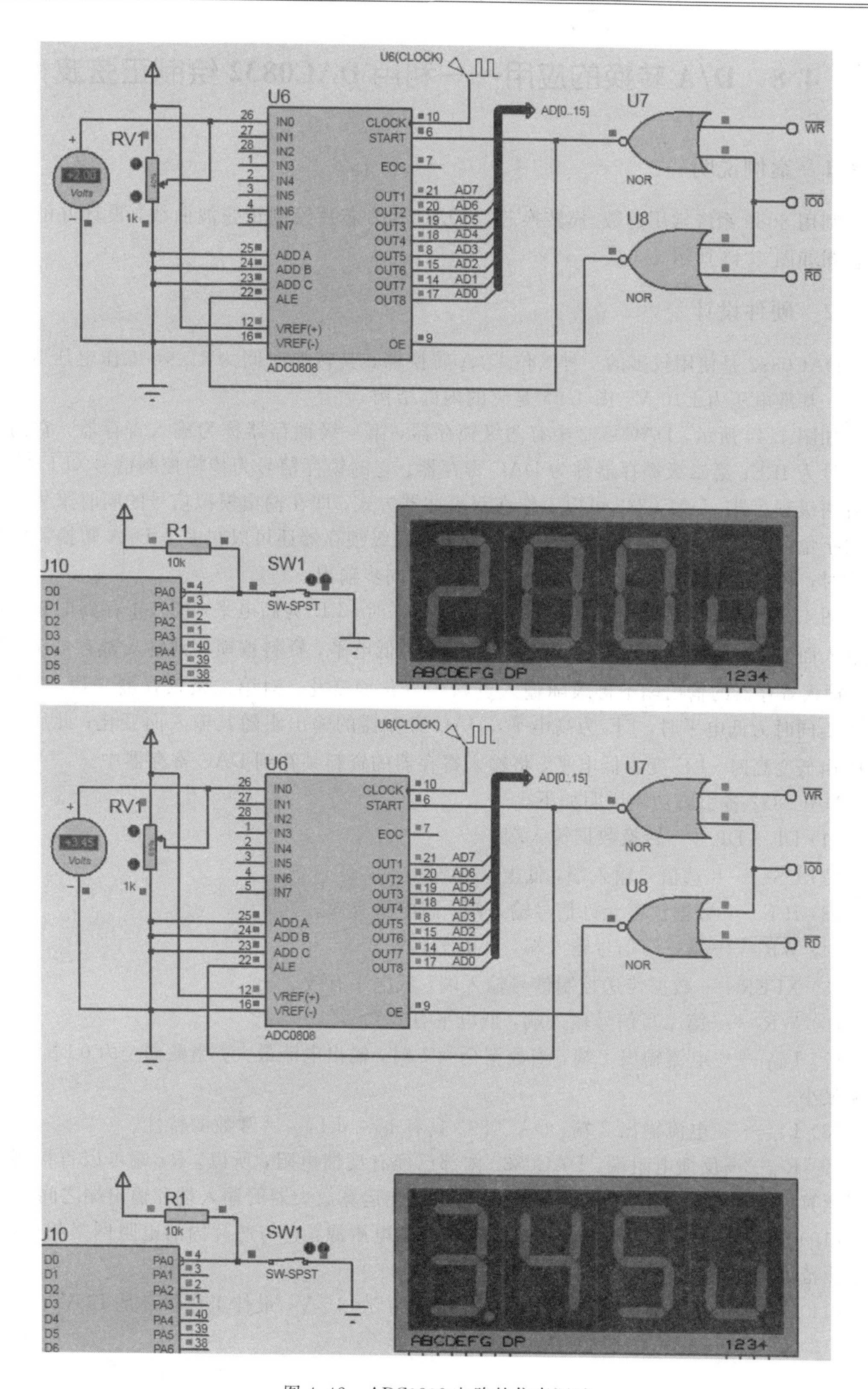

图 4.42　ADC0808 电路的仿真调试

4.8 D/A 转换的应用——利用 DAC0832 绘制正弦波

4.8.1 案例说明

利用 8086 系统常用的数/模转换芯片 DAC0832 芯片绘制正弦波曲线，设计好的电路原理图如图 4.43 所示。

4.8.2 硬件设计

DAC0832 是使用较多的一种 8 位 D/A 转换器，其转换时间为 1 μs，工作电压为 5～15 V，基准电压为±10 V。图 4.44 是它的内部结构。

如图 4.44 所示，DAC0832 中有两级锁存器，第一级锁存器称为输入寄存器，它的锁存信号为 ILE；第二级锁存器称为 DAC 寄存器，它的锁存信号为传输控制信号 $\overline{\text{XFER}}$。因为有两级锁存器，DAC0832 可以工作在双缓冲器方式，即在输出模拟信号的同时采集下一个数字量，这样能有效地提高转换速度。此外，两级锁存器还可以在多个 D/A 转换器同时工作时，利用第二级锁存信号来实现多个转换器同步输出。

图 4.44 中 ILE 为高电平、$\overline{\text{CS}}$和$\overline{\text{WR}_1}$为低电平时，$\overline{\text{LE}_1}$为高电平，输入寄存器的输出跟随输入而变化；此后，当$\overline{\text{WR}_1}$由低变高时，$\overline{\text{LE}_1}$为低电平，资料被锁存到输入寄存器中，这时，输入寄存器的输出端不再跟随输入资料的变化而变化。对第二级锁存器来说，$\overline{\text{XFER}}$和$\overline{\text{WR}_2}$同时为低电平时，$\overline{\text{LE}_2}$为高电平，DAC 寄存器的输出跟随其输入而变化；此后，当$\overline{\text{WR}_2}$由低变高时，$\overline{\text{LE}_2}$变为低电平，将输入寄存器的资料锁存到 DAC 寄存器中。

DAC0832 各引脚功能说明如下。

(1) DI_0～DI_7——转换数据输入端。

(2) $\overline{\text{CS}}$——片选信号输入端，低电平有效。

(3) ILE——数据锁存允许信号输入端，高电平有效。

(4) $\overline{\text{WR}_1}$——第一写信号输入端，低电平有效。

(5) $\overline{\text{XFER}}$——数据传送控制信号输入端，低电平有效。

(6) $\overline{\text{WR}_2}$——第二写信号输入端，低电平有效。

(7) I_{OUT1}——电流输出 1 端，当数据全为 1 时，输出电流最大；当数据全为 0 时，输出电流最小。

(8) I_{OUT2}——电流输出 2 端。DAC0832 具有 $\text{I}_{\text{OUT1}}+\text{I}_{\text{OUT2}}=$常数的特性。

(9) R_{FB}——反馈电阻端。DAC0832 内部已经有反馈电阻，所以，R_{FB}端可以直接接到外部运算放大器的输出端。相当于将反馈电阻接在运算放大器的输入端和输出端之间。

(10) V_{REF}——基准电压端，是外加的高精度电压源，它与芯片内的电阻网络相连接，该电压范围为：－10～＋10 V。

(11) V_{CC}——芯片供电电压端。该电压范围为 5～15 V，最佳工作状态是 15 V。

(12) GND——芯片的地端。

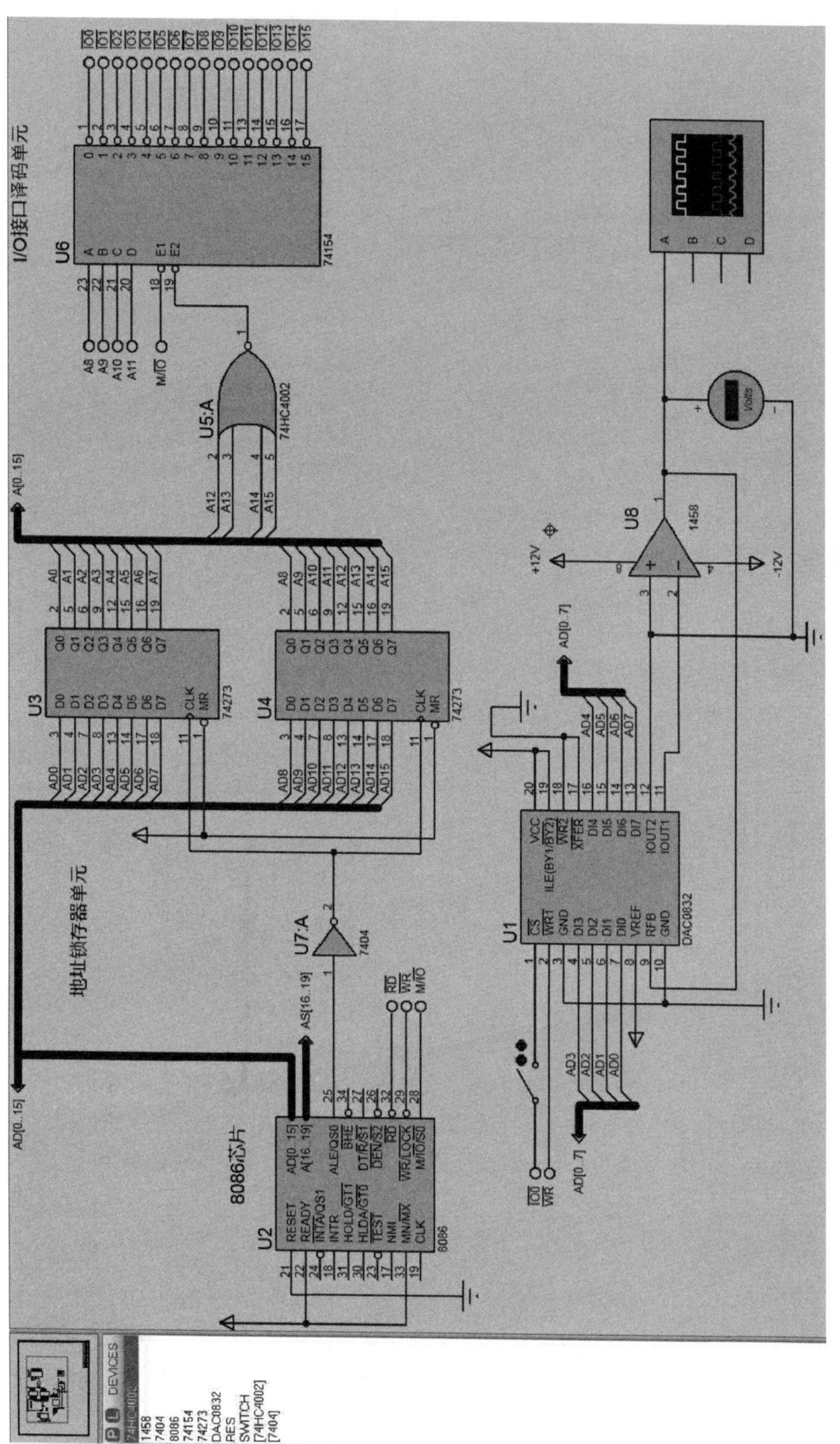

图4.43　DAC0832绘制正弦波的电路原理图

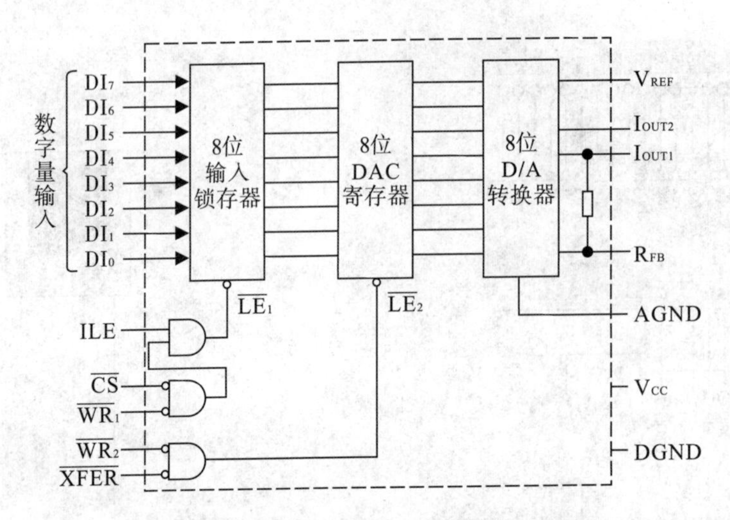

图 4.44　DAC0832 内部结构

需要指出，DAC0832 是电流形式输出，当需要电压形式输出时，必须外接运算放大器。根据输出电压的极性不同，DAC0832 又可分为单极性输出和双极性输出两种电压输出方式。

1）单极性输出

DAC0832 的单极性输出电路如图 4.45 所示。

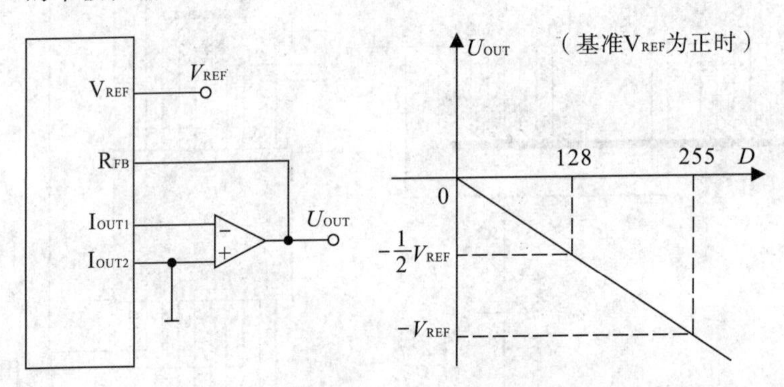

图 4.45　DAC0832 的单极性输出电路

V_{REF}可以接±5 V 或±10 V 参考电压，当接+5 V 时，输出电压范围是 0～－5 V；当接－5 V 时，输出电压范围是 0～+5 V；当接+10 V 时，输出电压范围是 0～－10 V；当接－10 V 时，输出电压范围是 0～+10 V。若输入数字为 0～255，则输出为

$$U_{OUT} = -V_{REF} \times D/256$$

式中，D 为输入 DAC0832 的十进制数，因为转换结果 I_{OUT1} 接运算放大器的反相端，所以式中有一个负号。

例如，当 $V_{REF} = +5$ V，输入数字为 0～255 时，

$$U_{OUT} = -(0 \sim 4.98)\text{V}$$

2）双极性输出

DAC0832 的双极性输出电路如图 4.46 所示。

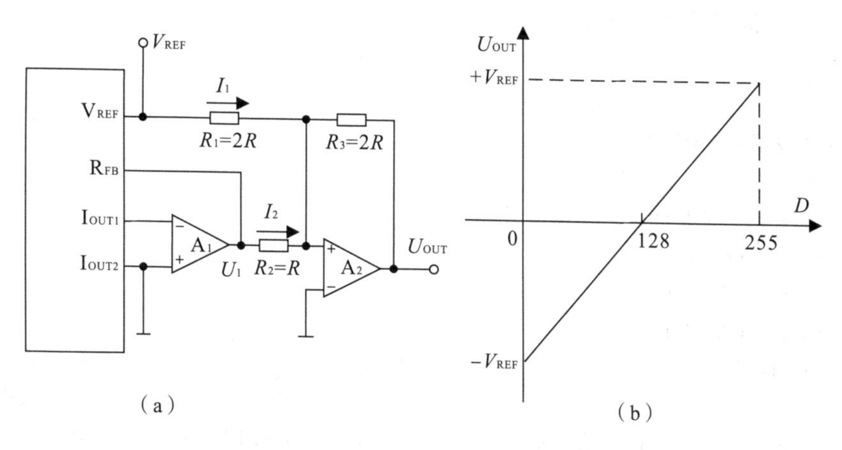

图 4.46　DAC0832 的双极性输出电路

在单极性电压输出的基础上，输出端上再加一级运算放大器，就构成了双极性电压输出。通过运放 A_2 将单向输出转变为双向输出。由 V_{REF} 为 A_2 运放提供一个偏移电流，该电流方向应与 A_1 输出电流方向相反，且选择 $R_1=R_3=2R_2$。使得由 V_{REF} 引入的偏移电流恰为 A_1 输出电流的 1/2。因而 A_2 的运放输出将在 A_1 运放输出的基础上产生位移。

双极性输出电压与 V_{REF} 及 A_1 运放输出 U_1 的关系是

$$U_{OUT}=-(2U_1+V_{REF})$$

根据前面单极性输出表达式 $U_1=-V_{REF}\times D/256$，故有

$$U_{OUT}=-(2U_1+V_{REF})=V_{REF}\times D/128-V_{REF}$$

按照单极性电压输出模式，设计好的 DAC0832 电路原理图如图 4.47 所示。

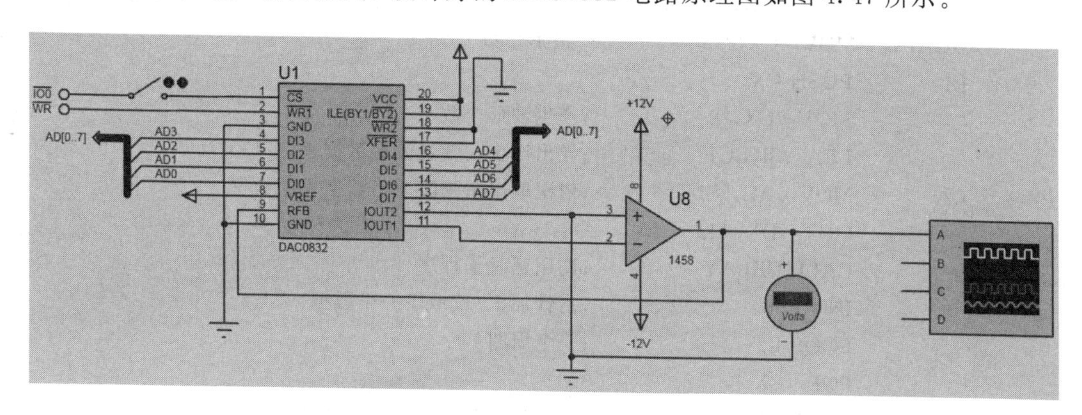

图 4.47　DAC0832 电路原理图

图中，由译码器产生的片选信号 $\overline{IO0}$ 通过开关接入 DAC0832 的片选端，开关闭合时启动 D/A 转换。U8 是 1458 双路运算放大器，功能与单运放 LM741 类似。同时，为了便于观测输出信号，在 DAC0832 电路的输出端加入了一个电压表和一个示波器。

4.8.3　程序设计

输出正弦波的方法其实就是将连续曲线采样处理，得到在某一周期下的数字量，然后再利用数/模转换将数字量还原成曲线的过程。程序中已经对幅值、周期确定的正弦波进

行了采样，并获得了采样的数据，保存在 BUF 中。

设计好的程序如下：

```
;===========================================
;项目名称：DAC0832 应用
;主要元件：DAC0832，8086
;项目功能：利用 DAC0832 输出正弦波
;===========================================
IO0 EQU 0F000H
DATA SEGMENT
BUF DB 7FH,8BH,96H,0A1H,0ABH,0B6H,0C0H,0C9H,0D2H,0DAH   ;产生正弦波的数据
    DB 0E2H,0E8H,0EEH,0F4H,0F8H,0FBH,0FEH,0FFH,0FFH,0FFH
    DB 0FEH,0FBH,0F8H,0F4H,0EEH,0E8H,0E2H,0DAH,0D2H,0C9H
    DB 0C0H,0B6H,0ABH,0A1H,96H,8BH,7FH,74H,69H,5EH,54H,49H
    DB 40H,36H,2DH,25H,1DH,17H,11H,0BH,7H,4H,2H,0H,0H,0H,2H,4H,
7H,0BH
    DB 11H,17H,1DH,25H,2DH,36H,40H,49H,54H,5EH,69H,74H
DATA ENDS
CODE     SEGMENT PUBLIC 'CODE'
    ASSUME CS:CODE,DS:DATA
START:   MOV  AX,DATA
         MOV  DS,AX
         MOV  DX,IO0
AGAIN:   MOV  CX,225            ;波形个数
L1:      PUSH CX
         MOV  CX,72             ;产生波形个数
         LEA  SI,BUF            ;导出产生正弦波波形数据表
L2:      MOV  AL,[SI]           ;依次取出正弦波波形数据表的数据
         OUT  DX,AL
         CALL DELAY             ;调用延时子程序
         INC  SI                ;指针加 1，读取下一个数据
         LOOP L2                ;一个周期
         POP  CX
         LOOP L1
         JMP  AGAIN
DELAY PROC
         PUSH CX
         MOV  CX,70
         LOOP $
         POP  CX
         RET
DELAY ENDP
ENDLESS:
```

```
            JMP ENDLESS
CODE        ENDS
            END START
```

4.8.4　仿真调试

运行原理图仿真，闭合开关时，可以看到 DAC0832 输出端连接的电压表开始有数值的变化。同时可以通过示波器观察到系统输出的信号为所期望输出的正弦波，如图 4.48 所示。

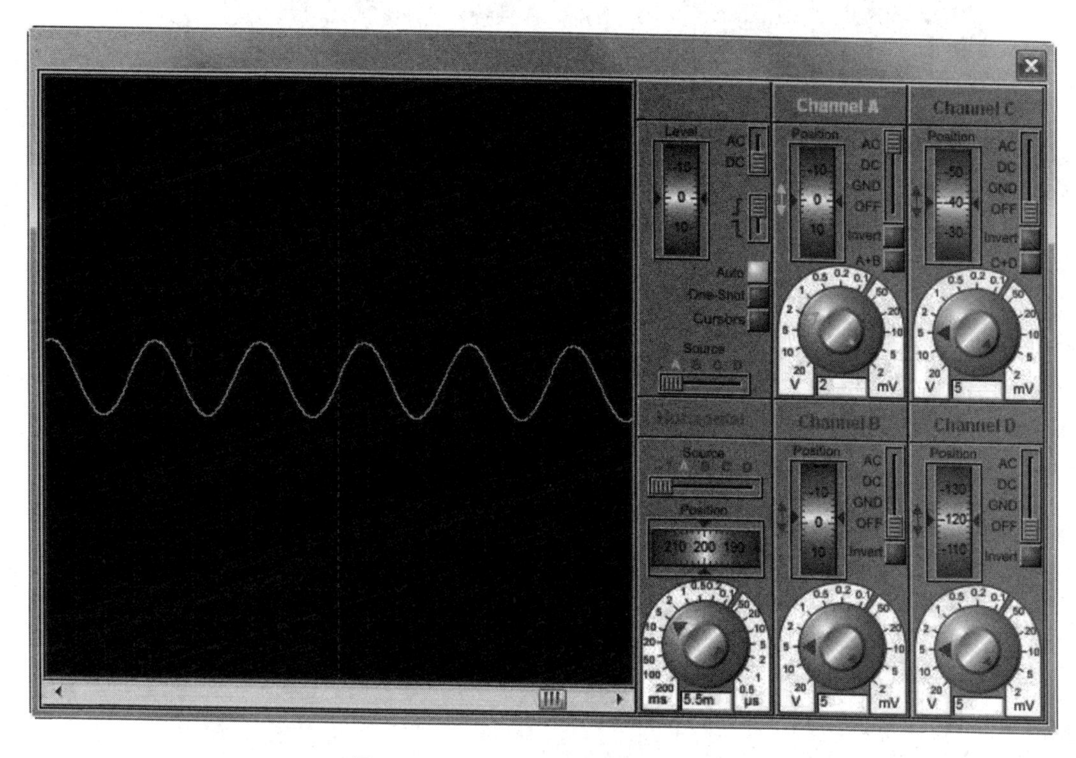

图 4.48　DAC0832 电路的输出波形图

4.9　传感器的应用——基于光敏电阻的自动汽车大灯

4.9.1　案例说明

传感器是微机控制系统的重要检测元件，形式多样、类型丰富，但是它们的基本应用模式还是大致相同的。本案例以测量光照度的光敏电阻为对象，构建一套简易的汽车大灯自动控制系统。为了使系统具有良好的替换性和扩展性，本案例将传感器测控系统制作成独立的接口电路板，在 Proteus 中设计成子电路的形式再与 8086 最小系统相连接。设计好的电路原理图如图 4.49 所示。其中名称为 LDR 的方框是子电路，内部是传感器检测接口电路。

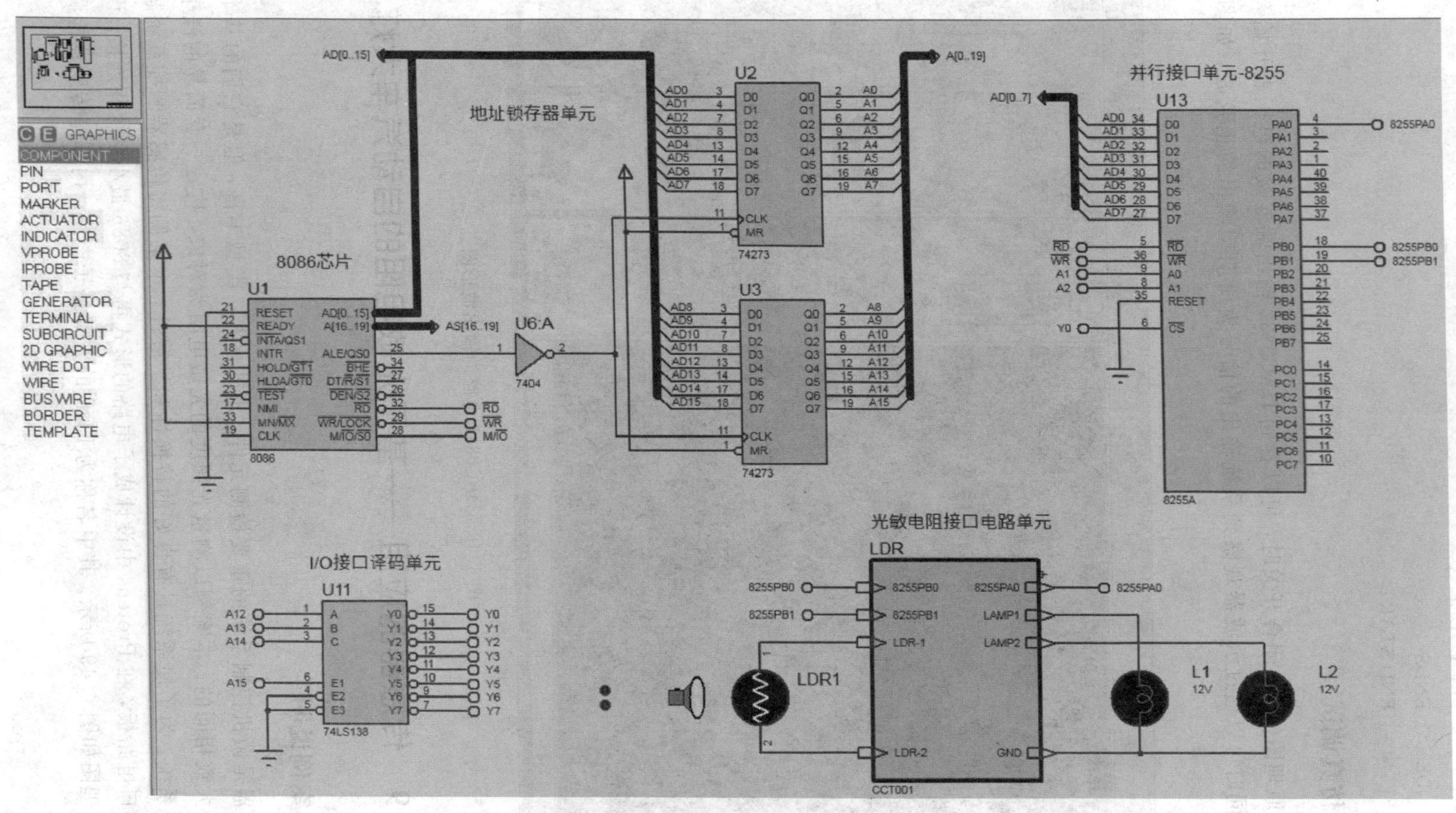

图4.49 基于光敏电阻的自动汽车大灯原理图

4.9.2　硬件设计

如图 4.49 所示，本案例采用了层次式设计，即包括主电路和子电路两层电路。主电路是 8086 最小系统，而子电路就是传感器检测系统。本案例的传感器检测接口电路的原理图如图 4.50 所示。

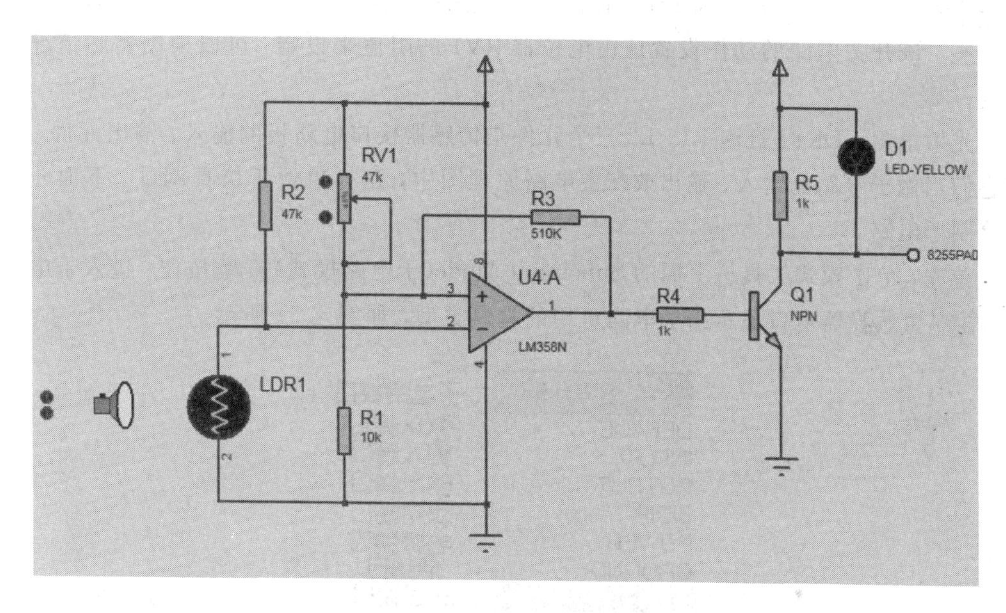

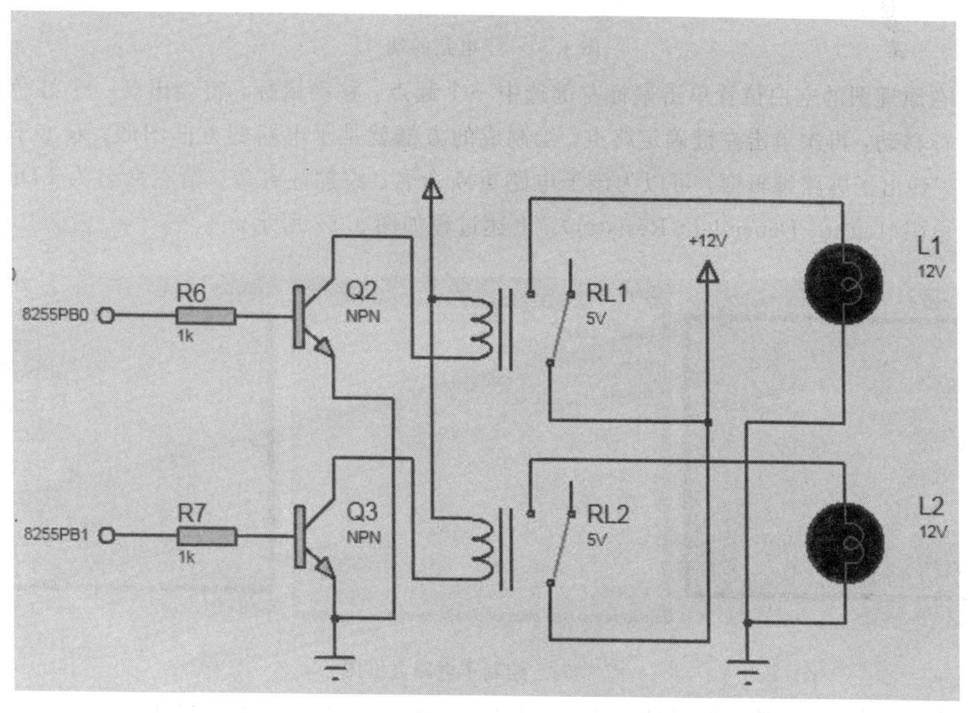

图 4.50　光敏电阻接口电路原理图

光敏电阻的内电阻随着光照强度的不同而变化，光线强时，其电阻变小，光线弱时，其电阻变大。图 4.50 实际上是一种精密的暗激发光控开关电路。其工作原理是：当光照度下降到设置值时由于光敏电阻 LDR1 阻值上升使运放 LM358N 的反相端电位升高，其输出激发三极管 Q1 导通，8255A 的 PA0 引脚输入高电平；程序检测到 PA0 的高电平信号后，驱动 8255A 的 PB0 和 PB1 引脚输出高电平，让继电器 RL1 和 RL2 吸合，灯泡通电点亮。该开关电路的动作设置值由电位器 RV1 的阻值来设定，可以根据实际情况进行改变。

光敏电阻 LDR1、灯泡 L1、L2 三个元件是传感器接口电路板的输入、输出元件，一般把它们当做子电路的输入、输出放在主电路原理图中，这样也便于仿真调试。下面介绍如何绘制子电路。

首先，单击模式工具栏上面的 Subcircuit Mode(子电路模式)按钮，进入子电路模式。在对象选择器窗口显示出子电路可用的端口类型，如图 4.51 所示。

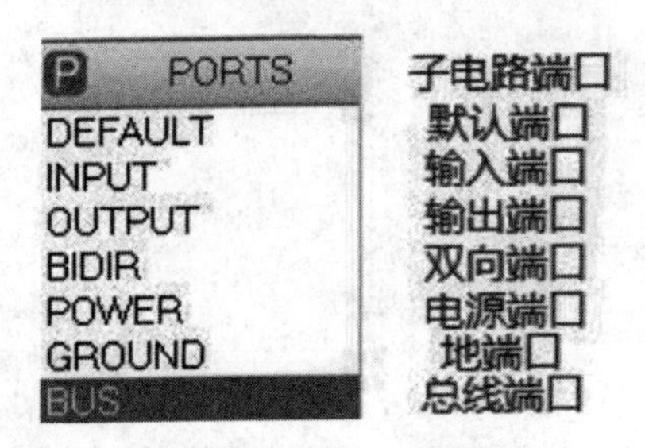

图 4.51　子电路的端口

在原理图的空白位置单击鼠标左键选中一个起点，移动鼠标，将会出现一个红色框随着鼠标移动，再次单击左键确定终点，绘制成的方框就是子电路的方框图形。双击子电路方框，弹出子电路编辑窗，可以为该子电路重新命名、添加注释等。给它命名为 LDR，即光敏电阻(Light - Dependent Resistor)，上述过程如图 4.52 所示。

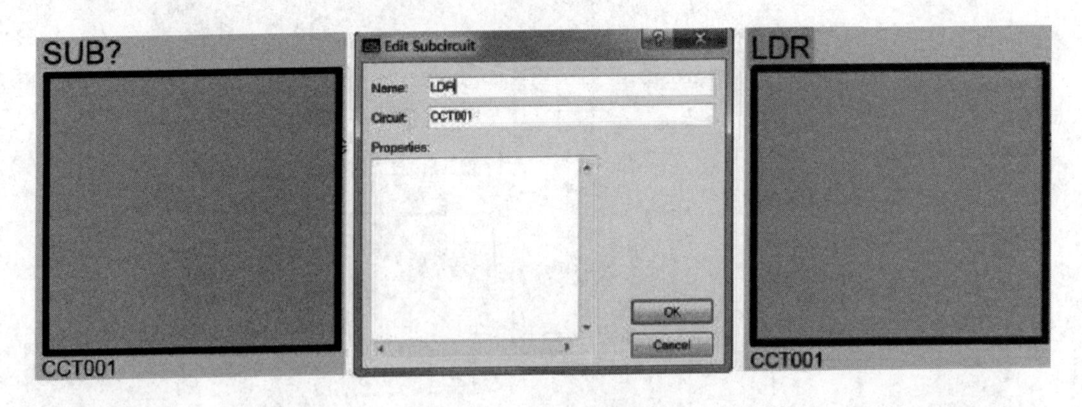

图 4.52　绘制子电路方框图

其次，设计子电路的原理图。设计子电路原理图必须要从主电路进入子电路窗口，有两种常用的方法：

(1) 在子电路方框图上面单击鼠标右键，然后在弹出窗口中选择“Go to Child Sheet”

命令，即可打开子电路的原理图编辑窗口；

(2) 鼠标移动到子电路方框图上，然后按“Page Down”键，进入子电路原理图编辑窗口。

子电路原理图绘制的方法与编辑主电路原理图相同，需要注意的是子电路中要为 LDR 光敏电阻、灯泡等输入输出元件设定好逻辑终端，并进行命名。设计好的子电路原理图如图 4.53 所示。

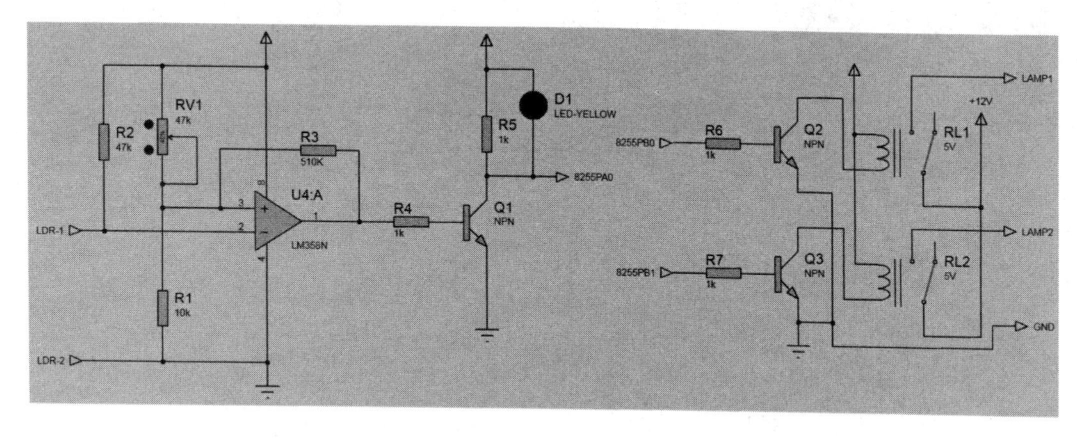

图 4.53　子电路原理图

图中的三角形状的端口即为逻辑终端。逻辑终端仅用作网络标号，在层次电路设计中作为主电路图和子电路图之间的电气连接，Proteus 默认为同名的网络标号连接在一起。逻辑终端名可以是文字、数字、字符及空格等混合构成。线标号、总线标号及网络标号均属于逻辑终端。另一种终端叫做物理终端，它是一个物理上实际存在的连接器引脚，例如，U1：2 表示 U1 器件的第 2 引脚。物理终端可以放置在任何地方。

子电路原理图设计好之后，有两种方法返回主电路窗口，具体如下：

(1) 在子电路窗口空白处单击鼠标右键，然后在弹出窗口中选择“Exit Parent Sheet”命令；

(2) 在子电路图中，按 Page Up 键，快速地返回主电路图窗口。

接下来为子电路方框添加端口。端口是子电路与主电路的电气连接通道，一般输入端口放置在子电路方框图的左侧，输出端口放在右侧。在图 4.51 的端口类型中选中 INPUT 输入端口，光标变成交叉符号，在方框图左侧边框合适位置单击，即可放置一个输入端口；同样，在方框图右侧放置输出端口。根据图 4.53 所示的子电路原理图，LDR 子电路方框图需要放置 4 个输入端口和 4 个输出端口。在 LDR 方框图上添加上述端口，并为它们命名。命名的过程就是在端口图标上双击，然后在弹出窗口中进行命名即可。子电路方框图端口的名称一定要与子电路原理图中跟它相连接的逻辑终端的名称一致。

最后，加入输入输出元件并连接好全部端口，完成后的 LDR 子电路方框图如图 4.54 所示。

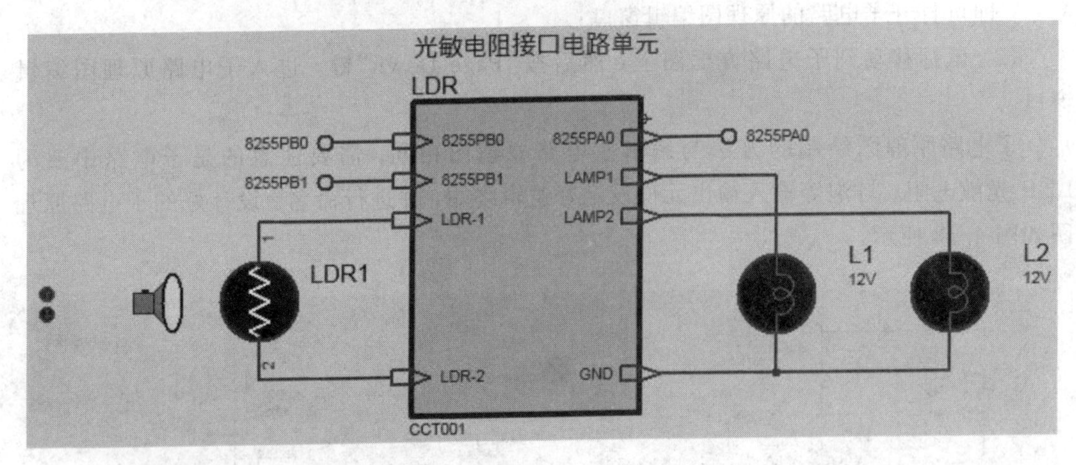

图 4.54　完成后的子电路方框图

4.9.3　程序设计

设计好的程序如下。

```
;==============================================
;项目名称：汽车自动大灯控制系统
;主要元件：8086/8255A/光敏电阻
;主要功能：模拟汽车自动大灯的控制系统，实现光照黑暗情况下自动开启大灯的功能
;==============================================
Y0 EQU 8000H              ;接口地址——并行接口芯片 8255 片选信号
CODE   SEGMENT
       ASSUME CS:CODE,DS:CODE
START: MOV AL,90H         ;8255 控制字为 90H=10010000B，A 口输入，B 口、C 口输出，
                           均工作在方式 0
       MOV DX,Y0+6        ;8255 的控制口地址
       OUT DX,AL          ;写 8255 控制口
       MOV AL,00H
       MOV DX,Y0+2
       OUT DX,AL
       MOV DX,Y0+4
       OUT DX,AL
MAIN:  MOV DX,Y0
       IN  AL,DX
       AND AL,01H
       CMP AL,01H
       JZ  P1
       MOV DX,Y0+2
       MOV AL,00H
       OUT DX,AL
```

```
        JMP MAIN
P1:     MOV DX,Y0+2
        MOV AL,03H
        OUT DX,AL
        MOV CX,5000H
        LOOP $
        JMP MAIN
ENDLESS:
        JMP ENDLESS
CODE    ENDS
        END START
```

4.9.4　仿真调试

运行原理图仿真，通过光敏电阻元件的“+”、“-”符号调节其光照强度，当光线足够亮时，两个灯泡都是熄灭状态；当光线减弱到一定程度时，两个灯泡自动点亮发光。如果光线又增强，灯泡自动熄灭。仿真对比如图 4.55 所示。

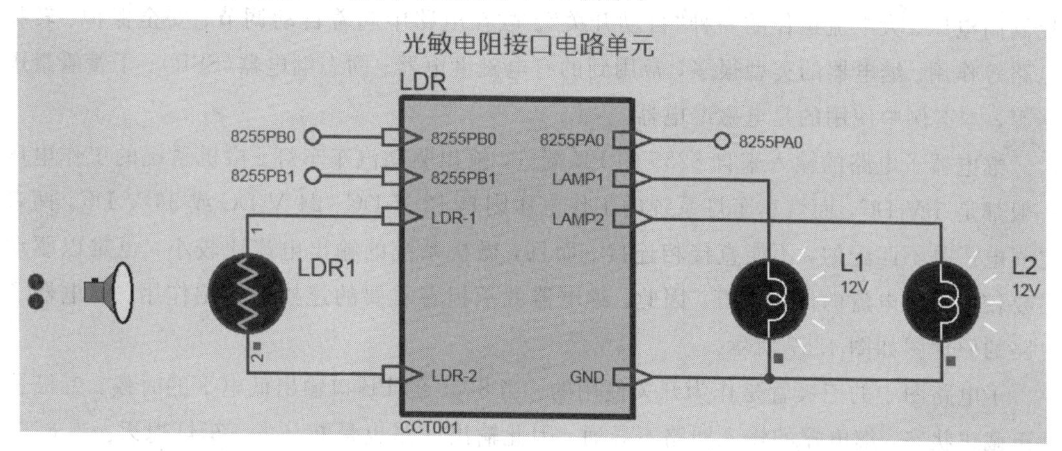

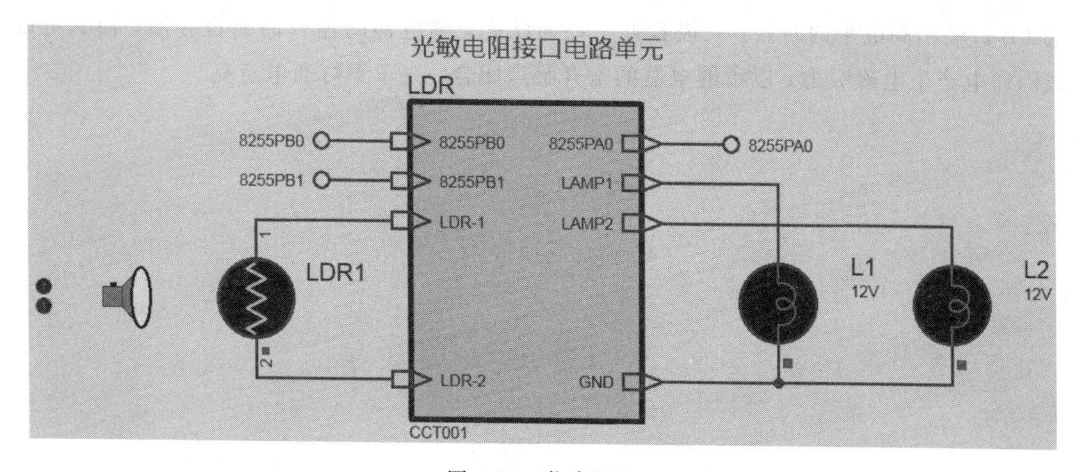

图 4.55　仿真对比

4.10 继电器的应用——汽车灯光系统

4.10.1 案例说明

汽车是一个复杂的工程系统，包括了机械、电子、电气、计算机、自动控制、液压等多类型的设备和装置，包含了很多典型的复杂工程问题。其中，汽车灯光系统的控制方式既有手动控制，也有自动控制；开启后的动作形式既有常亮，也有闪烁。在汽车灯光控制系统中，继电器起到了关键的作用。本案例设计了常用的汽车灯光控制系统，包括了大灯、转向灯、日间行车灯和刹车灯，设计好的电路原理图如图 4.56 所示。

4.10.2 硬件设计

图 4.56 中，RELAYS 子电路是车灯的核心驱动器件——继电器的电气回路。继电器(RELAY)通常应用于自动化的控制电路中，是一种电控制器件。简单来说，继电器的工作原理就是利用其内部输入回路的变化去控制自身输出回路，实际上是用低电压、小电流去控制高电压、大电流运作的一种“自动开关”。故在电路中起着自动调节、安全保护、转换电路等作用。继电器的类型很多，常用到的有电磁继电器、固态继电器(SSR)、干簧管继电器等，本案例中使用的是电磁继电器。

继电器子电路的输入来自 8255 的 PB 端口，输出驱动汽车车灯。微机系统的工作电压一般都是 5 V DC，而汽车车灯系统的工作电压则是 12 V DC、24 V DC 或 36 V DC，两者之间电压是不匹配的，不能直接相连接。而且，微机系统的输出电流比较小，也难以驱动需要较大工作电流的汽车车灯。因此，继电器就承担着重要的连接和控制作用。继电器子电路的原理图如图 4.57 所示。

子电路图中的三极管是作为开关使用的。当 8255 的 PB 口输出低电平的时候，三极管处于截止状态，继电器的输入回路不导通，因此输出回路也是断开的，车灯熄灭。当 8255 的 PB 口输出高电平的时候，三极管处于导通状态，继电器的输入回路也导通，使其电磁线圈通电产生电磁吸力，以致继电器的常开触点闭合，汽车车灯通电点亮。

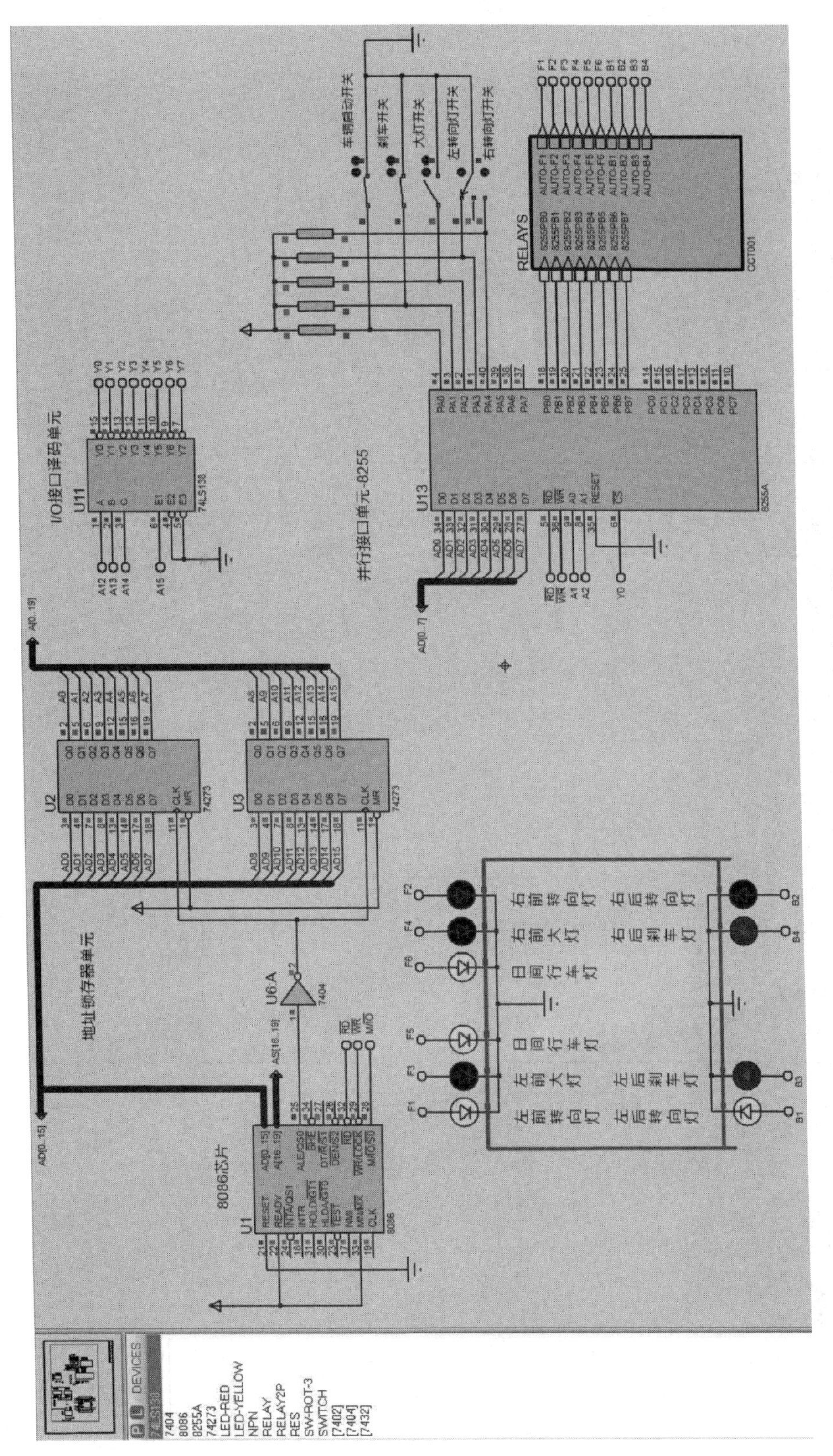

图4.56　汽车灯光系统电路原理图

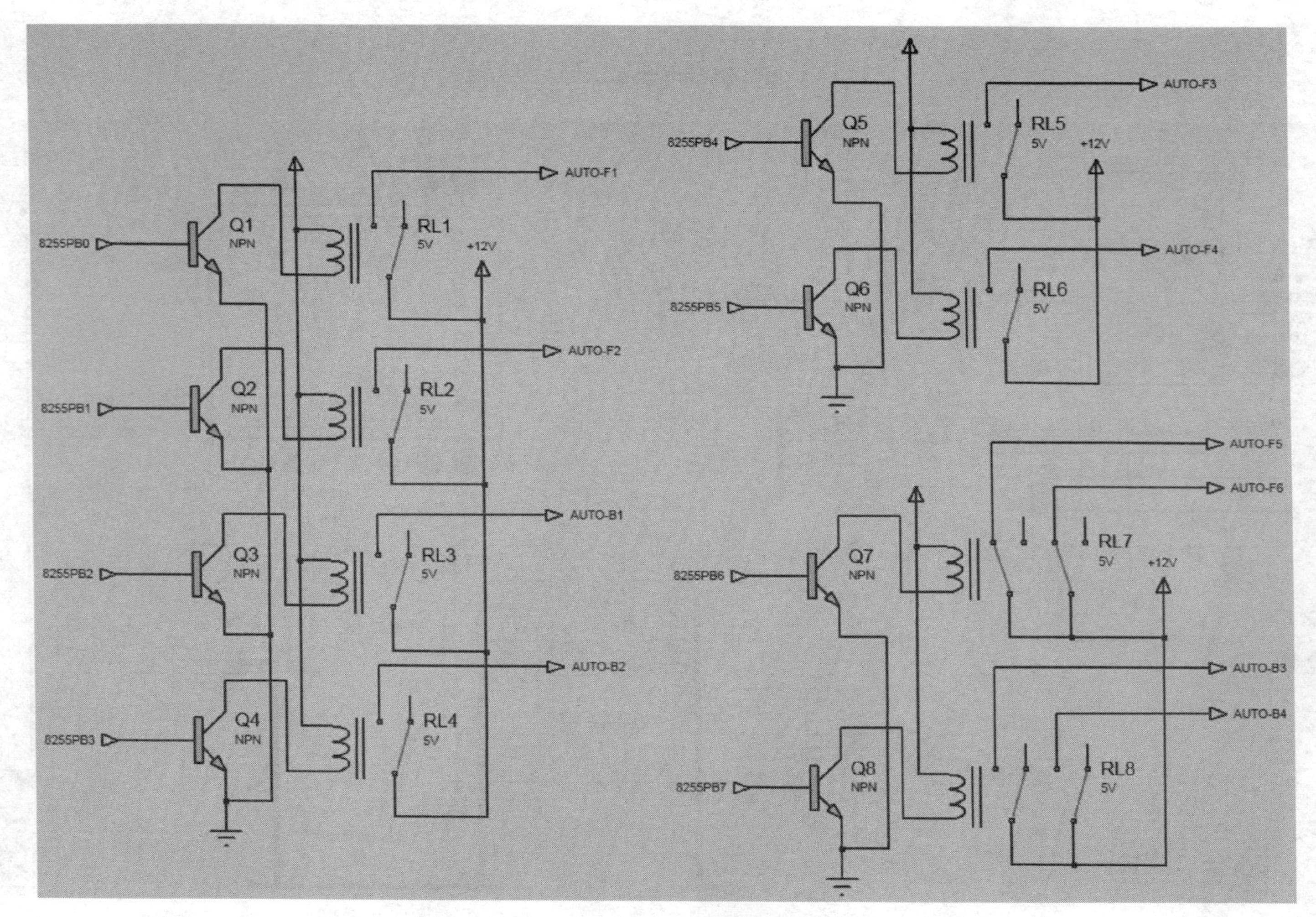

图4.57　汽车灯光继电器子电路原理图

4.10.3　程序设计

```
;=========================================
;项目名称:汽车灯光控制系统
;主要元件:8086/8255A
;主要功能:模拟汽车灯光的控制系统,实现主要车灯在汽车使用中的所需功能
;=========================================
Y0 EQU 8000H            ;接口地址——并行接口芯片 8255 片选信号
Y1 EQU 9000H            ;接口地址——未用
Y2 EQU 0A000H           ;接口地址——未用
Y3 EQU 0B000H           ;接口地址——未用
Y4 EQU 0C000H           ;接口地址——未用
Y5 EQU 0D800H           ;接口地址——未用
Y6 EQU 0E000H           ;接口地址——未用
Y7 EQU 0F000H           ;接口地址——未用
CODE    SEGMENT
        ASSUME CS:CODE,DS:CODE
START:  MOV AL,90H         ;8255 控制字为 90H=10010000B, A 口输入, B 口、C 口输
                           出, 均工作在方式 0
        MOV DX,Y0+6        ;8255 的控制口地址
        OUT DX,AL          ;写 8255 控制口
        MOV AL,00H
        MOV DX,Y0+2
        OUT DX,AL
        MOV DX,Y0+4
        OUT DX,AL
;检测开关状态=====================================
KEY:    MOV DX,Y0
        IN  AL,DX
        AND AL,00011111B   ;读取 8255A 口, 保留有效的开关状态
        CMP AL,1EH         ;车辆启动, 进入 P1
        JZ  P1
        CMP AL,1CH         ;车辆启动+刹车, 进入 P2
        JZ  P2
        CMP AL,1AH         ;车辆启动+大灯, 进入 P3
        JZ  P3
        CMP AL,18H         ;车辆启动+大灯+刹车, 进入 P4
        JZ  P4
        CMP AL,16H         ;车辆启动+左转灯, 进入 P5
```

```
        JZ   P5
        CMP AL,0EH          ;车辆启动+右转灯，进入 P6
        JZ   P6
        CMP AL,14H          ;车辆启动+左转向灯+刹车，进入 P7
        JZ   P7
        CMP AL,0CH          ;车辆启动+右转向灯+刹车，进入 P8
        JZ   P8
        CMP AL,12H          ;车辆启动+左转向灯+大灯，进入 P9
        JZ   P9
        CMP AL,0AH          ;车辆启动+右转向灯+大灯，进入 P10
        JZ   P10
        CMP AL,10H          ;车辆启动+左转向灯+大灯+刹车，进入 P11
        JZ   P11
        CMP AL,08H          ;车辆启动+右转向灯+大灯+刹车，进入 P12
        JZ   P12
        MOV AL,00H          ;其余状态下，灯全部熄灭
        MOV DX,Y0+2
        OUT DX,AL
        JMP KEY
P1:     MOV AL,40H          ;车辆启动，开启日间行车灯
        MOV DX,Y0+2
        OUT DX,AL
        JMP KEY
P2:     MOV AL,0C0H         ;开启日间行车灯、刹车灯
        MOV DX,Y0+2
        OUT DX,AL
        JMP KEY
P3:     MOV AL,30H          ;开启大灯，同时日间行车灯熄灭
        MOV DX,Y0+2
        OUT DX,AL
        JMP KEY
P4:     MOV AL,0B0H         ;开启大灯和刹车灯，同时日间行车灯熄灭
        MOV DX,Y0+2
        OUT DX,AL
        JMP KEY
P5:     MOV AL,45H          ;前、后左转向灯闪烁
        MOV DX,Y0+2
        OUT DX,AL
        MOV CX,8000H
```

```
        LOOP $
        MOV AL,40H
        MOV DX,Y0+2
        OUT DX,AL
        MOV CX,8000H
        LOOP $
        JMP KEY
P6:     MOV AL,4AH          ;前、后右转向灯闪烁
        MOV DX,Y0+2
        OUT DX,AL
        MOV CX,8000H
        LOOP $
        MOV AL,40H
        MOV DX,Y0+2
        OUT DX,AL
        MOV CX,8000H
        LOOP $
        JMP KEY
P7:     MOV AL,0C5H         ;前、后左转向灯闪烁,刹车灯开启
        MOV DX,Y0+2
        OUT DX,AL
        MOV CX,8000H
        LOOP $
        MOV AL,0C0H
        MOV DX,Y0+2
        OUT DX,AL
        MOV CX,8000H
        LOOP $
        JMP KEY
P8:     MOV AL,0CAH         ;前、后右转向灯闪烁,刹车灯开启
        MOV DX,Y0+2
        OUT DX,AL
        MOV CX,8000H
        LOOP $
        MOV AL,0C0H
        MOV DX,Y0+2
        OUT DX,AL
        MOV CX,8000H
        LOOP $
```

```
        JMP KEY
P9:     MOV AL,35H          ;前、后左转向灯闪烁，大灯开启，日间行车灯熄灭
        MOV DX,Y0+2
        OUT DX,AL
        MOV CX,8000H
        LOOP $
        MOV AL,30H
        MOV DX,Y0+2
        OUT DX,AL
        MOV CX,8000H
        LOOP $
        JMP KEY
P10:    MOV AL,3AH          ;前、后右转向灯闪烁，大灯开启，日间行车灯熄灭
        MOV DX,Y0+2
        OUT DX,AL
        MOV CX,8000H
        LOOP $
        MOV AL,30H
        MOV DX,Y0+2
        OUT DX,AL
        MOV CX,8000H
        LOOP $
        JMP KEY
P11:    MOV AL,0B5H;前、后左转向灯闪烁，大灯、刹车灯开启，日间行车灯熄灭
        MOV DX,Y0+2
        OUT DX,AL
        MOV CX,8000H
        LOOP $
        MOV AL,0B0H
        MOV DX,Y0+2
        OUT DX,AL
        MOV CX,8000H
        LOOP $
        JMP KEY
P12:    MOV AL,0BAH;前、后右转向灯闪烁，大灯、刹车灯开启，日间行车灯熄灭
        MOV DX,Y0+2
        OUT DX,AL
        MOV CX,8000H
        LOOP $
```

```
            MOV AL,0B0H
            MOV DX,Y0+2
            OUT DX,AL
            MOV CX,8000H
            LOOP $
            JMP KEY
ENDLESS:
            JMP ENDLESS
CODE        ENDS
            END START
```

4.10.4　仿真调试

运行原理图仿真或源代码调试。闭合总开关时，日间行车灯自动开启；闭合大灯开关，大灯开启，同时日间行车灯熄灭；闭合左、右转向灯开关，左、右转向灯开启并闪烁；闭合刹车开关，刹车灯开启，其他车灯的状态不变。无论其他开关是否闭合，只要闭合总开关则所有车灯熄灭。

第 5 章 微机实验系统

5.1 微机实验系统简介

微机实验系统是操作微机接口技术课程实验的硬件平台，与 Proteus 8 设计仿真软件形成了虚实结合、虚实互补的实验体系。实验系统的实物图如图 5.1 所示。

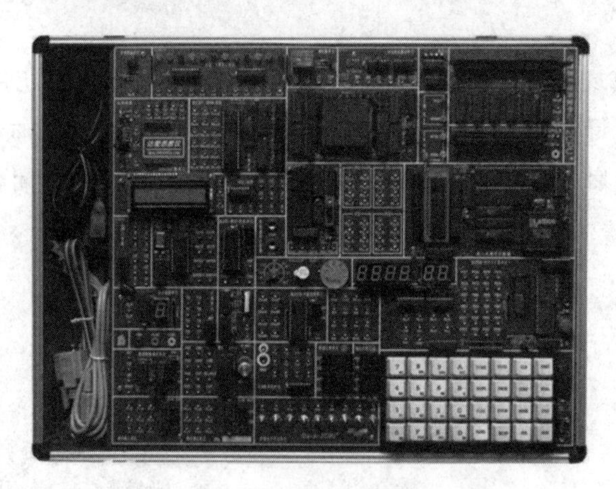

图 5.1 微机实验系统实物图

Dais 8088/8086 微机接口实验箱由管理 CPU、目标 CPU 8088 单元和通用电路、接口实验电路及稳压电源组成。实验箱通过 RS232C 串行接口与 PC 相连，实验箱系统硬件主要组成内容如表 5.1 所示。

表 5.1 微机实验系统主要硬件组成

CPU	管理 CPU 89C52、目标 CPU 准 16 位 8088/8086
系统存储器	监控管理程序在管理 CPU 的 FLASH 中、由两 RAM 器件 61256 构成最小系统(寻址范围 64 KB)、一片 61256(32 KB)作为断点区(BPRAM)
接口芯片及单元实验	8251、8253、8255、8259、8237、ADC0809、DAC0832、164、273、244、393 分频、电子发声单元、电机控制单元、开关及发光二极管、单脉冲触发器、继电器控制、16×16 点阵、2×16 LCD 及 PCI 桥接单元等
外设接口	打印接口、RS232C 串口、D/A 驱动接口、步进电机驱动接口、音频驱动接口、ISA 总线接口
显示器	6 位 LED、二路双踪示波器
键盘	32 键自定义键盘
EPROM 编程	对 EPROM 2764/27128 快速读出
系统电源	+5V/2A，±12V/0.5A

1. 实验箱的系统组成功能与特点

(1) 实验箱自带键盘、显示设备，可以脱离 PC 独立运行，也可以与 PC 联机进行操作。两种工作方式任意选择；全面支持《微机原理与接口》、《微机控制应用》等课程的实验教学。

(2) 实验箱采用紧耦合多 CPU 技术，用 STC89C52 作为实验箱的管理 CPU，实验箱中运行目标代码的 CPU 为 8088。

(3) 运行目标代码的 CPU8088 采用主频为 14.3818 MHz，8088 采用最小工作方式。

(4) 实验箱配有 1 片 6116 构成系统的 4K 基本 BIOS，另配两片 61C256(64 KB)作为实验程序与数据空间，地址从 00000H 到 0FFFFH(其中 00000H～003FFH 作为目标机中断向量区)，还配有一片 61C256(32 KB)作为用户设置的断点区(BPRAM)。

(5) 实验项目完整丰富，与课程教学紧密结合，同时配有步进电机、直流电机、音响等实验对象，可支持控制应用类综合实验。

(6) 系统接口实验电路为单元电路方式，电路简洁明了，采用扁平线、排线、双头实验导线相结合的办法，进一步简化了实验电路连接环节，既可减轻繁琐的连线工作，又能提高学生的实验工作能力。

(7) 在与 PC 联机的方式下，通过 RS232 通信接口，在 Windows 集成软件的支持下，利用上位机丰富的软件硬件资源，实现用户程序的编辑、编译、调试运行，提高实验效率。

(8) 实验箱具有最丰富的调试手段，系统全面支持硬件断点，可无限制设置断点，同时具有单步、宏单步、连续运行及无限制暂停等功能。

(9) 实验箱选配 Dais - PCI 总线适配卡，可实现 PC 与实验系统的连接，支持实模式、保护模式下的 I/O 设备、存储器及中断访问，支持汇编语言及高级语言编程。

2. 实验箱系统资源分配

实验系统寻址范围定义如表 5.2 所示。

表 5.2　微机实验系统寻址范围

系统数据区	F000：0000～00FFH
系统堆栈区	F000：0100～01FFH
系统程序区	F000：0200～07FFH
用户程序区	0000：1000～0FFFFH
用户数据区	
用户堆栈区	0000：0600～0400H
中断向量区	0000：0000～03FFH

系统已定义的 I/O 地址如表 5.3 所示。

表5.3　微机实验系统的I/O地址

接口芯片	口地址	用途
74LS273	0FFDDH	字位口
74LS273	0FFDCH	字形口
74LS245	0FFDEH	键入口
8255A口	0FFD8H	EP总线
8255B口	0FFD9H	EP地址
8255C口	0FFDAH	EP控制
8255控制口	0FFDBH	控制字

5.2　微机实验系统使用说明

1. 实验方式

本章的实验需要使用Dais实验箱。实验时可以采用如下两种方式。

(1) 实验箱不与PC连接，实验箱就是一个独立的简易的微机。本章所列的实验程序代码已经固化在一个监控管理CPU中，在实验箱的数码管显示“P.”状态下，从实验箱的键盘上按动“0”，再按“EV/UN”，即可将某个实验程序的代码装载到RAM中，然后由目标CPU 8088运行在RAM中的代码。因为实验程序中采用的子程序形式较多，要互相调用。需要学生通过实验箱的键盘输入各种命令将各个子程序装载到RAM中。程序的运行结果可以通过数码管进行显示。该方式也称为监控方式。

在这种方式下，学生不能进行源程序的编辑、汇编、连接，只能全速运行固化的二进制程序，或者单步运行，通过数码管显示运行的情况。

(2) 实验箱与PC通过串口通信方式连接。学生在PC的软件上对源程序进行编辑、汇编、连接，通过实验箱提供的手段将二进制代码下载到RAM中，然后由CPU 8088运行该代码。学生可以通过PC机的软件控制程序的执行，进行调试。该方式也称为联机方式。

显然，这种方式比第一种方式提供了更灵活的功能。

2. 硬件安装

(1) 通过随实验箱配置的三芯电源线，将实验箱接入交流220V电源。警告：注意安全！

(2) 打开实验箱上的电源开关，一切正常的话，实验箱的数码管应显示闪动的“P.”。如果没有显示，应该按一下RESET键，重新启动。复位后，如果数码管仍然不显示闪动的“P.”，则表明存在硬件故障，应立即切断交流电源，与实验室管理人员联系。

(3) 实验箱功能自检。

在闪动的“P.”状态下，按键“MOVE”→“1000”→“STEP”→“EXEC”，实验箱以连续方

式运行“8”字循环右移程序，若6位LED出现跑“8”显示，说明实验箱已进入正常工作状态，可按“RESET”键返回“P.”待令。

3. 键盘显示

(1) 实验箱配备6位LED显示器，左边4位显示地址，右边2位显示该地址内容。

(2) 实验箱具有一个4×8键盘，左边16个是数字键，右边16个是功能键。

在键盘监控状态下，用户可以通过一组键命令完成下列操作：

- 读写寄存器内容；
- 读写存储器内容；
- 读写EPROM内容；
- 数据块移动；
- I/O端口读写；
- 断点设置与清除；
- 通过单步断点连续等功能来调试运行实验程序。

4. 初始化状态

实验箱上电或者按RESET键以后，数码管显示监控提示符“P.”，CPU 8088各寄存器的初始化值如下：

SP＝0600H，CS＝0000H，DS＝0000H，SS＝0000H，ES＝0000H，IP＝1000H，FL＝0000H

注意：

(1) 所有命令均在提示符“P.”状态下输入。

(2) 在键盘监控状态，用户段地址为0000H。

5. 联机方式下Windows软件安装

(1) 在桌面上点击微机实验系统软件“Intel 8086集成开发环境”图标，出现如图5.2所示窗口，选择“串口1”，波特率选择“57600”，单击“确认”。进入软件界面。

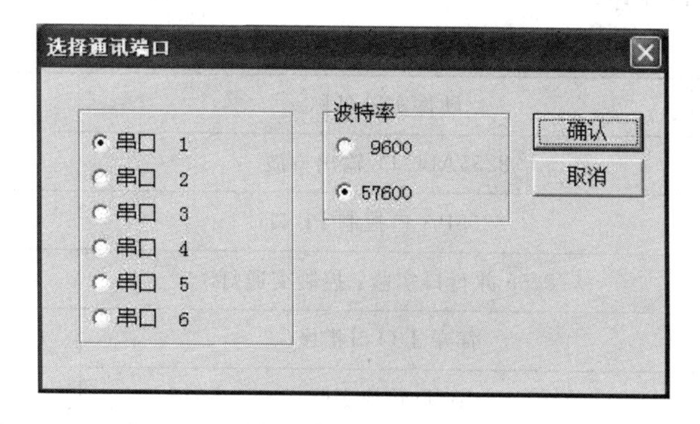

图5.2　选择微机实验系统的通讯端口

(2) 点击工具条中图标，在打开的对话框中双击某个实验的汇编源代码文件，进入实验源程序的编辑窗口。

(3) 点击工具条中 图标，进行源文件的编译、装载，在出现编译成功的对话框后，点击“OK”框自动进入源文件调试状态。

(4) 在工具条中点击所需的运行方式： 是单步运行， 是宏单步运行， 是连续运行。

(5) 若需要以断点方式运行，可直接点击源语句行前的 图标来完成所需断点的设置与清除，然后再点击 图标进入断点运行状态。

(6) 系统一旦进入运行状态后，若需终止该程序的运行，请点击 图标退出当前操作，返回待令状态。

6. 监控方式下操作

(1) 在“P.”状态下按“0”→“EV/UN”，装载实验所需的代码程序。

(2) 在“P.”状态下，键入实验项目所需的程序入口地址，然后按“STEP”或“EXEC”进入实验项目的调试与运行。

(3) 若需要以断点方式运行，请在“P.”状态下键入断点地址，然后按“SRB”键确认，再键入实验程序入口地址，按“EXEC”进入实验项目的断点运行状态。

(4) 系统一旦进入运行状态后，若需终止该程序的运行，请按“STOP”退出当前操作，返回待令状态。

7. 实验项目

使用实验箱进行的实验可以分为两部分：一部分是基于 Dias 实验箱的软件实验，另一部分是基于 Dias 实验箱的硬件实验。所有实验都是相互独立的，没有固定的先后关系。其中，在进行硬件实验时，需要学生用导线将某些器件连接起来。需要学生连接的导线在实验接线图上用粗实线表示。

实验箱中固化了所有实验项目的二进制代码，学生可以在监控方式下运行或调试。这些硬件实验项目的实验名称、程序入口地址如表 5.4 所示。在 5.3 节中选取了这些实验中的部分典型项目进行详述。

表 5.4　微机实验系统的硬件部分实验

实验序号	硬件实验名称	入口地址
实验一	8255ABC 口 输出方波	32C0H
实验二	8255PA 口控制 PB 口	32E0H
实验三	8255 并行口实验：控制交通灯	32F0H
实验四	简单 I/O 口扩展	3380H
实验五	A/D 转换实验	3390H
实验六	D/A 转换实验(一)	3480H(调零) 33E0H(方波)
实验七	D/A 转换实验(二)	33F0H

续表

实验序号	硬件实验名称	入口地址
实验八	8259 中断实验	3400H
实验九	8253 定时/计数器：方波	3490H
实验十	继电器控制	34B0H
实验十一	8251 串行口实验(一)自发自收	35C0H
实验十二	8251 串行口实验(二)与 PC 通信	3FD0H(接收) 3FD8H(发送)
实验十三	步进电机控制	3620H
实验十四	小直流电机调速实验	3670H
实验十五	16×16 点阵显示实验	3AD2H
实验十六	外部存储器扩展实验	联机操作
实验十七	音频控制	联机操作
实验十八	8237A 可编程 DMA 控制实验(一)	3900H
实验十九	8237A 可编程 DMA 控制实验(二)	联机操作
实验二十	2×16LCD 液晶显示实验	3B38

在与 PC 联机状态，学生可以在 PC 的 Windows 集成环境下编写实验项目的源程序，并进行编译、连接后，将二进制代码下载到实验系统 RAM 中，由 CPU 8088 运行或进行调试。

5.3 典型硬件实验项目

实验三 8255 并行口实验：控制交通灯

一、实验目的

掌握通过 8255 并行口传输数据的方法，以控制发光二极管的亮与灭。

二、实验内容

用 8255 作输出口，控制 12 个发光二极管的亮灭，模拟交通灯管理。

三、程序流程

交通灯程序流程如图 5.3 所示。

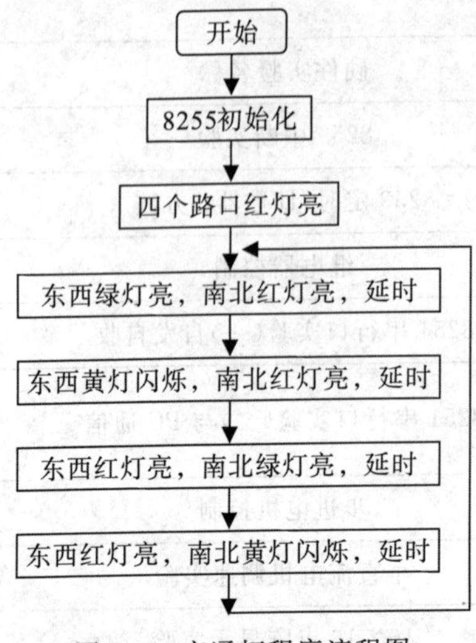

图 5.3 交通灯程序流程图

四、实验电路

该实验的实验电路图如图 5.4 所示。

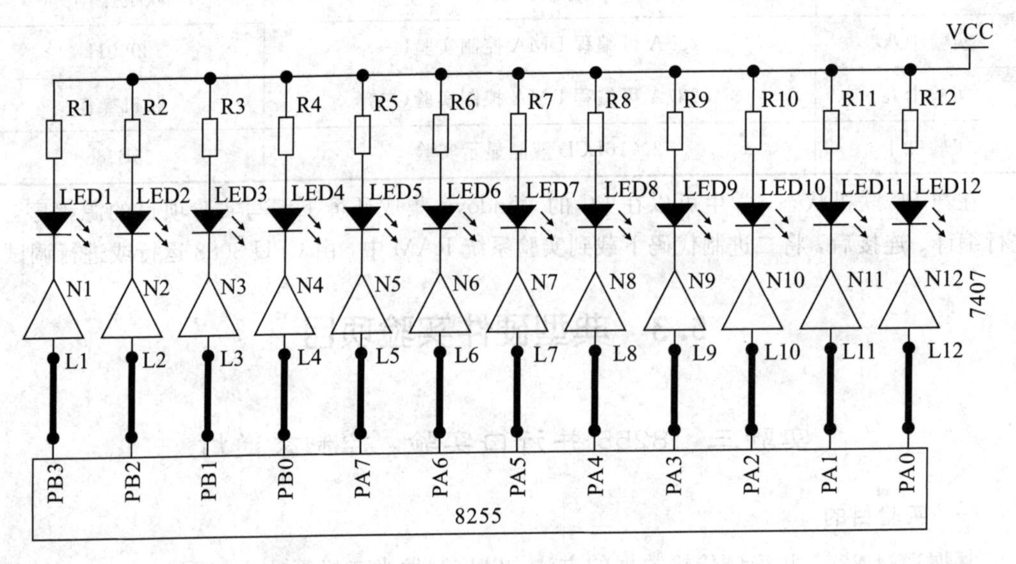

图 5.4 交通灯实验电路图

五、编程提示

(1) 通过 8255 控制发光二极管的亮灭，以模拟交通灯的管理，PB3、PB0、PA5、PA2 对应黄灯，PB1、PA6、PA3、PA0 对应红灯，PB2、PA7、PA4、PA1 对应绿灯。

(2) 要完成本实验，必须先了解交通路灯的亮灭规律：东西路口的绿灯亮，南北路口的红灯亮，东西路口方向通车。延时等待后，东西路口的绿灯熄灭，黄灯开始闪烁。闪烁若干次后，东西路口红灯亮，而同时南北路口的绿灯亮，南北路口方向开始通车，延时等待后，南北路口的绿灯熄灭，黄灯开始闪烁。闪烁若干次后，再切换到东西路口方向，之后重复以上过程。

(3) 程序中设定好 8255 的工作模式，三个端口均工作在方式 0，并处于输出状态。

(4) 系统使用的发光二极管为共阴极，逻辑 0 点亮，逻辑 1 熄灭。

六、实验步骤

1. 实验连线

8255PA 口接 L12～L5，PB0～PB3 接 L4～L1。

2. LED 环境

(1) 在“P.”状态下按“0”→“EV/UN”，装载实验所需的代码程序。

(2) 在“P.”状态下键入 32F0，然后按“EXEC”运行实验项目。

3. PC 环境

在与 PC 联机状态下，编译、连接、下载“PH88\he03.asm”，用连续方式运行程序。

4. 观察运行结果

在连续运行方式下，初始态为四个路口的红灯全亮之后，东西路口的绿灯亮，南北路口的红灯亮，东西路口方向通车。延时一段时间后，东西路口的绿灯熄灭，黄灯开始闪烁。闪烁若干次后，东西路口红灯亮，而同时南北路口的绿灯亮，南北路口方向开始通车，延时一段时间后，南北路口的绿灯熄灭，黄灯开始闪烁。闪烁若干次后，再切换到东西路口方向，之后重复以上过程。

5. 终止运行

按“暂停”图标或实验箱上的“暂停”按钮，使系统无条件退出运行，返回监控状态。

实验四　简单 I/O 口扩展

一、实验目的

学习微机系统中扩展简单 I/O 口的硬件实现及编程方法。

二、实验内容

利用 74LS244 作为输入口，读取开关状态，通过 74LS273 驱动发光二极管显示出来。

三、程序流程

简单 I/O 扩展程序流程如图 5.5 所示。

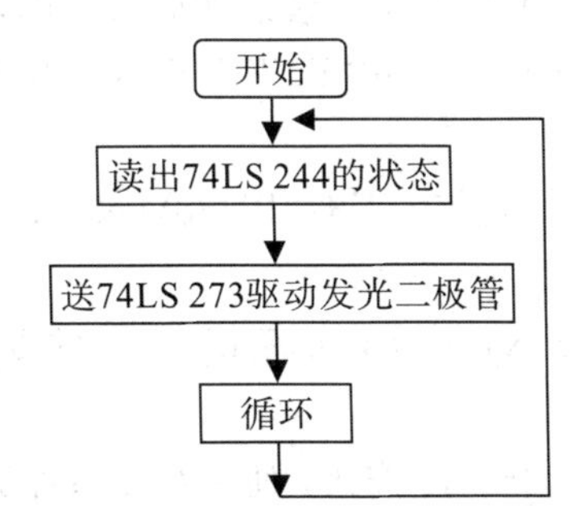

图 5.5　简单 I/O 口扩展程序流程图

四、实验电路

该实验的电路图如图 5.6 所示。

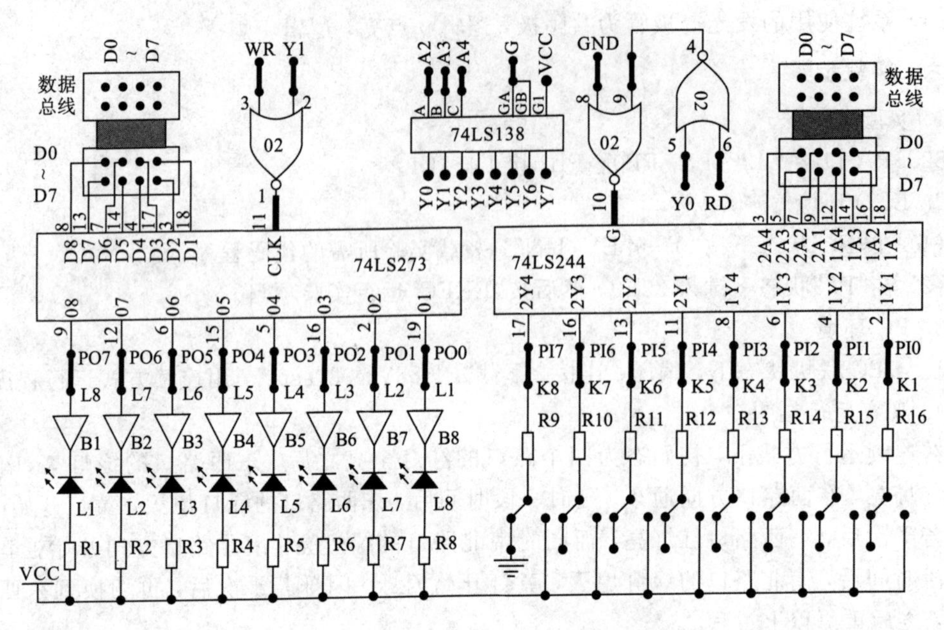

图 5.6　简单 I/O 口扩展实验电路图

五、实验步骤

1. 实验连线

(1) 74LS244 的输入端 PI0～PI7 接 K1～K8，74LS273 的输出端 PO0～PO7 接 L1～L8。用 8 芯扁平电缆将 I/O IN 区、I/O OUT 区的数据总线插座与数据总线单元任一插座相连。

(2) 连接 74LS138 译码输入端 A、B、C，其中 A 连 A2，B 连 A3，C 连 A4，74LS 138 使能控制输入端 G 与总线单元上方的 GS 相连。

(3) 74LS02 门电路的①脚接缓冲输出单元的 CLK，②脚接系统单元 Y1，③脚接译码单元的 WR，④脚与⑨脚相连，⑤脚接译码单元的 Y0，⑥脚接系统单元 RD，⑧脚接 GND，⑩脚接缓冲输入单元的 G。

2. LED 环境

(1) 在“P.”状态下按“0”→“EV/UN”，装载实验所需的代码程序。

(2) 在“P.”状态下键入 3380，然后按“EXEC”运行实验项目。

3. PC 环境

在与 PC 联机状态下，编译、连接、下载“PH88\he04.asm”，用连续方式运行程序。

4. 观察运行结果

以连续方式运行程序，拨动 K1～K8，观察 L1～L8 的点亮情况。

5. 终止运行

按“暂停”图标或实验箱上的“暂停”按钮，使系统无条件退出运行，返回监控状态。

实验五　A/D 转换实验

一、实验目的

了解模/数转换的基本原理，掌握 ADC0809 的使用方法。

二、实验内容

利用实验系统上的 ADC 0809 作为 A/D 转换器，实验系统的电位器提供模拟量输入，编制程序，将模拟量转换成数字，通过数码管显示出来。

三、程序流程

A/D 转换程序的流程如图 5.7 所示。

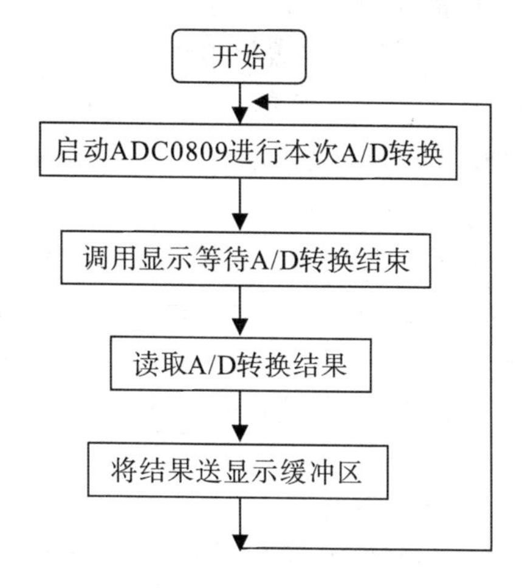

图 5.7　A/D 转换程序流程图

四、实验电路

该实验的电路图如图 5.8 所示。

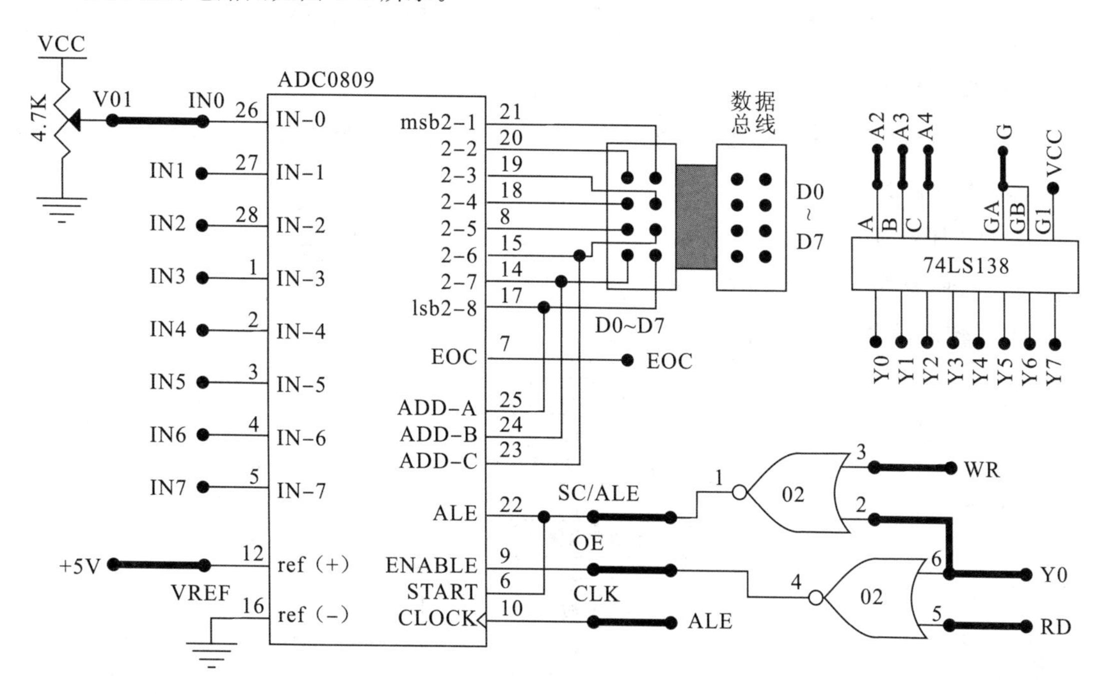

图 5.8　A/D 转换实验电路图

五、实验步骤

1. 实验连线

(1) 连接 74LS 138 译码输入端 A、B、C，其中 A 连 A2，B 连 A3，C 连 A4，74LS138 使能控制输入端 G 与总线单元上方的 GS 相连。

(2) 74LS02 门电路的①脚接模/数转换单元的 SC/ALE，②、⑥脚接译码单元的 Y0，③脚接系统单元的 WR，④脚接模/数转换单元的 OE，⑤脚接系统单元的 RD。

(3) 用 8 芯扁平电缆将 I/O OUT 区的数据总线插座与数据总线单元任一插座相连。

(4) 模/数转换单元的 CLK 插孔与系统单元的 ALE 相连。

(5) 把模/数转换单元的模拟量调节输出端与模/数转换单元的 IN0 相连。

2. LED 环境

(1) 在"P."状态下按"0"→"EV/UN"，装载实验所需的代码程序。

(2) 在"P."状态下键入 3390，然后按"EXEC"运行实验项目。

3. PC 环境

在与 PC 联机状态下，编译、连接、下载 PH88\he05.asm，用连续方式运行程序。

4. 观察运行结果

以连续方式运行程序，一旦进入 A/D 程序的运行，显示器显示"0809XX"，旋动模拟电压电位器，改变 IN0 的模拟量"XX"，显示缓冲区应随之变化。

5. 终止运行

按"暂停"图标或实验箱上的"暂停"按钮，使系统无条件退出运行，返回监控状态。

实验六　D/A 转换实验：输出方波

一、实验目的

了解数/模转换的基本原理，掌握 DAC0832 芯片的使用方法。

二、实验内容

编制程序，利用 0832 芯片输出方波。

三、程序流程

D/A 转换程序的流程如图 5.9 所示。

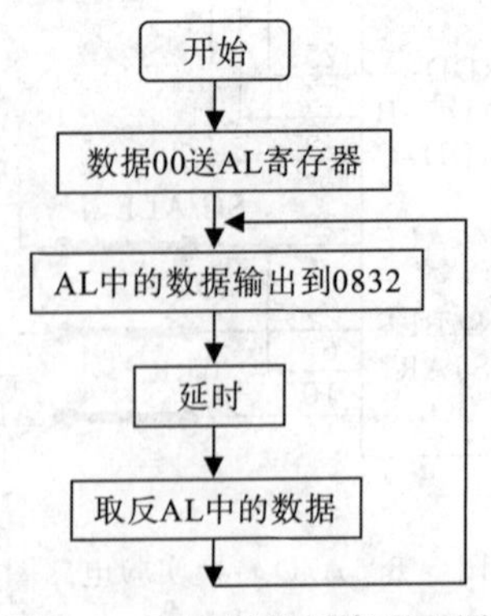

图 5.9　D/A 转换程序流程图

四、实验电路

该实验的电路图如图 5.10 所示。

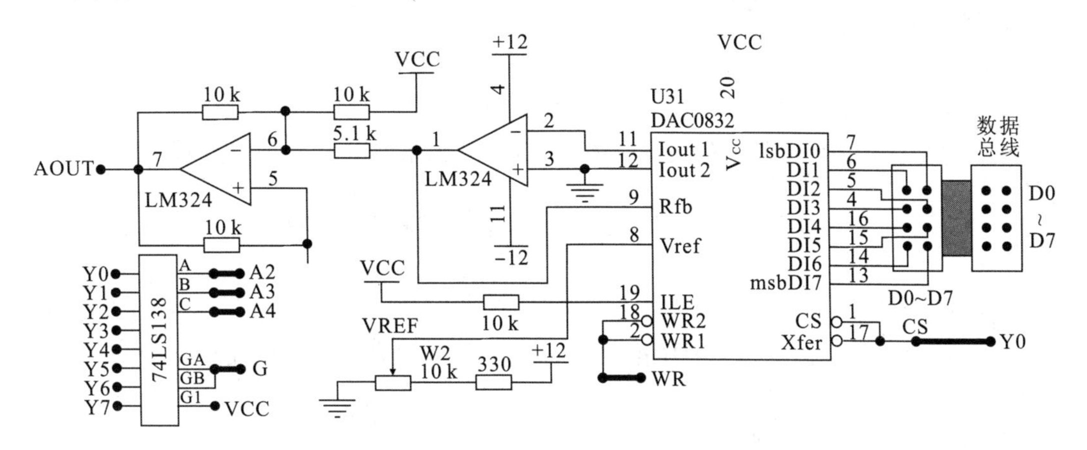

图 5.10　D/A 转换实验电路图

五、编程提示

（1）首先须由 CS 片选信号确定 DAC 寄存器的端口地址，然后锁存一个数据通过 0832 输出，典型程序如下：

```
MOV DX, DAPORT      ；0832 地址
MOV AL, DATA        ；输出数据到 0832
OUT DX, AL
```

（2）产生方波信号的周期由延时常数确定。

六、实验步骤

1. 实验连线

（1）连接 138 译码输入端 A、B、C，其中 A 连 A2，B 连 A3，C 连 A4，138 使能控制输入端 G 与总线单元上方的 GS 相连。

（2）数/模转换单元的 CS 与译码单元 Y0 相连，数模转换单元的 WR 与系统单元的 IOW 相连。

（3）用 8 芯扁平电缆将数/模转换驱动单元的数据总线插座与数据总线单元任一插座相连。

2. LED 环境

（1）在“P.”状态下按“0→EV/UN”，装载实验所需的代码程序。

（2）在“P.”状态下键入 3480，按“EXEC”键开始执行调零程序，然后调节位于 D/A 单元的调基准电位器，使数/模转换单元的 AOUT 输出电压为 0V，按复位按钮返回“P.”状态。

（3）在“P.”状态下键入 33E0，按“EXEC”进入实验项目的运行。

3. PC 环境

在与 PC 联机状态下，编译、连接、下载“PH88\da_0V.asm”，执行调零程序，然后调

节位于D/A单元的调基准电位器，使数/模转换单元的AOUT输出电压为0V，按“暂停”图标返回“P.”状态，用连续方式运行“PH88\he06.asm”程序。

4. 观察运行结果

以连续方式运行程序，D/A输出端“AOUT”输出方波。

5. 终止运行

按“暂停”图标或实验箱上的“暂停”按钮，使系统无条件退出运行，返回监控状态。

实验九　定时/计数器：8253方波

一、实验目的

学习8253芯片和微机接口的连接方法，掌握8253定时器/计数器的工作方式和编程原理。

二、实验内容

8253是一种可编程定时/计数器，有3个16位计数器，其计数频率范围为0～2 MHz，用+5 V单电源供电。

8253的功能用途具体如下。

(1) 延时中断；

(2) 可编程频率发生器；

(3) 事件计数器；

(4) 二进制倍频器；

(5) 实时时钟；

(6) 数字单稳；

(7) 复杂的电机控制器。

8253的6种工作方式具体如下。

(1) 方式0：计数结束中断；

(2) 方式1：可编程频率发生器；

(3) 方式2：频率发生器；

(4) 方式3：方波频率发生器；

(5) 方式4：软件触发的选通信号；

(6) 方式5：硬件触发的选通信号。

本实验设8253的0通道工作在方式3，产生方波。

三、程序流程

8253方波程序的流程如图5.11所示。

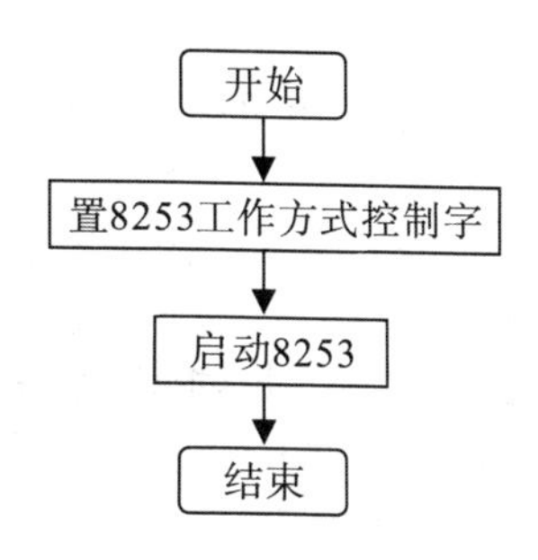

图 5.11　8253 方波程序流程图

四、实验电路

该实验的电路图如图 5.12 所示。

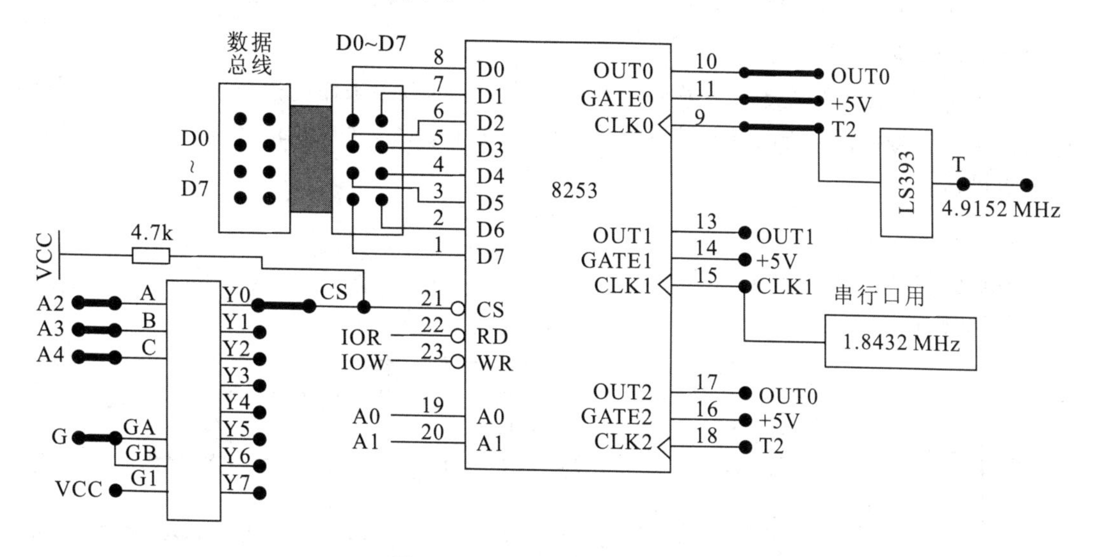

图 5.12　8253 方波实验电路图

五、实验步骤

1. 实验连线

(1) 连接 138 译码输入端 A、B、C，其中 A 连 A2，B 连 A3，C 连 A4，138 使能控制输入端 G 与总线单元上方的 GS 相连。

(2) 定时计数单元 CLK0 与分频单元 T2 相连，GATE0 与＋5V 相连，8253 CS 与译码单元 Y0 相连。

(3) 用 8 芯扁平电缆将 8253 串行通信单元的数据总线插座与数据总线单元任一插座相连。

2. LED 环境

(1) 在“P.”状态下按“0→EV/UN”，装载实验所需的代码程序。

(2) 在“P.”状态下键入 3490，然后按“EXEC”进入实验项目的运行。

3. PC 环境

在与 PC 联机状态下，编译、连接、下载 PH88\he09.asm，用连续方式运行程序。

4. 观察运行结果

以连续方式运行程序，用示波器观察 OUT0 应有方波输出。

5. 终止运行

按“暂停”图标或实验箱上的“暂停”按钮，使系统无条件退出运行，返回监控状态。

实验十三　步进电机控制

一、实验目的

了解步进电机控制的基本原理，掌握步进电机转动编程方法。

二、实验内容

用 8255 PA0～PA3 输出脉冲信号，驱动步进电机转动。

三、实验预备知识

步进电机驱动原理是通过切换每组线圈中的电流的顺序来使电机作步进式旋转，驱动电路由脉冲信号控制，所以调节脉冲信号的频率便可改变步进电机的转速。微电脑控制步进电机最适合。

四、实验电路

该实验的电路图如图 5.13 所示。

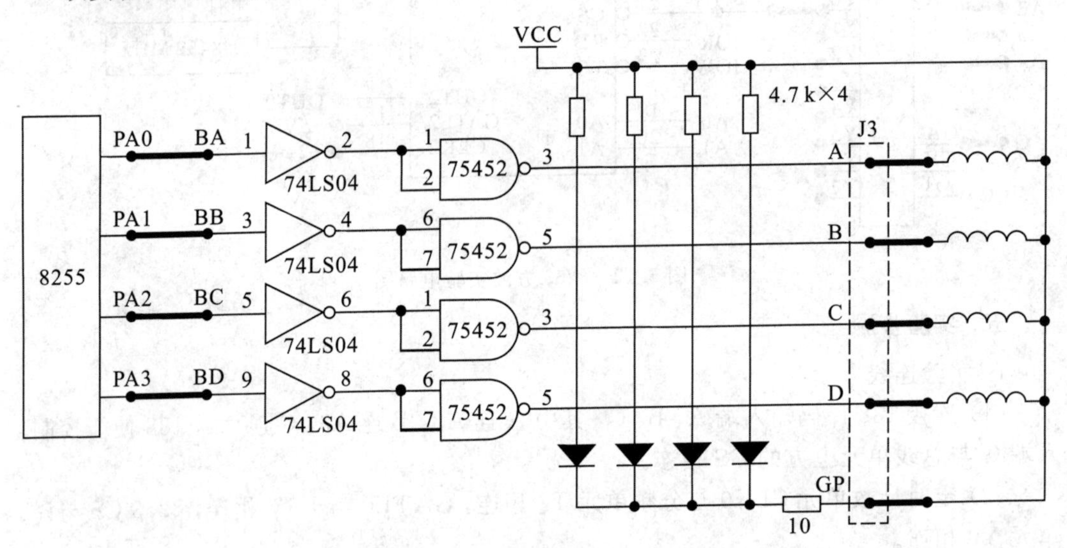

图 5.13　8255 控制步进电机实验电路图

五、实验步骤

1. 实验连线

8255 PA0～PA3 依次连到步进电机驱动单元的 BA～BD 插孔。

2. LED 环境

(1) 在“P.”状态下按“0→EV/UN”，装载实验所需的代码程序。

(2) 在“P.”状态下键入 3620，然后按“EXEC”进入实验项目的运行。

3. PC环境

在与PC联机状态下，编译、连接、下载“PH88\he13.asm”，用连续方式运行程序。

4. 观察运行结果

在连续运行方式下，观察步进电机转动情况。

5. 终止运行

按“暂停”图标或实验箱上的“暂停”按钮，使系统无条件退出运行，返回监控状态。

实验十四 小直流电机调速实验

一、实验目的

(1) 掌握直流电机的驱动原理。

(2) 了解直流电机的调速方法。

二、实验内容

(1) 用0832 D/A转换电路的输出经放大后驱动直流电机。

(2) 编制程序改变0832输出经放大后方波信号的占空比来控制电机转速。

三、实验电路

该实验的电路图如图5.14所示。

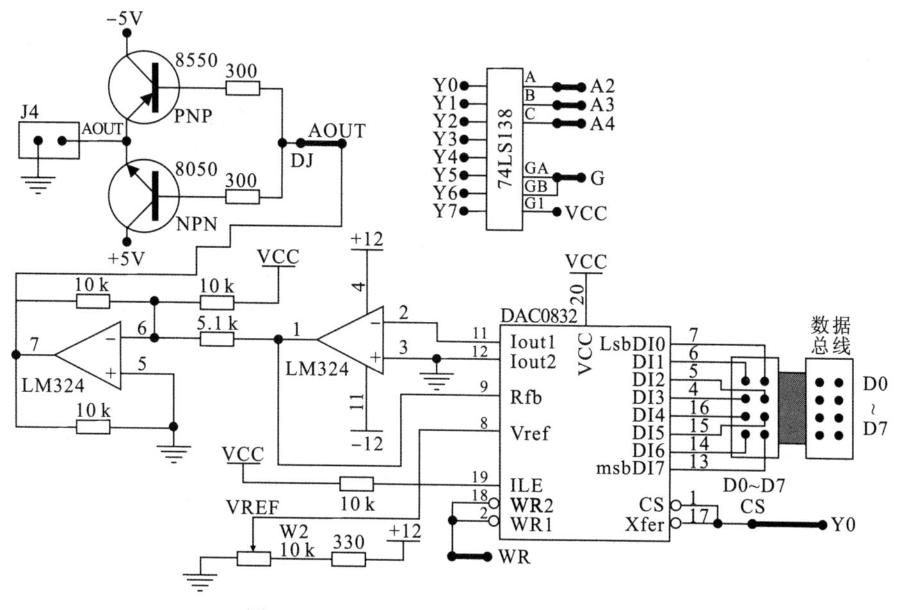

图5.14 8255控制步进电机实验电路图

四、实验步骤

1. 实验连线

(1) 连接138译码输入端A、B、C，其中A连A2，B连A3，C连A4，138使能控制输入端G与总线单元上方的GS相连。

(2) 数/模转换单元的CS与译码单元Y0相连，数模转换单元的WR与系统单元的IOW相连。

(3) 用 8 芯扁平电缆将数/模转换驱动单元的数据总线插座与数据总线单元任一插座相连。

2. LED 环境

(1) 在“P.”状态下按“0”→“EV/UN”，装载实验所需的代码程序。

(2) 在“P.”状态下键入 3480，按“EXEC”键开始执行调零程序，然后调节位于 D/A 单元的调基准电位器，使数/模转换单元的 AOUT 输出电压为 0，按复位按钮返回“P.”状态。

(3) 在“P.”状态下键入 3670，按“EXEC”进入实验项目的运行。

3. PC 环境

在与 PC 联机状态下，编译、连接、下载“PH88\da_0V.asm”，执行调零程序，然后调节位于 D/A 单元的调基准电位器，使数/模转换单元的 AOUT 输出电压为 0，按“暂停”图标返回“P.”状态，用连续方式运行“PH88\he14.asm”程序。

4. 观察运行结果

以连续方式运行程序，直流电机应在“停止”、“反转”、“停止”、“正转”的状态下循环工作。

5. 终止运行

按“暂停”图标或实验箱上的“暂停”按钮，使系统无条件退出运行，返回监控状态。

第 6 章　电路板焊接技术

6.1　焊接工具

按照任务书中实训项目的要求，完成了微机接口系统的电路原理图设计与仿真调试之后，就要制作接口电路板。制作的内容是在加工好的 PCB 底板上面安置元器件并进行焊接加工，为实训项目的联机调试做好硬件准备。

焊接是使金属连接的一种方法。它利用加热手段，在两种金属的接触面，通过焊接材料的原子或分子相互扩散作用，使两种金属间形成一种永久的牢固结合。利用焊接的方法进行连接而形成的接点叫做焊点。

焊接所需的主要工具如图 6.1 所示。

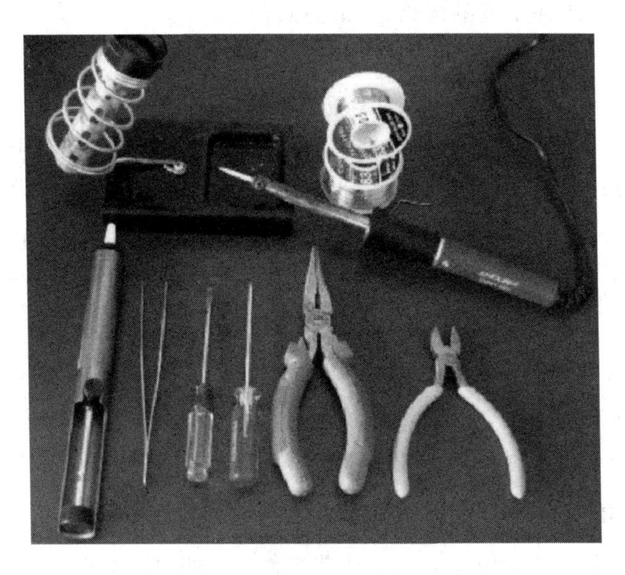

图 6.1　焊接主要工具

1. 电烙铁

电烙铁是焊接的主要工具，作用是把电能转换成热能对焊接点部位进行加热，同时熔化焊锡，使熔融的焊锡润湿被焊金属形成合金，冷却后被焊元器件通过焊点牢固地连接。

电烙铁主要有内热式电烙铁、外热式电烙铁、吸锡器电烙铁和恒温式电烙铁等类型。下面以常用于焊接小型电路元件的内热式电烙铁为例对电烙铁的结构加以简单说明。

内热式电烙铁由连杆、手柄弹簧夹、铁芯、烙铁头(也称铜头)4 个部件组成。烙铁芯安装在烙铁头的里面(发热快，热效率高达 85%～90%以上)，故称为内热式电烙铁。烙铁芯采用镍铬电阻丝绕在瓷管上制成，一般 20 W 的电烙铁其电阻为 2.4 kΩ 左右。常用的内热式电烙铁的工作温度如表 6.1 所示。

表 6.1　电烙铁的工作温度

烙铁功率/W	20	25	45	75	100
端头温度/℃	350	400	420	440	455

一般来说，电烙铁的功率越大，热量越大，烙铁头的温度越高。焊接集成电路、印制电路板等较小体积的元器件时，一般可选用 20 W 内热式电烙铁。使用烙铁功率过大，容易烫坏元器件(一般二极管、三极管结点温度超过 200℃时就会烧坏)或使印制导线从基板上脱落；使用的烙铁功率太小，焊锡不能充分熔化，也会烧坏器件，一般每个焊点应在 1.5～4 s 内完成。

电烙铁使用时的注意事项有以下几点：

(1) 使用前要坚持检查烙铁的电线有没有损坏，烙铁头有没有和电源引线间连接。

(2) 根据焊接对象合理选用不同类型的电烙铁。当被焊接的元器件较大时，则电烙铁的功率相应也要高。(现在学校的电烙铁都是恒温的。)

(3) 根据焊接元器件不同，可以选用不同截面的烙铁头，常用的是尖圆锥形。(学校的均为尖圆锥形。)

(4) 使用过程中不要任意敲击电烙铁头。内热式电烙铁连接杆管壁厚度只有 0.2 mm，不能用钳子夹，以免损坏。电烙铁在使用过程中应经常维护，保证烙铁头挂上一层薄锡。当烙铁头上有杂质时，用湿润的耐高温海绵或棉布擦拭。(在学生工具箱里都有一个黄色的海绵类物体，洒上水后会自动膨胀，一般情况下尽量不要使用，因为学校的电烙铁质量不是很好易生锈。)

(5) 使用电烙铁时，不要向外甩锡，以免伤到皮肤和眼睛。

(6) 新的电烙铁使用前，首先要给烙铁上一层松香，然后用另一把烙铁给新烙铁上锡。

(7) 对于吸锡电烙铁，在使用后要马上压挤活塞清理内部的残留物，以免堵塞。

2. 其他常用工具

(1) 尖嘴钳头部较细，常用来夹小型金属零件、元件引脚成型。

(2) 剪丝钳的刀口较锋利，主要用来剪切导线及元件多余的引线。

(3) 镊子的作用是弯曲较小元器件的引脚、镊取微小器件用焊接。

(4) 螺丝刀有“一”字式和“十”字式两种，由金属或非金属材料制造而成；它的作用是拧动螺钉及调整可调元器件的可调部分。电路调试时，调整电容或中周时要选用非金属的螺丝刀。

(5) 小刀用来刮去导线和元件引线上的绝缘物和氧化物。

(6) 剥线钳用于剥离导线上的护套层。(剥线钳工具箱中没有，实验课时从老师处领取，轮流使用)

6.2 焊接材料

1. 焊料

焊料是一种易熔的金属及合金，它能使元件引线与印刷电路板连接在一起，形成电气互联。焊料的选择对焊接质量有很大的影响。锡(Sn)是一种质地柔软、具有很大延展性的银白色金属，熔点为 232℃，在常温下化学性能稳定，不易氧化，不失金属光泽，抗大气腐蚀能力强。铅(Pb)是一种较软的浅青白色金属，熔点为 327℃，高纯度的铅耐大气腐蚀能力强，化学稳定性好，但对人体有害。锡中加入一定比例的铅和少量其他金属可制成熔点低、流动性好、对元件和导线的附着力强、机械强度高、导电性好、不易氧化、抗腐蚀性强、焊点光亮美观的焊料，一般称为焊锡，如图 6.2 所示。

图 6.2　焊锡

1）焊锡的种类

常用焊锡按含锡量的多少可分为 15 种，并按含锡量和杂质的化学成分分为 S、A、B 三个等级。家用电器和通信设备使用的焊锡为 60Sn～40Sn；65Sn 用于印刷电路板的自动焊接(浸焊、波峰焊等)；50Sn 为手工焊接中使用较广的焊锡，但其液相温度高(约为 215℃)，所以为防止器件过热，最好选用 60Sn 或是 63Sn。

2）焊锡的形状

焊锡有很多种形状，手工焊接主要使用丝状焊锡。焊锡丝的直径(单位为 mm)有 0.5、0.8、0.9、1.0、1.2、1.5、2.0、2.3、2.5、3.0、4.0、5.0 等多种。实际在手工焊接时，为了使操作简化一般是将焊锡制成丝型管状，管内夹带固体焊剂。焊剂一般用特级松香并添加一定的活化剂(如二乙胺盐酸盐)制成。

2. 焊剂

根据焊剂的作用不同可将焊剂分为助焊剂和阻焊剂两大类。手工电子制作时主要使用助焊剂。助焊剂一般可分为无机助焊剂、有机助焊剂和树脂助焊剂。焊剂能溶解去除金属表面的氧化物，并在焊接加热时包围金属的表面，使之和空气隔绝，防止金属在加热时氧化；可降低熔融焊锡的表面张力，有利于焊锡的湿润。如图6.3所示为常见的焊剂松香。

图6.3　焊剂松香

6.3　基本焊接操作与注意事项

6.3.1　对焊接点的基本要求

(1) 焊点要有足够的机械强度，保证被焊件在振动或受冲击时不至脱落、松动。不能用过多焊料堆积，这样容易造成虚焊或焊点与焊点的短路。

(2) 焊点的焊接要可靠，具有良好导电性，防止虚焊。虚焊是指焊料与被焊件表面没有形成合金结构，只是简单地依附在被焊金属表面上。

(3) 焊点表面要光滑、清洁，有良好光泽，不应有毛刺、空隙，要无污垢，尤其是要避免焊剂的有害残留物质，这就要求要选择合适的焊料与焊剂。

6.3.2　手工焊接的基本操作方法

(1) 焊前准备。

准备好电烙铁以及镊子、剪刀、斜口钳、尖嘴钳、焊料、焊剂等，将电烙铁及焊件搪锡，左手握焊料，右手握电烙铁，保持随时可焊状态。

(2) 用烙铁加热备焊件。

(3) 送入焊料，熔化适量焊料。

(4) 移开焊料。

(5) 当焊料流动覆盖焊接点，迅速移开电烙铁。

上述方法是在电路板上焊接电气元件的基本方法，简称焊接的五步法，如图6.4所示。

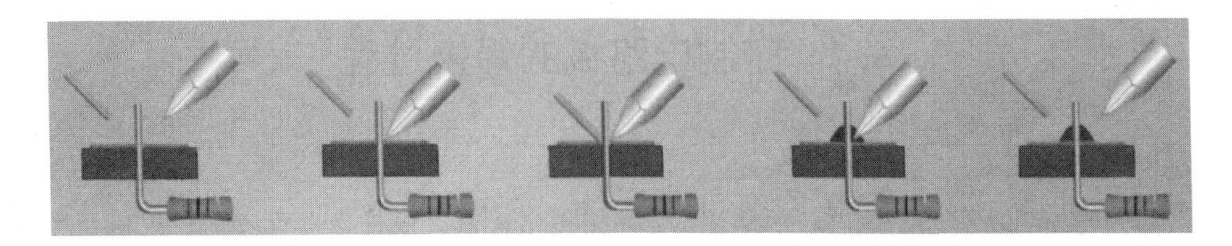

图 6.4　焊接五步法图示

掌握好焊接的温度和时间对整个焊接过程至关重要。在焊接时，要有足够的热量和温度。如温度过低，焊锡流动性差，很容易凝固，形成虚焊；如温度过高，将使焊锡流淌，焊点不易存锡，焊剂分解速度加快，使金属表面加速氧化，并导致印制电路板上的焊盘脱落。尤其在使用天然松香作助焊剂时，焊锡温度过高，很易氧化脱皮而产生炭化，造成虚焊。正常的焊点如图 6.5 所示。

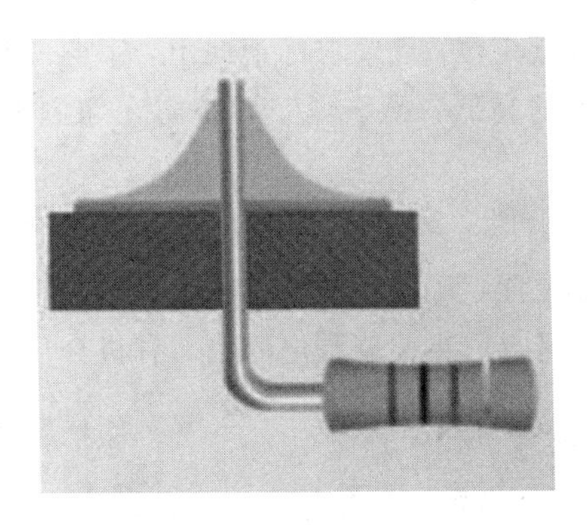

图 6.5　正常的焊点示意图

如果焊接过程中没有按照五步法的正确操作，可能会出现如图 6.6 所示的缺陷。这些问题将对电路的正常工作产生不利的影响。

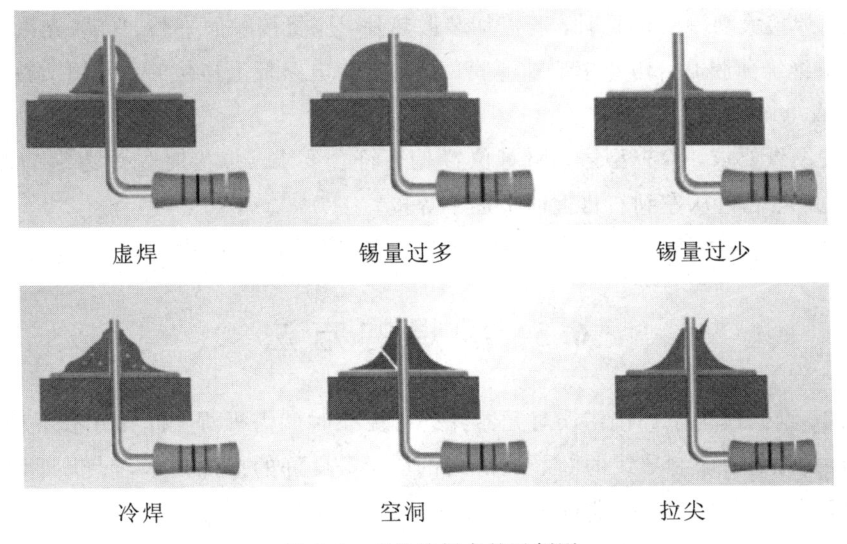

图 6.6　有缺陷焊点的示例图

6.4　印制电路板的焊接过程

1. 焊前准备

首先要熟悉所焊印制电路板的装配图，并按图纸配料，检查元器件型号、规格及数量是否符合图纸要求，并做好装配前元器件引线成型等准备工作。

2. 焊接顺序

元器件装焊顺序依次为：电阻器、电容器、二极管、三极管、集成电路、大功率管，其他元器件的焊接顺序为先小后大。

3. 对元器件的焊接要求

1）电阻器焊接

按图将电阻器准确装入规定位置。要求标记向上，字向一致。装完同一种规格后再装另一种规格，尽量使电阻器的高低一致。焊完后将露在印制电路板表面多余的引脚齐根剪去。

2）电容器焊接

将电容器按图装入规定位置，并注意有极性电容器其“＋”与“－”极不能接错，电容器上的标记方向要易看可见。先装玻璃釉电容器、有机介质电容器、瓷介质电容器，最后装电解电容器。

3）二极管的焊接

二极管焊接要注意以下几点：第一，注意阳极阴极的极性，不能装错；第二，型号标记要易看可见；第三，焊接立式二极管时，对最短引线焊接时间不能超过 2 s。

4）三极管焊接

注意 e、b、c 三极引线位置插接正确；焊接时间尽可能短，焊接时用镊子夹住引线脚，以利散热。焊接大功率三极管时，若需加装散热片，应将接触面平整、打磨光滑后再紧固，若要求加垫绝缘薄膜时，切勿忘记加薄膜。管脚需与电路板上连接时，要用塑料导线。

5）集成电路焊接

首先按图纸要求，检查型号、引脚位置是否符合要求。焊接时先焊边沿的两只引脚，以使其定位，然后再从左到右自上而下逐个焊接。

对于电容器、二极管、三极管露在印制电路板表面上多余引脚均需齐根剪去。

6.5　拆焊的方法

在调试、维修或由于焊接错误对元器件进行更换时就需拆焊。拆焊方法不当，往往会造成元器件的损坏、印制导线的断裂或焊盘的脱落。良好的拆焊技术，能保证调试、维修工作顺利进行，避免由于更换器件不得法而增加产品故障率。

普通元器件的拆焊有以下几种方法：

(1) 选用合适的医用空心针头拆焊；

(2) 用铜编织线进行拆焊；

(3) 用气囊吸锡器进行拆焊；

(4) 用专用拆焊电烙铁拆焊；

(5) 用吸锡电烙铁拆焊。

第 7 章 微机接口综合实训案例

7.1 基于 8255 的直流电机控制系统

7.1.1 案例说明

利用 8086 微机接口技术实现对 12V 小功率直流电机的控制，可以实现启动、停止、加速、减速等功能。主要工作原理是：利用 8255A 输出 PWM 波，送入直流电机驱动接口电路，经过接口电路放大后驱动直流电机。

7.1.2 主电路

基于 8255 的直流电机控制系统主电路原理图如图 7.1 所示。

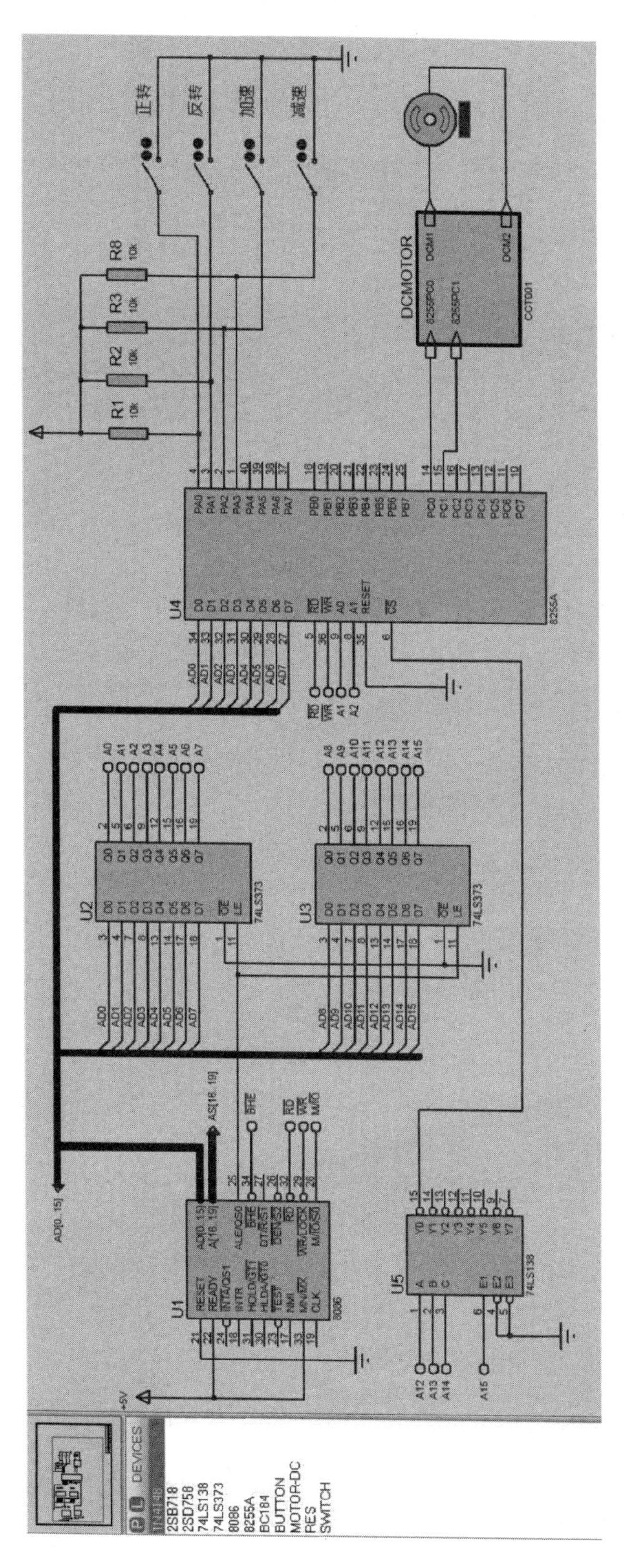

图7.1　基于8255的直流电机控制系统主电路原理图

7.1.3　接口子电路

基于 8255 的直流电机控制系统的接口电路原理图如图 7.2 所示。

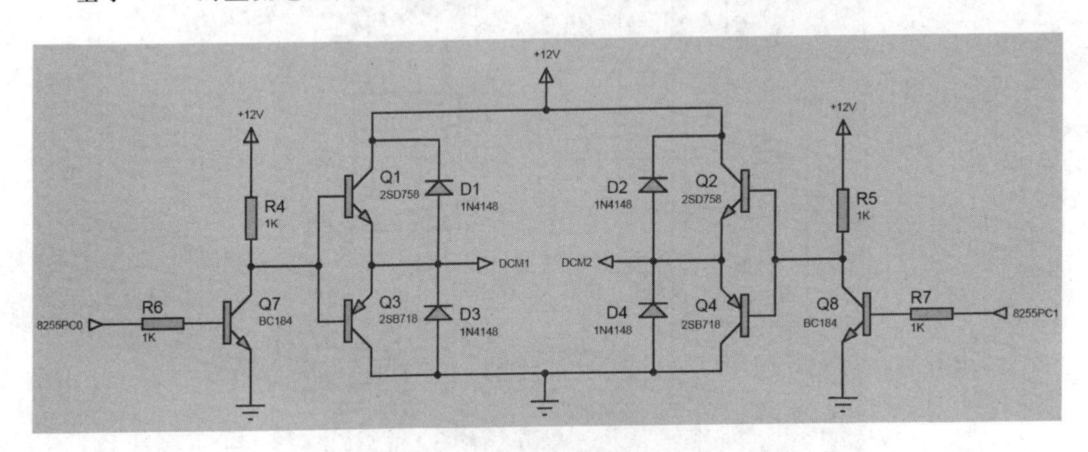

图 7.2　基于 8255 的直流电机控制系统接口电路原理图

7.1.4　参考程序

本案例的参考程序如下：

```
;================================================
;项目名称：基于 8255 的直流电机控制系统
;主要元件：8255
;功能说明：8255 端口 C 输出 PWM 信号，驱动直流电机正反转及调速
;================================================
PA EQU 8000H                ;定义 8255A 端口地址
PB EQU 8002H                ;定义 8255B 端口地址
PC EQU 8004H                ;定义 8255C 端口地址
PCTL   EQU 8006H            ;定义 8255 控制端口地址
DATA SEGMENT
LEDTAB   DB 3FH,06H,5BH,4FH,66H,6DH,7DH,07H,7FH,6FH
                            ;共阴极 LED'0~9'的段码
         DB 77H,7CH,39H,5EH,79H,71H       ;共阴极 LED'A~F'的段码
TBUF0    DW ?               ;延时中间变量
TBUF1    DW ?               ;延时变量 1
TBUF2    DW ?               ;延时变量 2
DATA ENDS
CODE     SEGMENT PUBLIC 'CODE'
         ASSUME CS:CODE,DS:DATA
START:   MOV   AX,DATA
```

```
          MOV   DS,AX
          MOV   AL,90H        ;设置 8255 的 A 口输入，B 口、C 口输出，工作在方式 0
          MOV   DX,PCTL
          OUT   DX,AL
;读取开关状态，进入相应的程序============================
BEGIN:    MOV   TBUF0,50
          MOV   TBUF2,100H      ;设置延时变量 2
          MOV   DX,PA
          IN    AL,DX
          AND   AL,00000011B    ;采样 PA0、PA1 输入状态
          CMP   AL,02H
          JZ    P1            ;PA0 接通进入正转程序
          CMP   AL,01H
          JZ    P2            ;PA1 接通进入反转程序
          MOV   DX,PC
          MOV   AL,00H        ;开关断开，电机停转
          OUT   DX,AL
          JMP   BEGIN
;PB1 输出低电平控制方向，PB0 输出 PWM 波，速度(占空比)可由外部按钮调节=====
P1:       MOV   DX,PA
          IN    AL,DX
          AND   AL,00001100B
          CMP   AL,08H          ;PA2 是否接通
          JNZ   P11
          CMP   TBUF0,99        ;占空比到达 99%，不再增加
          JE    P12
          ADD   TBUF0,1         ;PA2 接通一次，占空比加 1
P11:      CMP   AL,04H          ;PA3 是否接通
          JNZ   P12
          CMP   TBUF0,1         ;占空比到达 1，不再减小
          JE    P12
          SUB   TBUF0,1         ;PA3 接通一次，占空比减 1
P12:      MOV   AL,01H          ;PC0=1、PC1=0
          MOV   DX,PC
          MOV   BX,TBUF0        ;设置 PWM 输出高电平的时长
          MOV   TBUF1,BX        ;设置延时变量 2
          OUT   DX,AL
          CALL DELAY
```

```
            MOV   AL,00H        ;PC0=0、PC1=0
            MOV   BX,100        ;PWM 周期为 100
            SUB   BX,TBUF0          ;计算 PWM 输出低电平时长
            MOV   TBUF1,BX
            OUT   DX,AL
            CALL DELAY
            MOV   DX,PA
            IN    AL,DX
            AND   AL,00000011B
            CMP   AL,02H
            JNZ   OVER1         ;PA0 断开，返回
            JMP   P1
OVER1:      JMP BEGIN
;PB0 输出低电平控制方向，PB1 输出 PWM 波，速度(占空比)可由外部按钮调节======
P2:         MOV   DX,PA
            IN    AL,DX
            AND   AL,00001100B
            CMP   AL,08H
            JNZ   P21
            CMP   TBUF0,99
            JZ    P22
            ADD   TBUF0,1
P21:        CMP   AL,04H
            JNZ   P22
            CMP   TBUF0,1
            JZ    P22
            SUB   TBUF0,1
P22:        MOV   AL,02H            ;PC0=0、PC1=1
            MOV   DX,PC
            MOV   BX,TBUF0
            MOV   TBUF1,BX
            OUT   DX,AL
            CALL DELAY
            MOV   AL,00H            ;PC0=0、PC1=0
            MOV   BX,100
            SUB   BX,TBUF0
            MOV   TBUF1,BX
            OUT   DX,AL
```

```
            CALL DELAY
            MOV   DX,PA
            IN    AL,DX
            AND   AL,00000011B
            CMP   AL,01H
            JNZ   OVER2
            JMP   P2
OVER2:      JMP BEGIN
;延时子程序，延时时长由变量 TBUF1 和 TBUF2 共同决定
DELAY       PROC
            PUSH CX
            PUSH BX
            MOV   BX,TBUF1
WAIT1:      MOV   CX,TBUF2
WAIT2:      LOOP WAIT2
            DEC BX
            JNZ WAIT1
            POP BX
            POP CX
            RET
DELAY ENDP
ENDLESS:
            JMP ENDLESS
CODE        ENDS
            END START
```

7.2　基于 DAC0832 的直流电机控制系统

7.2.1　案例说明

利用基于 DAC0832 的 8086 微机接口技术实现对 12V 小功率直流电机的控制，可以实现启动、停止、正反转等功能。主要工作原理是：利用 DAC0832 输出双极性电压，送入直流电机驱动接口电路，经过接口电路放大后驱动直流电机。

7.2.2　主电路

基于 DAC 0832 的直流电机控制系统的主电路原理图如图 7.3 所示。

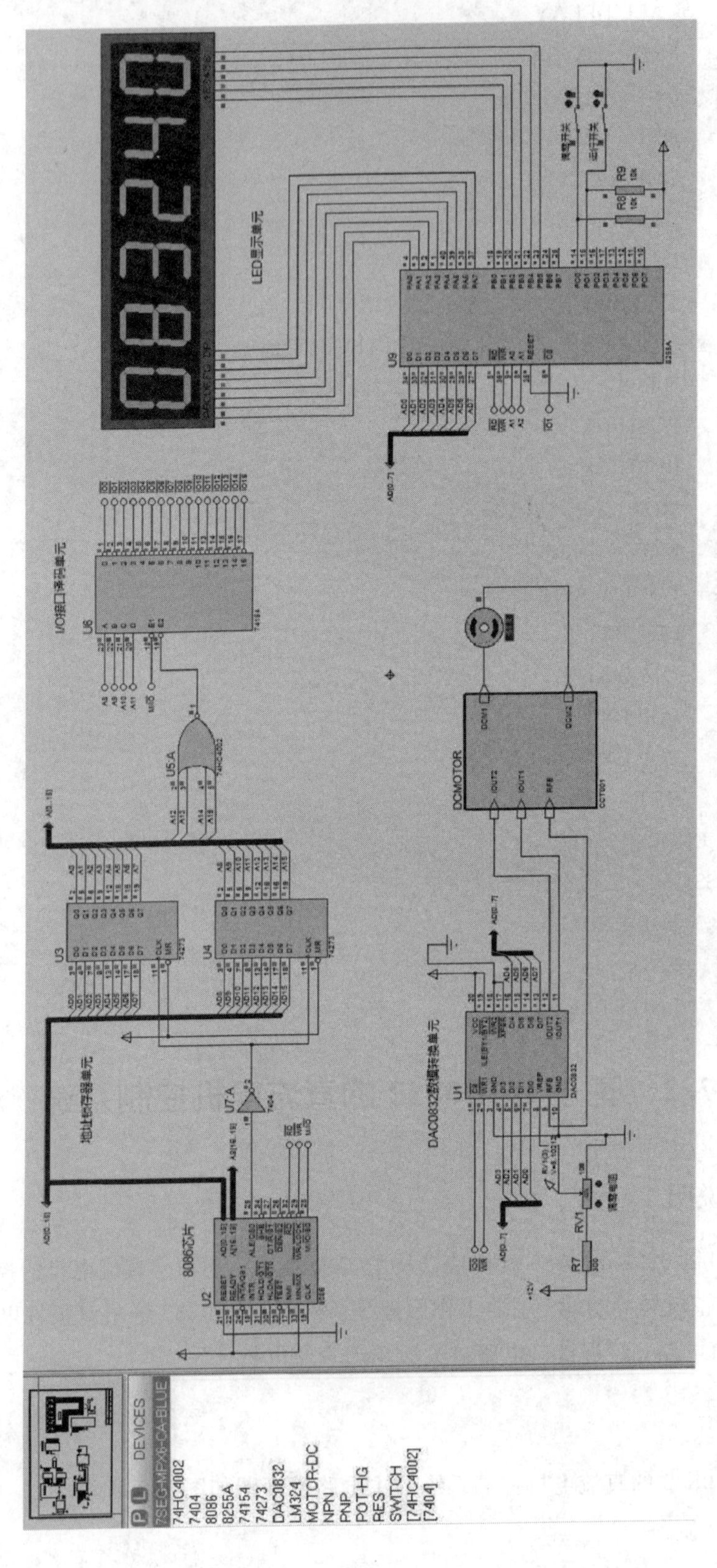

图7.3 基于DAC0832的直流电机控制系统主电路原理图

7.2.3　接口子电路

基于 DAC 0832 的直流电机控制系统的接口电路原理图如图 7.4 所示。

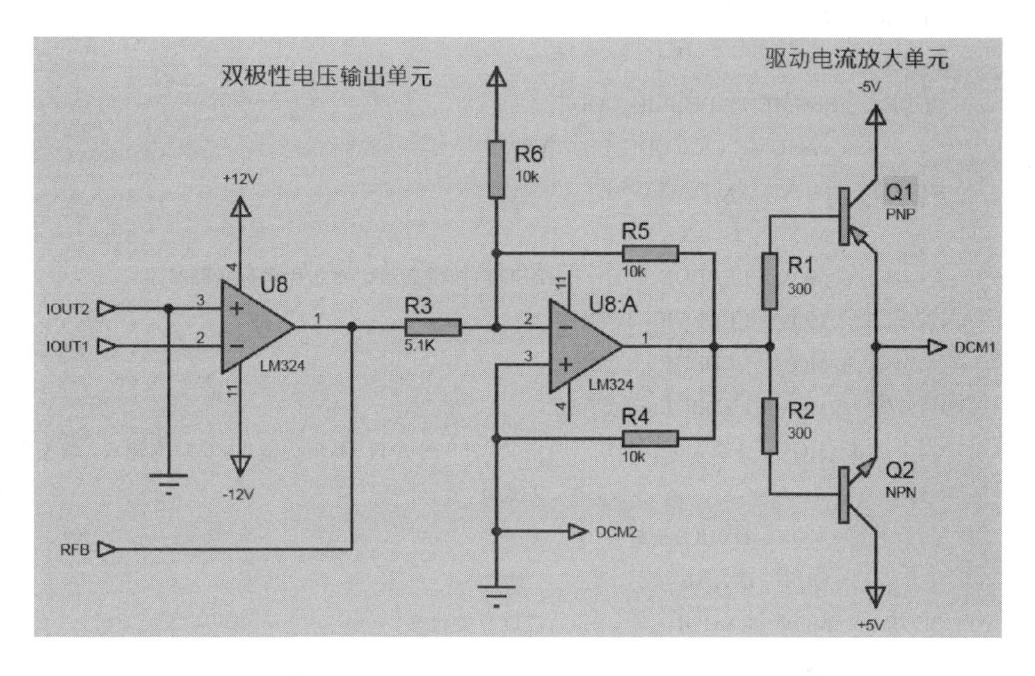

图 7.4　基于 DAC0832 的直流电机控制系统接口电路原理图

7.2.4　参考程序

本案例的程序设计为控制直流电机自动地在停止→正向旋转→停止→反向旋转之间循环动作，参考程序如下：

```
;==========================================
;项目名称：DAC0832 控制直流电机
;主要元件：DAC0832，8255，DCMOTOR
;项目功能：利用 DAC0832 输出双极性电压，经过放大后驱动小直流电机正反转并在 LED 后两位显示电压值
;项目说明：调零程序需要先执行，调节调零电阻 RV1，使得 DAC0832 的电压为 0；然后再执行电机运行程序
;==========================================
IO0 EQU 0F000H
IO1 EQU 0F100H
ZXK EQU 0F100H
ZWK EQU 0F102H
DATA    SEGMENT
LEDTAB  DB 0C0H,0F9H,0A4H,0B0H,99H,92H,82H,0F8H,80H,90H
```

```
                  ;0～9 的共阳极 7 段数码管段码
        DB 88H,83H,0C6H,0A1H,86H,8EH,9CH,0BFH;
                  A～F,o,-的共阳极 7 段数码管段码
LEDBUF  DB ?,?,?,?,?,?
DATA    ENDS
CODE    SEGMENT PUBLIC 'CODE'
        ASSUME CS:CODE,DS:DATA
START:  MOV  AX,DATA
        MOV  DS,AX
        MOV  LEDBUF,00H        ;LED 前四位显示主要芯片名称'0832'
        MOV  LEDBUF+1,08H
        MOV  LEDBUF+2,03H
        MOV  LEDBUF+3,02H
        MOV  AL,10001001B      ;定义 8255 的 A 口、B 口为输出，C 口为输入，均工作在
                                方式 0
        MOV  DX,IO1+6
        OUT  DX,AL
BEGIN:  MOV  DX,IO1+4          ;读取开关状态
        IN   AL,DX
        TEST AL,01H
        JZ   ZERO              ;调零开关闭合，执行调零程序
        CMP  AL,0FDH
        JZ   MRUN              ;电机开关闭合，执行电机运行的程序
        JMP  BEGIN
ZERO:   MOV  AL,80H            ;调节基准电压控制电位器 RV1，使 D/A 输出端的输出
                                电压为 0V
        CALL P1
        JMP  BEGIN
MRUN:   MOV  AL,00H            ;逆时针高速运转
        CALL P1
        MOV  AL,40H            ;逆时针低速运转
        CALL P1
        MOV  AL,80H            ;停止运转
        CALL P1
        MOV  AL,0C0H           ;顺时针低速运转
        CALL P1
        MOV  AL,0FFH           ;顺时针高速运转
        CALL P1
```

```
            MOV   AL,80H              ;停止运转
            CALL P1
            JMP   BEGIN
;电机正反转子程序====================================
P1:         MOV   DX,IO0
            OUT   DX,AL
            CALL P2
            MOV   CX,500H             ;电机每阶段运行的时长
CIRCLE: PUSH CX
            CALL DISP
            POP   CX
            LOOP CIRCLE
            RET
;输出电压换算子程序==================================
P2:         MOV   AH,AL
            AND   AL,0FH
            MOV   LEDBUF+5,AL
            AND   AH,0F0H
            MOV   CL,4
            SHR   AH,CL
            MOV   LEDBUF+4,AH
            RET
;LED显示子程序=====================================
DISP:PUSH CX
            MOV   SI,OFFSET LEDBUF      ;A/D转换数据的存储地址
            MOV   CL,00000001B          ;第一位LED的位码
L1:         MOV   AL,[SI]
            MOV   BX,OFFSET LEDTAB      ;指向LED段码存储地址
            XLAT
            MOV   DX,ZXK
            OUT   DX,AL
            MOV   AL,CL
            MOV   DX,ZWK
            OUT   DX,AL
            CALL DELAY
            MOV   AL,00H                ;清屏，保证LED逐位显示
            MOV   DX,ZWK
            OUT   DX,AL
```

```
        CMP   CL,00100000B
        JZ    OVER                  ;第六位 LED 显示后结束子程序
        ROL   CL,1                  ;显示下一位 LED
        INC   SI
        JMP   L1                    ;循环显示 6 位 LED
OVER:   POP   CX
        RET                         ;显示结束
        DELAY PROC
        PUSH CX
        MOV   CX,100H
        LOOP $
        POP   CX
        RET
        DELAY   ENDP

ENDLESS:
        JMP ENDLESS
CODE    ENDS
        END START
```

7.3　基于 ULN2003 的步进电机控制系统

7.3.1　案例说明

利用 8086 微机接口技术实现对步进电机的控制，可以实现启动、停止、加速、减速等功能。主要工作原理是：利用 8255A 输出步进电机的运行脉冲，再通过 ULN2003 驱动步进电机实现正反转以及高、低速运转。

7.3.2　主电路

基于 ULN 2003 的步进电机控制系统的主电路原理图如图 7.5 所示。

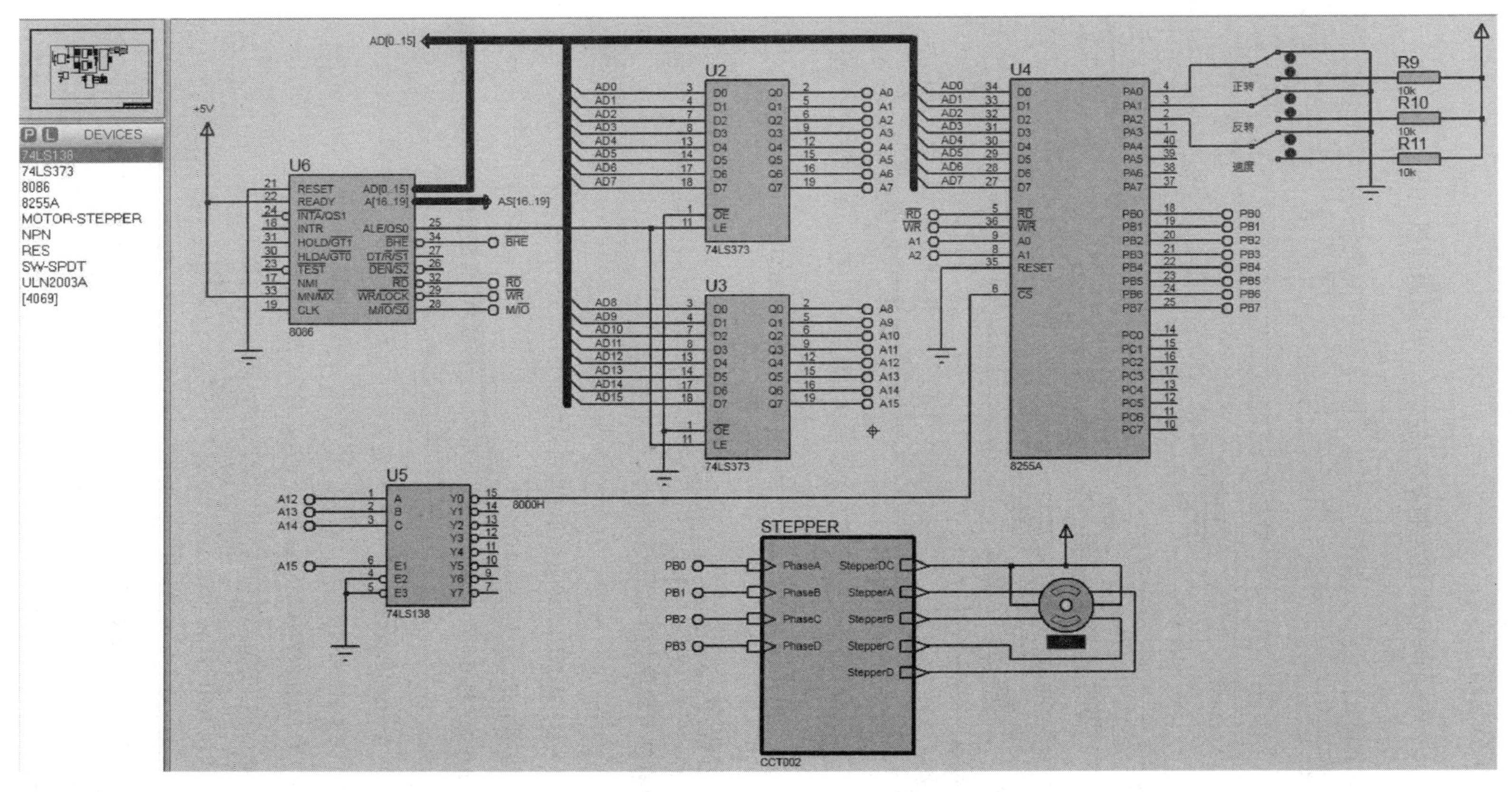

图7.5　基于ULN 2003的步进电机控制系统主电路原理图

7.3.3　接口子电路

基于 ULN 2003 的步进电机控制系统的接口子电路原理图如图 7.6 所示。

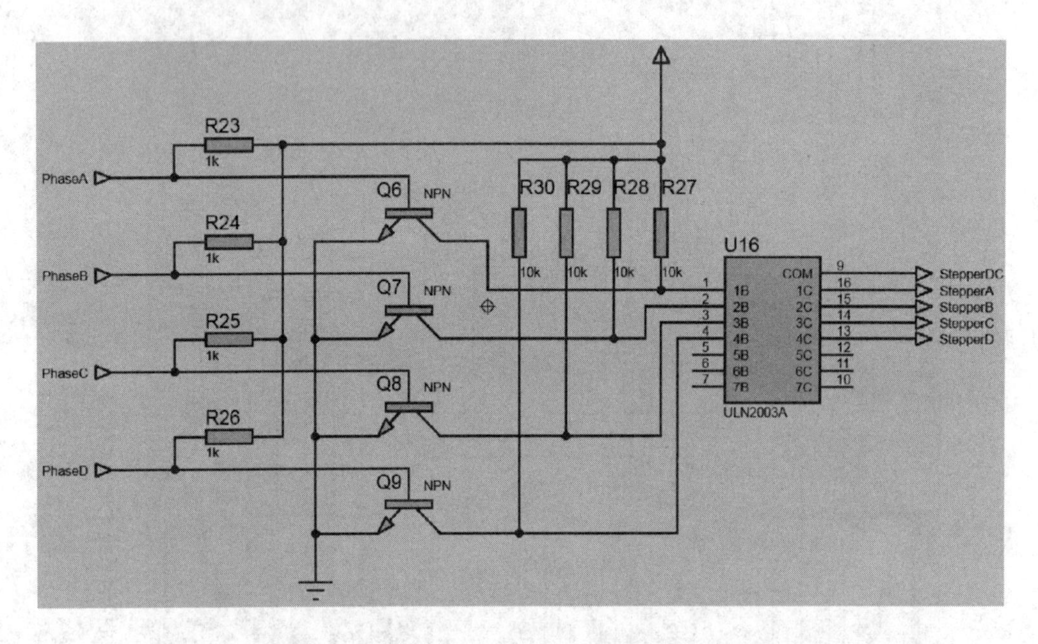

图 7.6　基于 ULN2003 的步进电机控制系统接口子电路原理图

7.3.4　参考程序

本案例的参考程序如下：

```
;==========================================
;项目名称：基于 ULN2003 的步进电机控制系统
;主要芯片：8255A/ULN2003A
;程序功能：利用 8255A 输出四相步进电机的运行脉冲，实现正反转以及高、低速运转
;==========================================
PORT_A EQU 8000H              ;定义 8255A 端口地址
PORT_B EQU 8002H              ;定义 8255B 端口地址
PORT_C EQU 8004H              ;定义 8255C 端口地址
PORT_CON   EQU 8006H          ;定义 8255 控制端口地址
DATA SEGMENT
DATA ENDS
CODE      SEGMENT PUBLIC 'CODE'
          ASSUME CS:CODE,DS:DATA
START:    MOV AL,90H          ;设置 8255 的 A 口输入，B 口输出，均工作在方式 0
          MOV DX,PORT_CON
```

```
         OUT DX,AL           ;PB0 连接 A 相,PB1 连接 B 相,PB2 连接 C 相,PB3 连接 D 相
MAIN:    MOV DX, PORT_A      ;PA0 连接开关 K1,PA1 连接开关 K2
         IN   AL, DX         ;读取 PA 端口的状态，存放到 AL 中
         AND AL,07H          ;仅保留三个开关的状态值
         CMP AL, 01H
         JE   CW_L           ;开关 K1 闭合，跳转到低速顺时针程序
         CMP AL, 02H
         JE   CCW_L          ;开关 K2 闭合，跳转到低速逆时针程序
         CMP AL, 05H
         JE   CW_H           ;开关 K1 和 K3 同时闭合，跳转到高速顺时针程序
         CMP AL, 06H
         JE   CCW_H          ;开关 K2 和 K3 同时闭合，跳转到高速逆时针程序
         JMP MAIN            ;如开关不符合上述状态，返回 MAIN，等待开关闭合
CW_L:    MOV AL, 08H         ;单四拍顺时针低速旋转，D—C—B—A—D
         MOV DX, PORT_B
         OUT DX, AL          ;输出 08H 给 PB 口，即 PB3=1, PB2=0, PB1=0, PB0=0
         CALL DELLY          ;调用延时程序，产生步进相序的间隔时间
         MOV AL, 04H
         OUT DX, AL          ;输出 04H 给 PB 口，即 PB3=0, PB2=1, PB1=0, PB0=0
         CALL DELLY
         MOV AL, 02H
         OUT DX, AL          ;输出 02H 给 PB 口，即 PB3=0, PB2=0, PB1=1, PB0=0
         CALL DELLY
         MOV AL, 01H
         OUT DX, AL          ;输出 01H 给 PB 口，即 PB3=0, PB2=0, PB1=0, PB0=1
         CALL DELLY
         MOV DX, PORT_A
         IN   AL, DX         ;读取 PA 端口的状态，存放到 AL 中
         MOV BL, AL
         CMP BL, 01H         ;判断 PA0 状态=1?(即开关 K1 是否闭合)
         JE   CW_L           ;PA0=1(即开关 K1 闭合)，重复执行 CW
         JMP MAIN            ;PA0=0(即开关 K1 断开)，停止执行 CW，返回 MAIN
CCW_L:   MOV AL, 01H         ;单四拍逆时针低速旋转，A—B—C—D—A
         MOV DX, PORT_B
         OUT DX, AL
         CALL DELLY
         MOV AL, 02H
```

```
        OUT DX, AL
        CALL DELLY
        MOV AL, 04H
        OUT DX, AL
        CALL DELLY
        MOV AL, 08H
        OUT DX, AL
        CALL DELLY
        MOV DX, PORT_A
        IN  AL, DX
        MOV BL, AL
        CMP BL, 02H
        JE  CCW_L
        JMP MAIN
CW_H:   MOV AL, 08H      ;单四拍顺时针高速旋转, D—C—B—A—D
        MOV DX, PORT_B
        OUT DX, AL       ;输出 08H 给 PB 口, 即 PB3=1, PB2=0, PB1=0, PB0=0
        CALL DELLY1      ;调用延时程序, 产生步进相序的间隔时间
        MOV AL, 04H
        OUT DX, AL       ;输出 04H 给 PB 口, 即 PB3=0, PB2=1, PB1=0, PB0=0
        CALL DELLY1
        MOV AL, 02H
        OUT DX, AL       ;输出 02H 给 PB 口, 即 PB3=0, PB2=0, PB1=1, PB0=0
        CALL DELLY1
        MOV AL, 01H
        OUT DX, AL       ;输出 01H 给 PB 口, 即 PB3=0, PB2=0, PB1=0, PB0=1
        CALL DELLY1
        MOV DX, PORT_A
        IN  AL, DX       ;读取 PA 端口的状态, 存放到 AL 中
        MOV BL, AL
        CMP BL, 05H      ;判断 PA0 状态=1? (即开关 K1 是否闭合)
        JE  CW_H         ;PA0=1(即开关 K1 闭合), 重复执行 CW
        JMP MAIN         ;PA0=0(即开关 K1 断开), 停止执行 CW, 返回 MAIN
CCW_H:  MOV AL, 01H      ;单四拍逆时针高速旋转, A—B—C—D—A
        MOV DX, PORT_B
        OUT DX, AL
        CALL DELLY1
```

```
            MOV AL, 02H
            OUT DX, AL
            CALL DELLY1
            MOV AL, 04H
            OUT DX, AL
            CALL DELLY1
            MOV AL, 08H
            OUT DX, AL
            CALL DELLY1
            MOV DX, PORT_A
            IN   AL, DX
            MOV BL, AL
            CMP BL, 06H
            JE   CCW_H
            JMP MAIN
DELLY:      MOV CX,2000H  ;定义相序之间的间隔时间，及步进电机的转速
            LOOP $        ;CX 的数值越小，转速越快
            RET
DELLY1:     MOV CX,1000H  ;定义相序之间的间隔时间，及步进电机的转速
            LOOP $        ;CX 的数值越小，转速越快
            RET
ENDLESS:
            JMP ENDLESS
CODE        ENDS
            END START
```

7.4　基于热敏电阻的测温系统

7.4.1　案例说明

利用 8086 微机接口技术和热敏电阻实现测温功能。主要工作原理是：利用 NTC 热敏电阻和 ADC0808 接口电路实时采样温度数据，再通过转换算法将原始数据转换成实际温度值经由 8255 输出到数码管。

7.4.2　主电路

基于热敏电阻的测温系统的主电路原理图如图 7.7 所示。

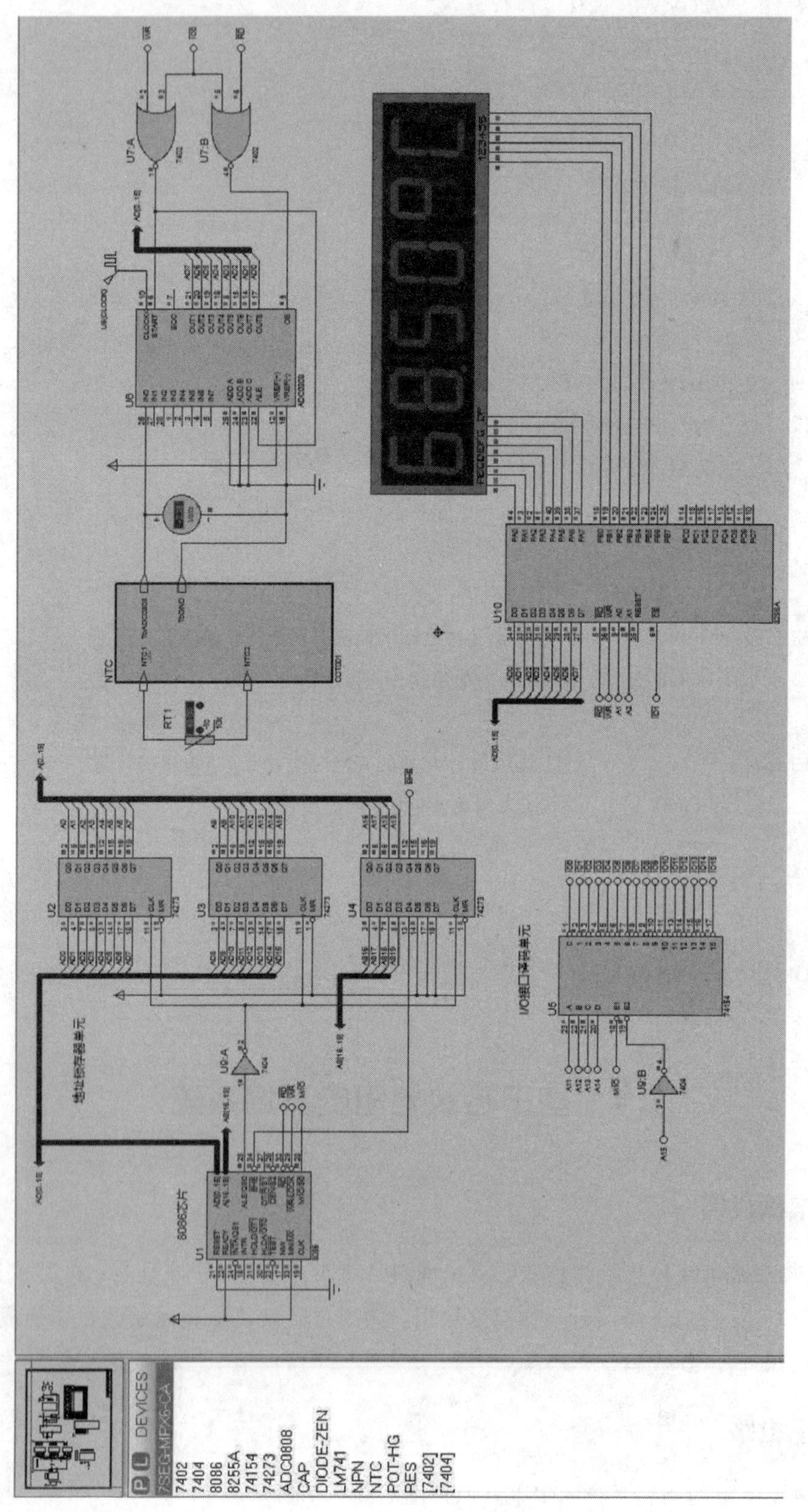

图7.7 基于热敏电阻的测温系统主电路原理图

7.4.3 接口子电路

基于热敏电阻的测温系统的接口子电路原理图如图 7.8 所示。

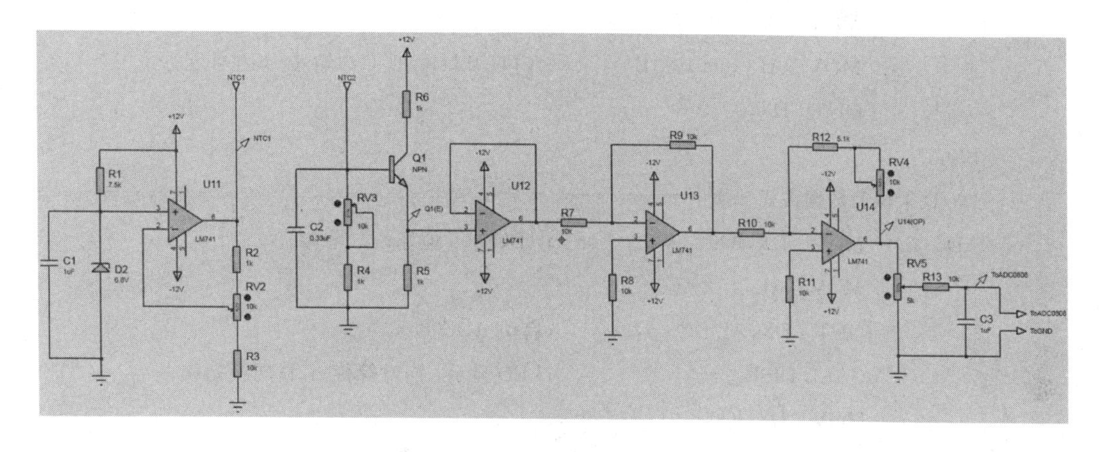

图 7.8　基于热敏电阻的测温系统接口子电路原理图

7.4.4 参考程序

本案例的参考程序如下：

```
;==================================================
;项目名称：基于热敏电阻的测温系统(显示小数位)
;主要芯片：ADC0808/8255A
;程序功能：利用 ADC0808 采样 NTC－10K 热敏电阻的输入电压，经 A/D 与数据处理后在数码管上显示为实际温度值
;==================================================
IO0 EQU 8000H
IO1 EQU 8800H
ZWK EQU 8802H
ZXK EQU 8800H
DATA SEGMENT
LEDTAB   DB 0C0H,0F9H,0A4H,0B0H,99H,92H,82H,0F8H,80H,90H
                    ;0～9 的共阳极 7 段数码管段码
         DB 88H,83H,0C6H,0A1H,86H,8EH,9CH,0BFH
                    ;A～F,o,-的共阳极 7 段数码管段码
LEDBUF   DB 6 DUP(?)                    ;LED 位码缓存单元
INBUF    DB ?
TEMPDATA DW ?
DATA ENDS
CODE     SEGMENT PUBLIC 'CODE'
```

```
        ASSUME CS:CODE,DS:DATA,SS:DATA
START:  MOV  AX,DATA
        MOV  DS,AX
        MOV  DX,IO1+6           ;初始化 8255
        MOV  AL,10001001B       ;A 口、B 口输出，C 口输入，均工作在方式 0
        OUT  DX,AL
BEGIN:
;A/D 采样及数据格式转换=====================================
ADC_IN: MOV  DX,IO0             ;ADC0808 地址；
        MOV  AL,0
        OUT  DX,AL              ;启动 ADC0808
        CALL DISP               ;LED 显示，同时等待 A/D 转换完成
        MOV  DX,IO0
        IN   AL,DX              ;读取 A/D 转换数据
        CALL  ADS
        JMP BEGIN               ;重新启动 ADC0808
;调试参数程序，读取 ADC0808 模/数转换后的十六进制数值===============
;         MOV  AH,AL
;         AND  AH,0F0H
;         MOV  CL,4
;         ROR  AH,CL
;         MOV  LEDBUF,AH
;         AND  AL,0FH
;         MOV  LEDBUF+1,AL
;调试参数程序结束=========================================
;计算温度的十进制数值，按位存储在 LEDBUF 中======================
ADS:    PUSH  AX
        PUSH  BX
        MOV  BX,400  ;将模/数转换输出 A/D 计算得到温度值(0.0～99.9℃)
        MUL  BX
        MOV  BX,83
        DIV  BX
        ADD  AX,131             ;10T=AD*450/98+131
        MOV  BL,100
        DIV  BL
        AND  AL,0FH
        MOV  LEDBUF,AL          ;得到温度的十位数值
```

```
        MOV   AL,AH
        AND   AH,00H
        MOV   BL,10
        DIV   BL                   ;AL中是个位数值，AH中是小数位数值
        AND   AL,0FH
        MOV   LEDBUF+1,AL          ;得到温度的个位数值
        AND   AH,0FH
        MOV   LEDBUF+2,AH          ;得到温度的十分位数值
        MOV   LEDBUF+3,00H
        MOV   LEDBUF+4,10H         ;单位符号'o'
        MOV   LEDBUF+5,0CH         ;单位符号'C'
        POP   BX
        POP   AX
        RET
;LED显示子程序==================================
DISP:   PUSH  AX
        PUSH  BX
        PUSH  DX
        MOV   CL,00000001B          ;第一位LED的位码
        MOV   SI,OFFSET LEDBUF      ;A/D转换数据的存储地址
L1:     MOV   AL,[SI]
        MOV   BX,OFFSET LEDTAB      ;指向LED段码存储地址
        XLAT
        CMP   CL,00000010B
        JNZ   NOT2
        AND   AL,7FH                ;第二位LED要加上小数点
NOT2:   MOV   DX,ZXK
        OUT   DX,AL
        MOV   AL,CL
        MOV   DX,ZWK
        OUT   DX,AL
        PUSH CX
        MOV   CX,0AH
        LOOP $
        POP   CX
        MOV   AL,00H                ;清屏，保证LED逐位显示
        MOV   DX,ZWK
```

```
        OUT   DX,AL
        CMP   CL,00100000B
        JZ    EXIT              ;第六位 LED 显示后结束子程序
        ROL   CL,1              ;显示下一位 LED
        INC   SI
        JMP   L1                ;循环显示 6 位 LED
EXIT:   POP   DX
        POP   BX
        POP   AX
        RET
ENDLESS:
        JMP ENDLESS
CODE    ENDS
        END START
```

7.5　温度测量及步进电机控制系统

7.5.1　案例说明

利用 8086 微机接口技术和热敏电阻实现测温功能，同时根据温度自动控制步进电机。主要工作原理是：利用简单 I/O 接口芯片控制系统的开关。系统启动后，利用 NTC 热敏电阻和 ADC0808 接口电路实时采样温度数据，案例中 ADC0808 采用了 EOC 中断工作模式，因此需要 8259 中断芯片对中断进行管理。系统通过转换算法将原始二进制的温度数据转换成需要显示的十进制温度值，经由简单 I/O 接口芯片输出到 7SEG 数码管。同时，根据设计好的温度值来控制步进电机，包括步进电机的启停控制和调速控制。

7.5.2　主电路

温度测量及步进电机控制系统的主电路原理图如图 7.9 所示。

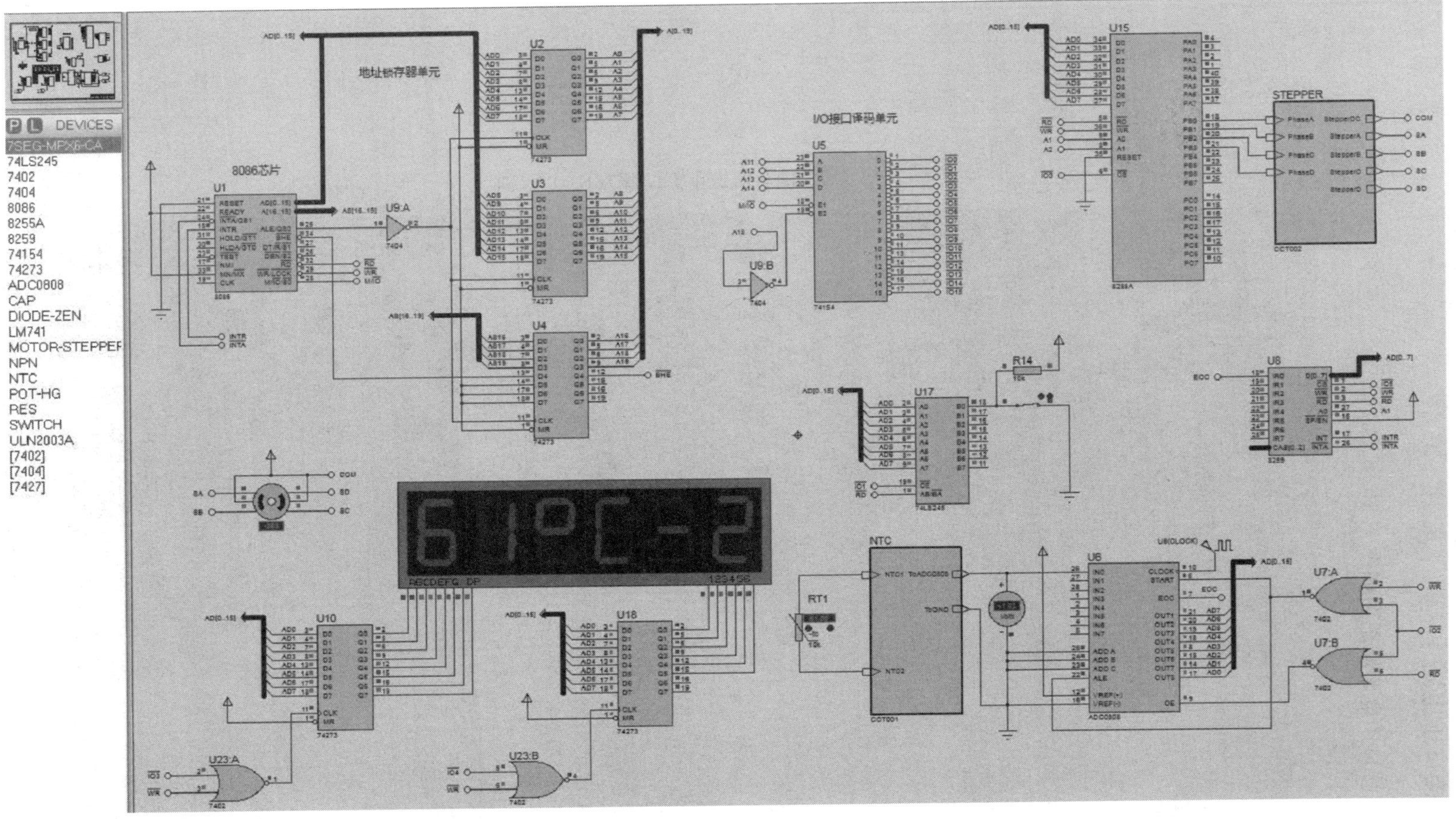

图7.9 温度测量及步进电机控制系统主电路原理图

7.5.3 接口子电路

NTC 接口子电路原理图如图 7.10 所示。

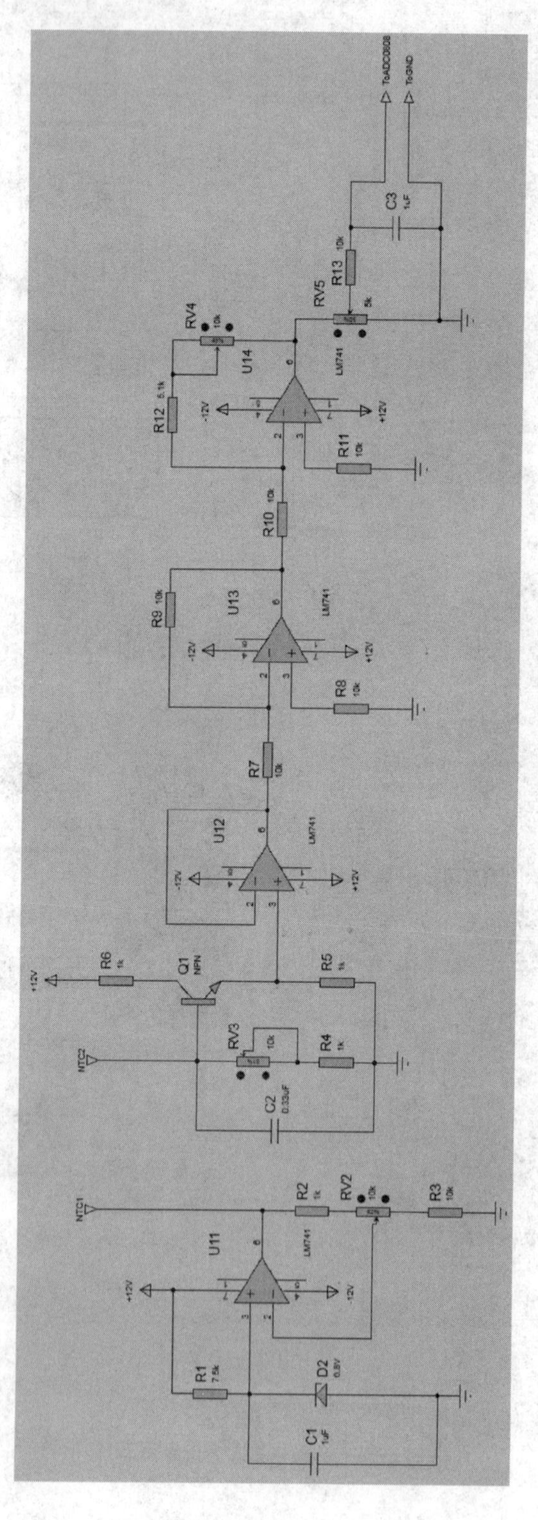

图7.10 NTC接口子电路原理图

步进电机接口子电路原理图如图 7.11 所示。

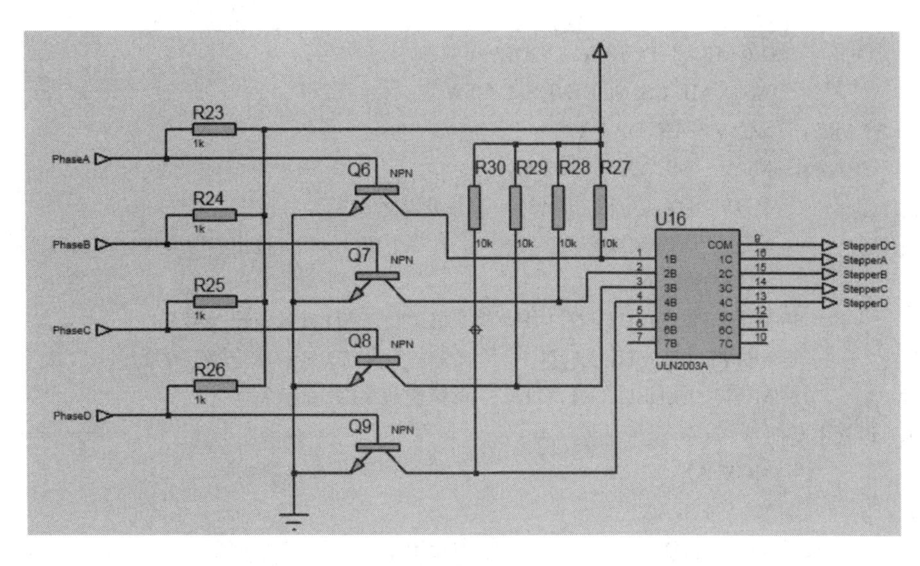

图 7.11　步进电机接口子电路原理图

7.5.4　参考程序

本案例的参考程序如下：

```
;=====================================================
;项目名称：热敏电阻测温-控制步进电机
;主要芯片：ADC0808/8255A/74273/74245
;程序功能：利用 ADC0808 采样 NTC-10K 热敏电阻的输入电压，经 A/D 转换和数据处理后
在数码管上显示为实际温度值，温度高于 40 摄氏度，电机低速转动，温度高于 60 摄氏度，电机高速
转动。
;=====================================================
A8255 EQU 8000H                 ;8255 的 A 口地址，IO0 连通 8255
B8255 EQU 8002H                 ;8255 的 B 口地址，IO0 连通 8255
C8255 EQU 8004H                 ;8255 的 C 口地址，IO0 连通 8255
CON8255 EQU 8006H               ;8255 的控制口地址，IO0 连通 8255
KEYK EQU 8800H                  ;开关输入口，IO1 连通 74245
ADC0808 EQU 9000H               ;ADC0808 片选信号，IO2 连通 ADC0808
ZXK EQU 9800H                   ;LED 数码管的字形口，IO3 连通 74273
ZWK EQU 0A000H                  ;LED 数码管的字位口，IO4 连通 74273
IO5 EQU 0A800H                  ;8259 的片选信号，IO5 连通 8259
DATA SEGMENT
LEDTAB   DB 0C0H,0F9H,0A4H,0B0H,99H,92H,82H,0F8H,80H,90H
                                ;0～9 的共阳极 7 段数码管段码
         DB 88H,83H,0C6H,0A1H,86H,8EH,9CH,0BFH;A～F,o,-的共阳极 7 段数码
                                                  管段码
LEDBUF   DB 6 DUP(?)            ;LED 位码缓存单元
KEYBUF   DB ?
```

```
SPEED       DW ?
DATA ENDS
CODE      SEGMENT PUBLIC 'CODE'
           ASSUME CS:CODE,DS:DATA
START:     MOV   AX,DATA
           MOV   DS,AX
           MOV   DX,CON8255         ;初始化 8255
           MOV   AL,80H             ;A 口、B 口、C 口输出，均工作在方式 0
           OUT   DX,AL
           MOV   LEDBUF+2,10H       ;第二位 LED 显示温度符号'o'
           MOV   LEDBUF+3,0CH       ;第三位 LED 显示温度符号'C'
           MOV   LEDBUF+4,11H       ;第四位 LED 显示符号'-'
;设置中断向量==========================================
           MOV AX,0
           MOV ES,AX
           MOV SI,80H*4             ;设置中断向量 96 号中断
           MOV AX,OFFSET ADCINT     ;中断入口地址
           MOV ES:[SI],AX           ;[SI]=80H*4，存放入口地址→IP
           MOV AX,SEG ADCINT        ;存放段基址→CS
           MOV ES:[SI+2],AX
;初始化 8259==========================================
           MOV DX,IO5               ;8259 初始化命令字 ICW1 的端口地址 IO5
           MOV AL,13H               ;设置 ICW1：边沿触发、单片、需要 ICW4
           OUT DX,AL
           MOV DX,IO5+2             ;8259 初始化命令字 ICW2 的端口地址 IO5+2
           MOV AL,80H               ;设置 ICW2：中断类型号为 80H～87H
           OUT DX,AL
           MOV DX,IO5+2             ;8259 初始化命令字 ICW4 的端口地址 IO5+2
           MOV AL,01H               ;设置 ICW4：一般全嵌套、非缓冲方式、非自动中断结束
                                     方式、8086 模式
           OUT DX,AL
           MOV DX,IO5+2             ;8259 操作命令字 OCW1 的端口地址 IO5+2
           MOV AL,0FEH              ;设置 OCW1，开放 IRQ0 中断
           OUT DX,AL
           MOV SI,0000H
           STI     ;开中断
BEGIN:     MOV   DX,KEYK
           IN    AL,DX
           TEST AL,01H              ;开关状态
           JNZ  BEGIN
ADCIN:     MOV   DX,ADC0808         ;ADC0808 地址；
           MOV   AL,0
           OUT   DX,AL              ;启动 ADC0808
```

```
        CALL DISP              ;LED 显示子程序
        CMP  LEDBUF+5,00H      ;温度小于 40℃，末位 LED 显示'0'
        JZ   STOP              ;不达到设定温度，电机不运行
        CALL STEPPER           ;步进电机驱动子程序
STOP:   JMP  BEGIN
;A/D 采样及数据格式转换中断程序============================
ADCINT  PROC
        MOV  DX,ADC0808
        IN   AL,DX             ;读取 A/D 转换数据
        MOV  BX,450
        MUL  BX
        MOV  BX,74
        DIV  BX
        ADD  AX,107            ;10T=AD*450/74+107
        MOV  BL,100
        DIV  BL
;将模/数转换输出的 A/D 计算得到温度值 T(0～99℃)==================
ADS:    AND  AL,0FH
        MOV  LEDBUF,AL         ;温度的十位数值
        MOV  AL,AH
        AND  AH,00H
        MOV  BL,10
        DIV  BL                ;AL 中是温度的个位数值，AH 中是小数数值
        AND  AL,0FH
        AND  AH,0FH
        CMP  AH,05H            ;小数数值四舍五入
        JB   LESS5             ;小于 5，舍去
        ADD  AL,1              ;大于等于 5，个位数值加 1
        CMP  AL,0AH            ;判断计算后的个位数是否=10
        JB   LESS5             ;小于 10，不进位
        MOV  AL,00H            ;大于等于 10，进位
        MOV  BL,1
        ADD  LEDBUF,BL         ;温度的十位数值加 1
LESS5:  MOV  LEDBUF+1,AL       ;温度的个位数值
        MOV  LEDBUF+5,00H      ;末位 LED 初始值显示'0'
;通过比较实际温度与设定值，决定步进电机的转动状态================
        MOV  AL,LEDBUF
        MOV  BL,10             ;十位数值乘以 10 得到十位数
        MUL  BL
        AND  AH,00H
        ADD  AL,LEDBUF+1       ;加上个位数值得到实际温度值
        CMP  AL,60
        JNB  SHIGH             ;温度大于等于 60℃，电机高速状态
```

```
        CMP  AL,40
        JNB  SLOW              ;温度大于等于 40℃且小于 60℃，电机低速状态
        JMP  QUIT              ;温度小于 40℃，末位 LED 还是'0'
SHIGH:  MOV  LEDBUF+5,02H      ;电机高速转动，末位 LED 显示'2'
        MOV  SPEED,1000H       ;电机高速转动的速度参数
        JMP  QUIT
SLOW:   MOV  LEDBUF+5,01H      ;电机低速转动，末位 LED 显示'1'
        MOV  SPEED,2000H       ;电机低速转动的速度参数
QUIT:   MOV  DX,IO5
        MOV  AL,20H            ;中断结束标志
        OUT  DX,AL
        IRET
ADCINT  ENDP
;LED 显示子程序==========================================
DISP PROC
        PUSH AX
        PUSH DX
        MOV  SI,OFFSET LEDBUF  ;A/D 转换数据的存储地址
        MOV  CL,00000001B      ;第一位 LED 的位码
L1:     MOV  AL,[SI]
        MOV  BX,OFFSET LEDTAB  ;指向 LED 段码存储地址
        XLAT
        MOV  DX,ZXK            ;段码送入字形口
        OUT  DX,AL
        MOV  AL,CL
        MOV  DX,ZWK            ;位码送入字位口
        OUT  DX,AL
        PUSH CX
        MOV  CX,100H
        LOOP $                 ;选中位 LED 保持点亮一段时间
        POP  CX
        MOV  AL,00H            ;清屏，保证 LED 逐位显示
        MOV  DX,ZWK
        OUT  DX,AL
        CMP  CL,00100000B
        JZ   OVER              ;第六位 LED 显示后结束子程序
        ROL  CL,1              ;显示下一位 LED
        INC  SI                ;指向下一个 LED 缓存地址
        JMP  L1                ;循环显示 6 位 LED
OVER:   POP  DX
        POP  AX
        RET
DISP ENDP
```

```
;步进电机驱动子程序=================================
STEPPER PROC
            PUSH AX
            PUSH CX
            MOV   DX,B8255
            MOV   AL,03H   ;步进电机双四拍运行 03H→06H→0CH→09H→03H
            OUT   DX,AL
            MOV   CX,SPEED        ;运行速度参数，高低速不同
            LOOP $                ;步进间隔时间决定运行速度
            CALL DISP             ;为避免 LED 闪烁，步进间隔中加入显示子程序
            MOV   AL,06H
            OUT   DX,AL
            MOV   CX,SPEED
            LOOP $
            CALL DISP
            MOV   AL,0CH
            OUT   DX,AL
            MOV   CX,SPEED
            LOOP $
            CALL DISP
            MOV   AL,09H
            OUT   DX,AL
            MOV   CX,SPEED
            LOOP $
            POP   CX
            POP   AX
            RET
STEPPER ENDP
ENDLESS:
            JMP ENDLESS
CODE        ENDS
            END START
```

7.6　温度测量及直流电机控制系统

7.6.1　案例说明

利用8086微机接口技术和热敏电阻实现测温功能，同时根据温度自动控制直流电机。主要工作原理是：利用简单I/O接口芯片控制系统的开关。系统启动后，利用NTC热敏电阻和ADC0808接口电路实时采样温度数据，案例中ADC0808采用了软件延时工作模式。系统通过转换算法将原始二进制的温度数据转换成需要显示的十进制温度值，经由简单I/O接口芯片输出到7SEG数码管。同时，根据设计好的温度值来控制直流电机，包括直流

电机的启停控制和调速控制。

7.6.2 主电路

温度测量及直流电机控制系统主电路原理图如图 7.12 所示。

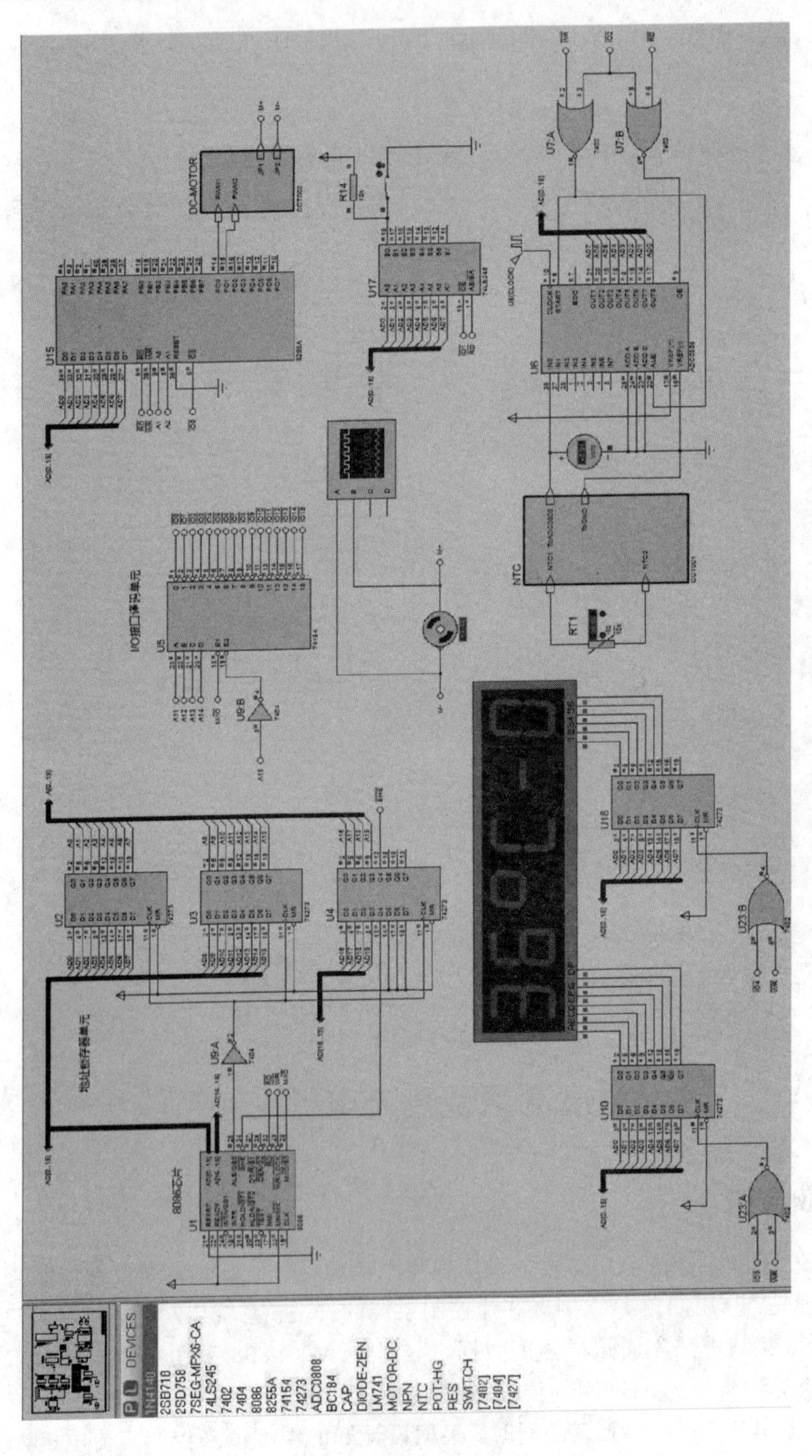

图7.12 温度测量及直流电机控制系统主电路原理图

7.6.3　接口子电路

NTC 接口子电路原理图如图 7.13 所示，直流电机接口子电路原理图如图 7.14 所示。

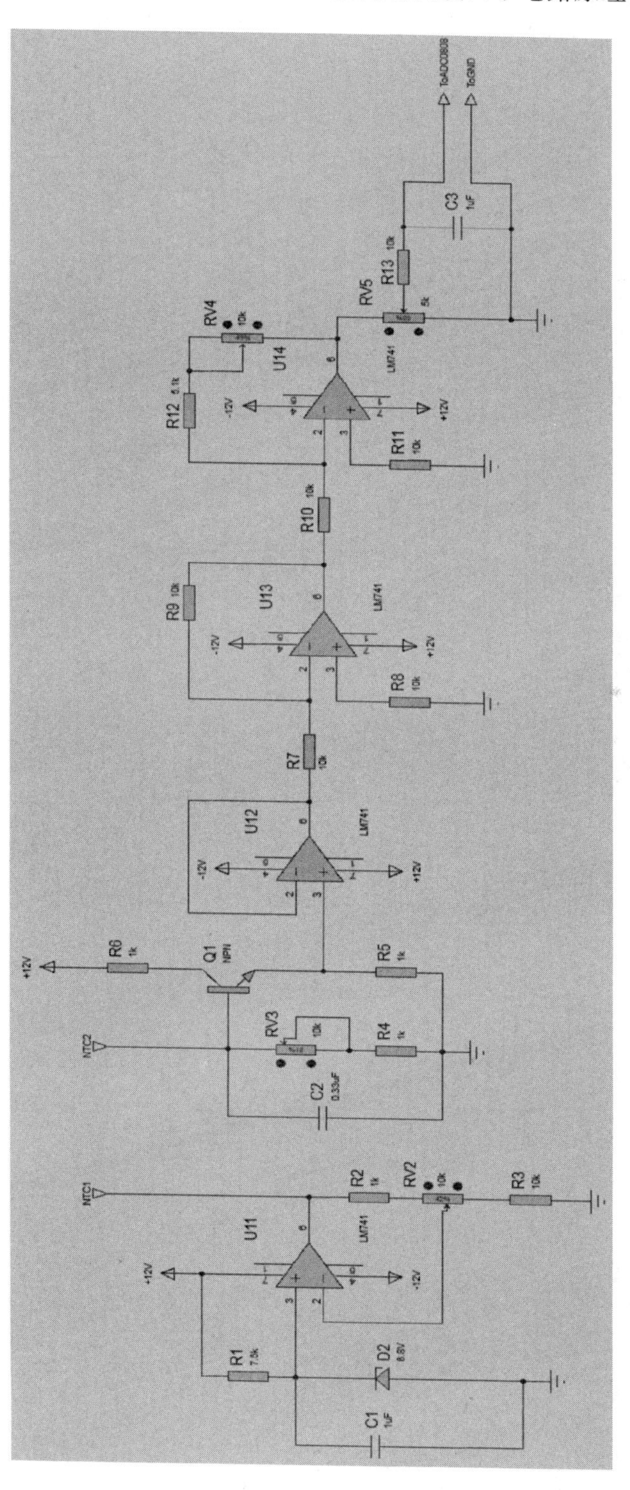

图7.13　NTC接口子电路原理图

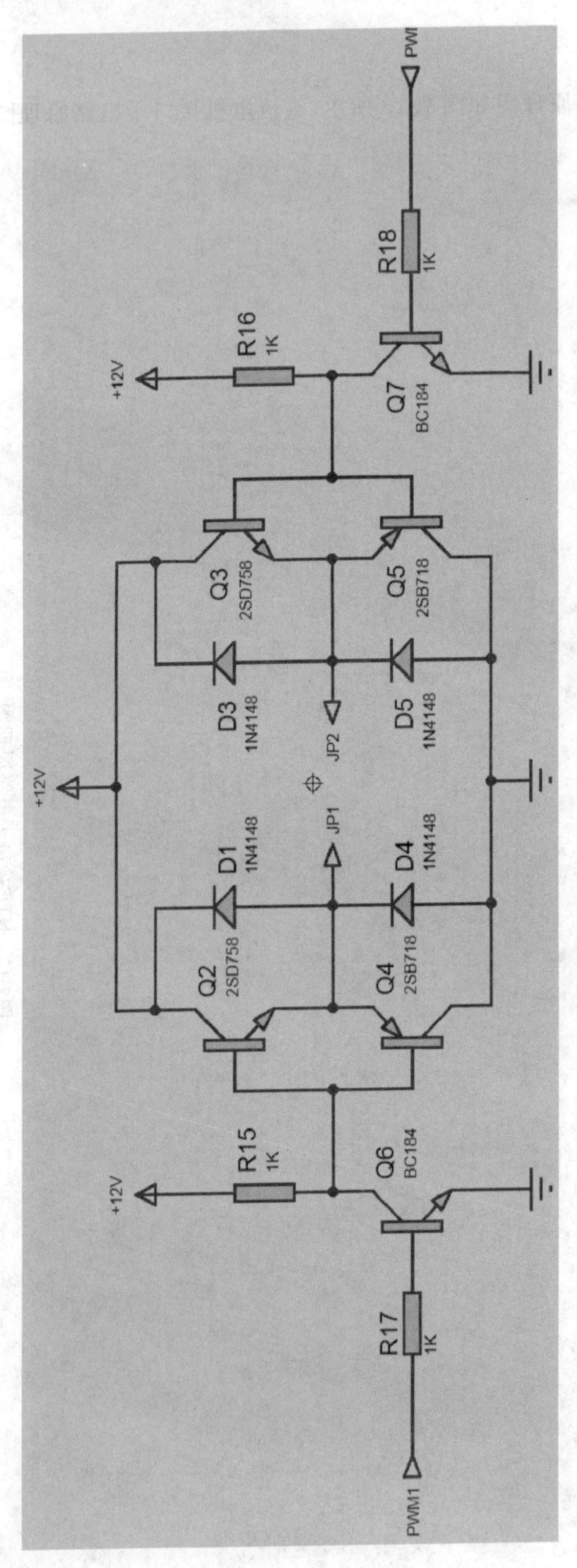

图7.14　直流电机接口子电路原理图

7.6.4　参考程序

本案例的参考程序如下：

```
;=========================================================
;项目名称：热敏电阻测温-控制直流电机
;主要芯片：ADC0808/8255A/74273/74245
;程序功能：利用ADC0808采样NTC-10K热敏电阻的输入电压，经A/D与数据处理后在数
 码管上显示为实际温度值。温度高于40摄氏度，电机低速转动，温度高于60摄氏度，电机高
 速转动。
;=========================================================
A8255 EQU 8000H;            8255的A口地址，IO0连通8255
B8255 EQU 8002H;            8255的B口地址
C8255 EQU 8004H;            8255的C口地址
CON8255 EQU 8006H;          8255的控制口地址
KEYK EQU 8800H;             开关输入口，IO1连通74245
ADC0808 EQU 9000H;          ADC0808片选信号，IO2连通ADC0808
ZXK EQU 9800H;              LED数码管的字形口，IO3连通74273
ZWK EQU 0A000H;             LED数码管的字位口，IO4连通74273
DATA SEGMENT
LEDTAB   DB 0C0H,0F9H,0A4H,0B0H,99H,92H,82H,0F8H,80H,90H
         ;0～9的共阳极7段数码管段码
         DB 88H,83H,0C6H,0A1H,86H,8EH,9CH,0BFH
         ;A～F,o,-的共阳极7段数码管段码
LEDBUF   DB 6 DUP(?)         ;LED位码缓存单元
KEYBUF   DB ?
SPEED    DW ?
TBUF1    DW ?                ;延时变量1
TBUF2    DW ?                ;延时变量2
DATA ENDS
CODE     SEGMENT PUBLIC 'CODE'
         ASSUME CS:CODE,DS:DATA
START:   MOV  AX,DATA
         MOV  DS,AX
         MOV  DX,CON8255       ;初始化8255
         MOV  AL,80H           ;A口、B口、C口输出，均工作在方式0
         OUT  DX,AL
         MOV  LEDBUF+2,10H     ;单位符号'o'
         MOV  LEDBUF+3,0CH     ;单位符号'C'
         MOV  LEDBUF+4,11H     ;符号'-'
         MOV  TBUF2,50H        ;设置延时变量2
BEGIN:   MOV  DX,KEYK
         IN   AL,DX
```

```
        TEST AL,01H          ;开关状态
        JNZ  BEGIN
;A/D采样及数据格式转换================================
ADCIN:  MOV  DX,ADC0808      ;ADC0808地址;
        MOV  AL,0
        OUT  DX,AL           ;启动ADC0808
        CALL DISP            ;LED显示，同时等待A/D转换完成
        MOV  DX,ADC0808
        IN   AL,DX           ;读取A/D转换数据
        MOV  BX,300
        MUL  BX
        MOV  BX,65
        DIV  BX
        ADD  AX,147          ;10T=AD*450/74+107
        MOV  BL,100
        DIV  BL
;将模/数转换输出的A/D计算得到温度值T(0～99℃)==================
ADS:    AND  AL,0FH
        MOV  LEDBUF,AL       ;温度的十位数值
        MOV  AL,AH
        AND  AH,00H
        MOV  BL,10
        DIV  BL              ;AL中是温度的个位数值，AH中是小数数值
        AND  AL,0FH
        AND  AH,0FH
        CMP  AH,05H          ;小数数值四舍五入
        JB   LESS5           ;小于5，舍去
        ADD  AL,1            ;大于等于5，个位数值加1
        CMP  AL,0AH          ;判断计算后的个位数是否=10
        JB   LESS5           ;小于10，不进位
        MOV  AL,00H          ;大于等于10，进位
        MOV  BL,1
        ADD  LEDBUF,BL           ;十位数加1
LESS5:  MOV  LEDBUF+1,AL         ;温度的个位数值
;通过比较实际温度与设定值，决定步进电机的转动状态================
ZLDJ:   MOV  AL,LEDBUF
        MOV  BL,10
        MUL  BL
        AND  AH,00H
        ADD  AL,LEDBUF+1
        CMP  AL,60
        JNB  SHIGH
        CMP  AL,40
```

```
         JNB  SLOW
NORUN：  MOV  LEDBUF+5,00H      ;电机停止时末位 LED 显示'0'
         JMP  QUIT
SHIGH：  MOV  LEDBUF+5,02H      ;电机高速转动，末位 LED 显示'2'
         MOV  TBUF1,80          ;设置 PWM 输出高电平的时长为 80%
         CALL DCMOTOR
         JMP  QUIT
SLOW：   MOV  LEDBUF+5,01H      ;电机低速转动，末位 LED 显示'1'
         MOV  TBUF1,20          ;设置 PWM 输出高电平的时长为 20%
         CALL DCMOTOR
QUIT：   JMP  BEGIN
;电机驱动子程序，PWM 波形决定运转速度=====================
DCMOTOR PROC
         MOV  AL,01H            ;PC0=1、PC1=0
         MOV  DX,C8255
         OUT  DX,AL
         CALL PWM
         MOV  AL,00H            ;PC0=0、PC1=0
         MOV  BX,100            ;PWM 周期为 100
         SUB  BX,TBUF1          ;计算 PWM 输出低电平时长
         MOV  TBUF1,BX
         OUT  DX,AL
         CALL PWM
         RET
DCMOTOR ENDP
;电机延时子程序，延时时长由变量 TBUF1 和 TBUF2 共同决定============
PWM  PROC
         PUSH CX
         PUSH BX
         MOV  BX,TBUF1
WAIT1：  MOV  CX,TBUF2
WAIT2：  LOOP WAIT2
         CALL DISP
         DEC BX
         JNZ WAIT1
         POP BX
         POP CX
         RET
         PWM  ENDP

;LED 显示子程序===============================
DISP PROC
         PUSH AX
```

```
        PUSH BX
        PUSH DX
        MOV  SI,OFFSET LEDBUF ;A/D 转换数据的存储地址
        MOV  CL,00000001B     ;第一位 LED 的位码
L1:     MOV  AL,[SI]
        MOV  BX,OFFSET LEDTAB;指向 LED 段码存储地址
        XLAT
        MOV  DX,ZXK
        OUT  DX,AL
        MOV  AL,CL
        MOV  DX,ZWK
        OUT  DX,AL
        CALL DELAY
        MOV  AL,00H           ;清屏，保证 LED 逐位显示
        MOV  DX,ZWK
        OUT  DX,AL
        CMP  CL,00100000B
        JZ   OVER             ;第六位 LED 显示后结束子程序
        ROL  CL,1             ;显示下一位 LED
        INC  SI
        JMP  L1               ;循环显示 6 位 LED
OVER:   POP  DX
        POP BX
        POP  AX
        RET
        DISP ENDP
        DELAY PROC
        PUSH CX
        MOV  CX,100
        LOOP $
        POP  CX
        RET
DELAY ENDP
ENDLESS:
        JMP ENDLESS
CODE    ENDS
        END START
```

附录 1　NTC 热敏电阻接口电路板调试方法

按照本书案例制作好热敏电阻测温接口电路板之后，需要检验电路板与热敏电阻的运行是否正常。

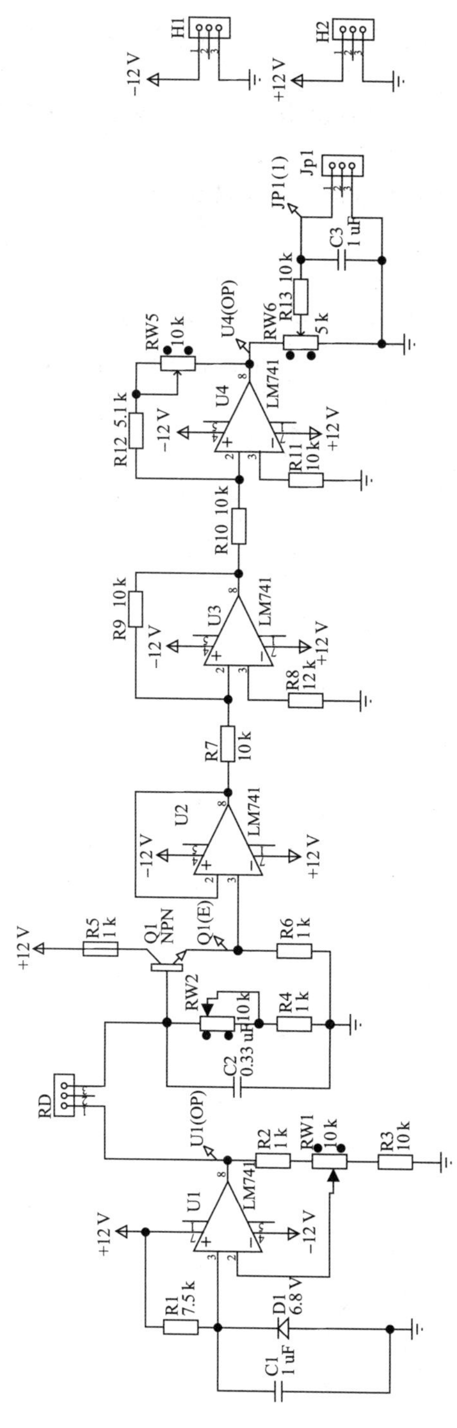

热敏电阻测温电路调试方法

1. 正确连接正负 12 V 电源，确认没有接错!

2. 调节 RW1，用万用表 20 V 档测量热敏电阻插座 RD 的 1 脚电压，使其为 10 V。

3. 用导线短接热敏电阻输入端 RD 的 1、3 引脚，此时对应 NTC 热敏电阻的最高测量值。

4. 连接热敏电阻到 RD，在室温下(25℃)调节 RW2 使三极管 Q1 的发射极输出电压为 1 V。

5. 继续调节 RW5 使运放 U4 的输出引脚(6 脚)输出为 1 V。

6. 最后调节 RW6 使 JP1 的 1 脚为 0.5 V。

7. 上述初始状态调节做好后，可以实际测量不同温度下，电路板的输出电压，建立温度与电压之间的关系公式。

注意事项：

1. 热敏电阻类型是 NTC - 3950，R25=10 K，B=3950；

2. 电路板的输出电压不能高于 5 V，否则会烧坏微机实验箱电路!

附录 2　NTC 热敏电阻测温电路的输入温度/输出数值关系数据表

本书案例中的测温系统采用的传感器是 NTC 热敏电阻，具体参数见下表。待测温度值由热敏电阻采集、变换得到与温度具有特定关系的输入电压，再经过 ADC 转换得到微机系统所需的数据。根据本书测温系统电路原理图，得到下表所示的输入温度与输出数值之间的关系对照表，由此确定计算公式。

NTC 热敏电阻参数：B=3950，B25=10 kΩ				
温度(℃)	ADC 输入电压	ADC 输出数值	十进制数据	增量
25	0.50	1AH	26	
30	0.68	23H	35	9
35	0.87	2CH	44	9
40	1.08	37H	55	11
45	1.29	42H	66	11
50	1.51	4DH	77	11
55	1.72	58H	88	11
60	1.93	63H	99	11
65	2.13	6DH	109	10
70	2.32	76H	118	9
75	2.50	7FH	127	9
80	2.67	88H	136	9
85	2.82	90H	144	8
90	2.92	95H	149	5
95	3.00	99H	153	4
100	3.07	9DH	157	4
以 35～65 为参数区间，得到温度与 AD 输出之间的关系式为： 10T=300×AD/65+147 计算 10T 是为了计算更精确以及得到温度的小数部分				
以 30～70 为参数区间，得到温度与 AD 输出之间的关系式为： 10T=400×AD/83+131 计算 10T 是为了计算更精确以及得到温度的小数部分				
以 25～75 为参数区间，得到温度与 AD 输出之间的关系式为： 10T=500×AD/101+121 计算 10T 是为了计算更精确以及得到温度的小数部分				

附录 3　课程设计所用步进电机的参数说明

课程设计所用的步进电机型号：28BYJ - 48，是四相五线减速步进电机，主要参数见下表所示：

电机型号	电压/V	相数	相电阻/Ω (±10%)	步距角度	减速比	起动转矩 100P. P. S /(g·cm)	起动频率 P. P. S	定位转矩 /(g·cm)	摩擦转矩 /(g·cm)	噪声 dB	绝缘介电强度
28BYJ - 48	5	4	300	5.625/64	1∶64	≥300	≥550	≥300	—	≤35	600VAC 1S

其外形及内部结构如下图所示：

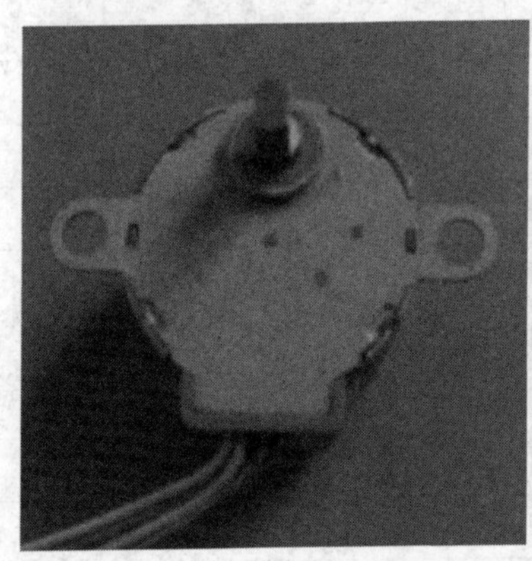

该步进电机的导线明细及接线方法如下：

驱动方式：(4 - 1 - 2 相驱动)

导线颜色	1	2	3	4	5	6	7	8
5 红	+	+	+	+	+	+	+	+
4 橙	-	-						-
3 黄		-	-	-				
2 粉				-	-	-		
1 蓝						-	-	-

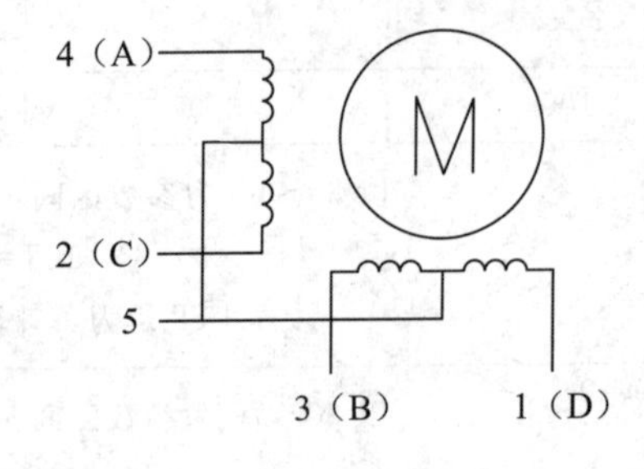

逆时针方向

——→ CCW方向旋转（轴伸端视）

如该步进电机采用单四拍驱动，则通电相序为 1→2→3→4 时是顺时针旋转；而通电相序为 4→3→2→1 时是逆时针旋转。

需要注意的是该 28BYJ－48 步进电机具有内部减速齿轮，减速比是 1∶64，步距角是 5.625/64，所以步进电机输出轴转动一圈需要的脉冲数是：360/5.625 * 64＝4096。

注：减速比 1∶64 是指电机内部轴旋转 64 圈时外部输出轴才旋转 1 圈。

附录 4　步进电机接口电路板的调试方法

按照本书案例制作好步进电机接口电路板之后，需要检验电路板与步进电机的运行是否正常。

步进电机接口电路板的输入信号接头 JP1 和连接步进电机的接头 JP2 如下图所示。其中 JP2 的引脚与步进电机输出线之间的对应关系见图中数字的对应表示。

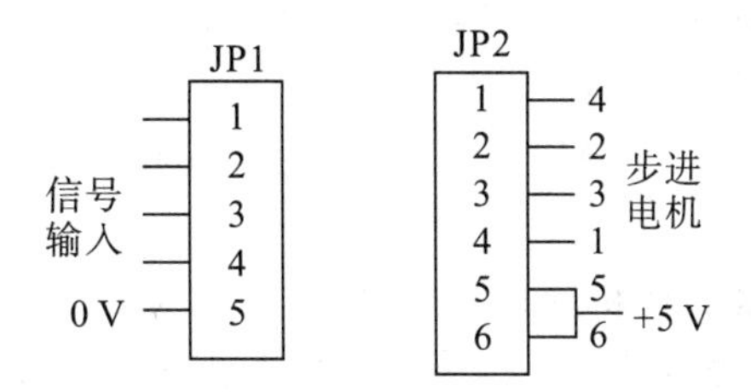

步进电机电路板的调试步骤如下：

(1) 连接＋5V 直流电源到电路板的电源端子；

(2) 将 JP1 输入信号线的 5 号线按照次序分别和另外四根线依次接触，以单四拍方式驱动步进电机旋转；接触次序与步进电机的旋转方向如下：

a) 1→2→3→4：即步进电机 4 个相的顺序是 4→2→3→1，顺时针旋转（观察时电机轴朝向自己），每次接触转动一个齿距角；

b) 4→3→2→1：即步进电机 4 个相的顺序是 1→3→2→4，逆时针旋转（观察时电机轴朝向自己），每次接触转动一个齿距角；

(3) 不断重复上述 a 或 b 的通电相序，观察到步进电机产生了旋转现象时即表示电路板与步进电机是良好的。

下图给出了步进电机结构以及旋转时定子和转子之间相互位置的示意图，上面一行是逆时针运行相序，下面一行是顺时针运行相序。

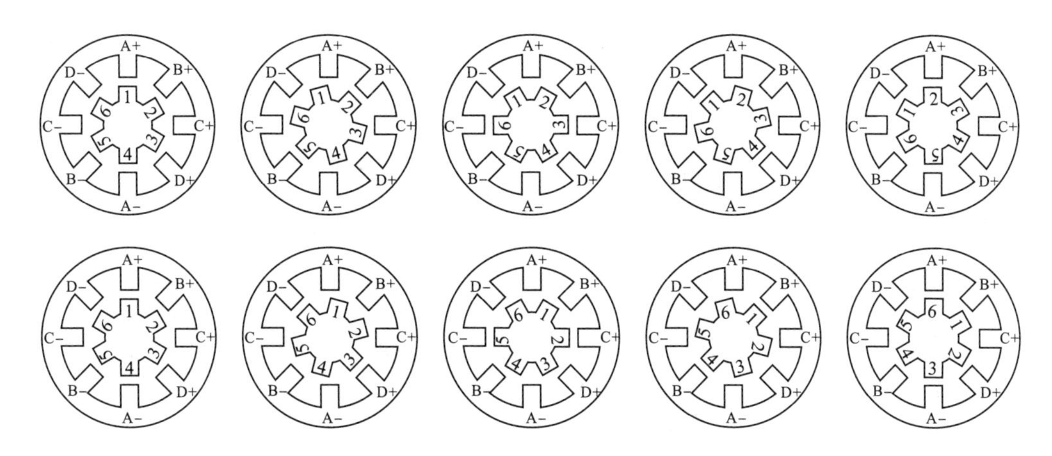

参 考 文 献

[1] 刘德全. Proteus 8电子线路设计与仿真. 北京：清华大学出版社，2014.

[2] 陈志平. 微机原理及应用实践(英文版). 西安：西安电子科技大学出版社，2015.

[3] 顾晖等. 微机原理与接口技术. 2版. 北京：电子工业出版社，2015.

[4] 许维蓥，郑荣焕. Proteus电子电路设计及仿真. 2版. 北京：电子工业出版社，2014.

[5] 李国栋，汪新中，陆志平. 微机原理与接口技术课程设计. 浙江：浙江大学出版社，2007.

[6] 彭虎，周佩玲，傅忠谦. 微机原理与接口技术. 2版. 北京：电子工业出版社，2010.

[7] 洪永强. 微机原理与接口技术. 北京：科学出版社，2006.

[8] 启东达爱思公司网站. http://www.dasimcu.com.

[9] 风标电子技术有限公司网站. http://www.windway.cn.